The OpenFOAM Technology Primer

OpenFOAM
プログラミング

Tomislav Marić   Jens Höpken   Kyle Mooney 原著

柳瀬 眞一郎   高見 敏弘   早水 庸隆   早水 英美
権田 岳   武内 秀樹   永田 靖典   共訳

JN252169

森北出版

●本書のサポート情報を当社Webサイトに掲載する場合があります.
下記のURLにアクセスし，サポートの案内をご覧ください.

https://www.morikita.co.jp/support/

●本書の内容に関するご質問は，森北出版 出版部「(書名を明記)」係宛
に書面にて，もしくは下記のe-mailアドレスまでお願いします. なお,
電話でのご質問には応じかねますので，あらかじめご了承ください.

editor@morikita.co.jp

●本書により得られた情報の使用から生じるいかなる損害についても,
当社および本書の著者は責任を負わないものとします.

■本書に記載している製品名，商標および登録商標は，各権利者に帰属
します.

■本書を無断で複写複製（電子化を含む）することは，著作権法上での
例外を除き，禁じられています. 複写される場合は，そのつど事前に
（一社)出版者著作権管理機構（電話03-5244-5088, FAX03-5244-5089,
e-mail：info@jcopy.or.jp）の許諾を得てください. また本書を代行業者
等の第三者に依頼してスキャンやデジタル化することは，たとえ個人や
家庭内での利用であっても一切認められておりません.

謝 辞

　最初に，本書を著す機会を与えていただいた，著者らの博士論文指導者，ダルムシュタット工科大学の Dieter Bothe 博士，デュイスブルグ‐エッセン大学の Bettar Ould el Moctar 博士，マサチューセッツ工科大学アマースト校の David P. Schmidt 教授に深く感謝する.

　もちろん，本書ができあがるためには，有能な閲読者の方々の見識や提言が非常に貴重であった．お名前を挙げると，Bernhard Gschaider，Michael Wild，Maija Benitz，Fiorenzo Ambrosino，Thomas Zeiss の方々である．また，上に挙げた閲読者以外にも，校閲，各章に関するコメント，提言では多くの友人や同僚のお世話になった．とくに，各章の初校を読んでいただき，大きな変更を提案していただいた，Udo Lantermann，Matthias Tenzer，Andread Peters，Irenäus Wlokas の方々には深く感謝したい.

　さらに，本書を著す際にさまざまな方法で支援し，勇気づけていただいた，Olly Connelly †，Hrvoje Jasak，Iago Fernández，Manuel Lopez Quiroga-Teixeiro，Rainer Kaise，Franjo Juretić の方々にも感謝したい.

本書を Marija，Kathi，Olivia と友人に捧げる.

---

† http://vpsBible.com

訳者まえがき

OpenFOAM はライセンスフリーのオープンソース CFD（Computational Fluid Dynamics）ソフトウェアであり，熱流体の流れを計算するために，今日，世界的で極めて多くのユーザが利用しているソフトウェアである．各地にユーザーズグループがあり，ウェブ上で活発な情報交換がなされている．したがって，ウェブサイトから OpenFOAM をダウンロードし，ウェブ上に存在する多くの情報や，付属する OpenFOAM ユーザーズガイドおよびチュートリアルなどを参照することによって，比較的短時間にその使用法に習熟することができる．また，近年は入門者用の書籍も出版されている．一方，OpenFOAM は非常に多様な使用目的に対応する膨大なソフトウェアであり，さらにオープンソースであるので，利用者が自らプログラミングをすることによって使用範囲を拡大することが可能である．それゆえ，OpenFOAM の真の姿を理解し高度な利用をするために，内容を熟知した著者による本格的な成書の出現が望まれていた．2014 年に出版された "The OpenFOAM Technology Primer（翻訳書名：OpenFOAM プログラミング）" は，まさにそのような目的にかなう本であり，とくにメッシュの生成法，利用者独自のプログラミング法などが詳しく説明されている．

OpenFOAM は，もともと英国インペリアルカレッジの学生の開発からスタートしたが，さまざまな経緯を経てライセンスフリーのオープンソースソフトウェアとなり，世界中に広まったものである．訳者の柳瀬はこれに注目し，以前より研究室で広範囲に使用してきたところ，流体関係書物の出版に大変ご理解のある森北出版株式会社のご厚意で本訳書を出版する運びとなった．原著が大部なうえに柳瀬が多忙であるため一人での翻訳が困難と感じ，親しい研究者仲間に呼びかけ翻訳グループに参加していただいた．どなたも大変忙しい中，翻訳に従事していただき，何とか完成にまでたどり着いたのは誠にありがたくめでたい限りである．

翻訳には参加していただけなかったが，株式会社鶴見製作所の川邉俊彦博士には原書の取得から始まり大変お世話になった．ここに深く感謝する．また，森北出版株式会社の田中芳実氏には最初の原稿を見ていただき，数多くの貴重なコメントをいただいた．彼女なしでは翻訳は実現できなかったと思われる．また，同社の編集のお二人には出版に際して大変お世話になった．ここに深く感謝する．最後に，岡山大学名誉教授の山本恭二先生には，柳瀬研究室の学生たちとともに原書を読んでいただき，大変理解の助けとなった．先生と学生に深く感謝する．

　本書が多くの読者に読まれ，日本中でOpenFOAMの発展的な利用に秀でたユーザが一層増すことを望んでやまない．

　なお，原著の発行時から年月が経っているため，本書で扱うフォルダやファイルには，内容や入手場所に変更があったものもある．そうしたものには，訳者注として可能な限り対応を行ったが，対応しきれなかったものについてはご了承いただきたい．

2017年2月

訳者代表　柳瀬 眞一郎

目　次

第 I 部　OpenFOAM の使い方

第 1 章　OpenFOAM による数値流体力学 (CFD) ——————— 3

1.1　流れ計算を理解する ……………………………………………… 3

1.2　CFD 計算の諸段階 ………………………………………………… 4
　　1.2.1　問題の設定　4
　　1.2.2　数学モデル化　5
　　1.2.3　前処理とメッシュ生成　5
　　1.2.4　求　解　6
　　1.2.5　後処理　7
　　1.2.6　検討と検証　7

1.3　OpenFOAM と有限体積法 ……………………………………… 7
　　1.3.1　領域の分割　8
　　1.3.2　方程式の離散化　15
　　1.3.3　境界条件　20
　　1.3.4　代数方程式系の解法　21

1.4　OpenFOAM ツールキットの構成の概観 …………………… 23

1.5　まとめ ……………………………………………………………… 25

第 2 章　ジオメトリの定義，メッシュの生成と変換 ——————— 27

2.1　ジオメトリの定義 ………………………………………………… 27
　　2.1.1　CAD ジオメトリ　34

2.2　メッシュ生成 ……………………………………………………… 35
　　2.2.1　blockMesh　35
　　2.2.2　snappyHexMesh　41
　　2.2.3　cfMesh　52

2.3　ほかのソフトウェアからのメッシュ変換 …………………… 63
　　2.3.1　サードパーティ製のメッシュ生成パッケージからの変換　63
　　2.3.2　2 次元から軸対称メッシュへの変換　65

2.4　OpenFOAM のメッシュユーティリティ …………………… 68
　　2.4.1　特別な基準を設けたメッシュ細分化　68

2.4.2　点の変換　70

2.4.3　mirrorMesh　71

2.5　まとめ ……………………………………………………………………… 73

第3章　OpenFOAM のケース設定 ——————————— 75

3.1　OpenFOAM のケース設定の構造 ……………………………………… 75

3.2　境界条件と初期条件 ……………………………………………………… 78

3.2.1　境界条件の設定　80

3.2.2　初期条件の設定　82

3.3　離散化スキームとソルバコントロール ………………………………… 86

3.3.1　離散化スキーム (fvSchemes)　86

3.3.2　ソルバコントロール (fvSolution)　97

3.4　ソルバ実行とランコントロール ………………………………………… 100

3.4.1　controlDict のコンフィギュレーション　101

3.4.2　分割と並列実行　102

3.5　まとめ ……………………………………………………………………… 105

第4章　後処理, 可視化, データ抽出 ———————— 107

4.1　後処理 ……………………………………………………………………… 107

4.2　データ抽出 ………………………………………………………………… 114

4.2.1　直線上の抽出　116

4.2.2　平面上の抽出　118

4.2.3　等値面の生成と等値面への補間　119

4.2.4　境界パッチの抽出　120

4.2.5　複数集合と面の抽出　121

4.3　可視化 ……………………………………………………………………… 122

第 II 部　OpenFOAM によるプログラミング

第5章　OpenFOAM ライブラリのデザインの概要 ————— 129

5.1　Doxygen によるローカル・ドキュメントの作成 ……………………… 131

5.2　シミュレーションで使用する OpenFOAM の部分 …………………… 132

5.2.1　アプリケーション　132

5.2.2　コンフィギュレーションシステム　133

5.2.3　境界条件　135

5.2.4 数値演算 135

5.2.5 後処理 138

5.3 よく使用するクラス ··· 140

5.3.1 ディクショナリ 140

5.3.2 次元タイプ 143

5.3.3 スマートポインタ 147

5.3.4 ボリュームフィールド 160

第6章 OpenFOAM によるプロダクティブプログラミング ── 165

6.1 コードの作成 ··· 165

6.1.1 ディレクトリ編成 167

6.1.2 自動インストール 168

6.1.3 Doxygen によるドキュメント作成コード 172

6.2 デバッグとコードの性能解析（プロファイリング） ···················· 173

6.2.1 GNU デバッガ (gdb) によるデバッグ 173

6.2.2 valgrind による性能解析（プロファイリング） 178

6.3 git による OpenFOAM プロジェクトのトラッキング ····················· 181

6.4 HPC クラスタへの OpenFOAM のインストール ·························· 183

6.4.1 分散メモリ計算機システム 184

6.4.2 コンパイラ・コンフィギュレーション 184

6.4.3 MPI コンフィギュレーション 185

第7章 乱流モデル ─────────────────── 189

7.1 導入部 ·· 189

7.1.1 壁関数 190

7.2 前・後処理と境界条件 ·· 192

7.2.1 前処理 193

7.2.2 後処理 193

7.3 クラスデザイン ··· 194

第8章 前・後処理アプリケーションの記述 ──────── 197

8.1 コード生成スクリプト ·· 197

8.2 前処理アプリケーションのカスタマイズ ··· 199

8.2.1 分割化および並列処理の開始 199

8.2.2 PyFoam によるパラメータ変更 201

8.3　後処理アプリケーションのカスタマイズ ……………………… 206

第9章　ソルバのカスタマイズ ——————————————— 223

9.1　ソルバデザイン ……………………………………………… 223
　　9.1.1　フィールド　226
　　9.1.2　解法アルゴリズム　227
9.2　ソルバのカスタマイズ ……………………………………… 228
　　9.2.1　ディクショナリでの作業　228
　　9.2.2　オブジェクトレジストリと reglOobjects　230
9.3　偏微分方程式 (PDE) の実装 ………………………………… 233
　　9.3.1　モデル方程式の追加　233
　　9.3.2　ソルバの修正の準備　234
　　9.3.3　createFields.H へのエントリの追加　235
　　9.3.4　モデル方程式のプログラミング　237
　　9.3.5　シミュレーションの設定　238
　　9.3.6　ソルバの実行　240

第10章　境界条件 ————————————————————— 243

10.1　境界条件の数値的背景 ……………………………………… 243
10.2　境界条件のデザイン ………………………………………… 244
　　10.2.1　内部，境界，幾何学的フィールド　244
　　10.2.2　境界条件　249
10.3　新しい境界条件の実装 ……………………………………… 256
　　10.3.1　境界条件の再循環コントロール　257
　　10.3.2　メッシュ移動境界条件　271

第11章　輸送モデル ———————————————————— 285

11.1　数値的背景 …………………………………………………… 285
11.2　ソフトウェアのデザイン …………………………………… 286
11.3　新しい粘性モデルの実装 …………………………………… 293
　　11.3.1　具体例　295

第12章　関数オブジェクト ————————————————— 297

12.1　ソフトウェアデザイン ……………………………………… 298

12.1.1 C++における関数オブジェクト 298

12.1.2 OpenFOAM における関数オブジェクト 303

12.2 OpenFOAM 関数オブジェクトの使用 …………………………………… 307

12.2.1 公式リリースされた関数オブジェクト 307

12.2.2 swak4Foam の関数オブジェクト 308

12.3 カスタマイズされた関数オブジェクトの実装 ……………………… 312

12.3.1 関数オブジェクト生成ツール 313

12.3.2 関数オブジェクトの実装 315

第13章 OpenFOAM におけるダイナミックメッシュ操作 ── 325

13.1 ソフトウェアデザイン ………………………………………………… 326

13.1.1 メッシュ移動 326

13.1.2 トポロジー的な変更 335

13.2 使用法 …………………………………………………………………… 338

13.2.1 全域的メッシュ移動 339

13.2.2 メッシュ変形 341

13.3 開 発 …………………………………………………………………… 342

13.3.1 ソルバへのダイナミックメッシュの追加 343

13.3.2 ダイナミックメッシュクラスの結合 346

13.4 まとめ …………………………………………………………………… 366

第14章 展 望 ────────────────────── 369

14.1 数値計算法論 …………………………………………………………… 369

14.2 外部シミュレーションプラットフォームとの結合 …………………… 370

14.3 ワークフローの改良 …………………………………………………… 370

14.3.1 グラフィカルユーザインターフェース (GUI) 370

14.3.2 コンソールインターフェース 371

14.4 無拘束のメッシュ運動 ………………………………………………… 372

14.4.1 埋め込み境界法 372

14.4.2 重合格子法 373

14.5 まとめ …………………………………………………………………… 374

索 引 ………………………………………………………………………… 375

略 語 表

AMI	Arbitrary Mesh Interface	PDE	Partial Differential Equation
CAD	Computer Aided Design	PISO	Pressure-Implicit with Splitting of Operators
CDS	Central Differencing Scheme		
CFD	Computational Fluid Dynamics	r.h.s.	right hand side
CV	Control Volume	RAII	Resource Acquisition Is Initialization
DES	Detached Numerical Simulation		
DMP	Distributed Memory Parallel	RANS	Reynolds Averaged Navier Stokes
DNS	Direct Numerical Simulation(s)		
DSL	Domain Specific Language	RANSE	Reynolds Averaged Navier Stokes Equations
FEM	Finite Element Method		
FSI	Fluid Structure Interaction	RAS	Reynolds Averaged Simulation
FVM	Finite Volume Method	RBF	Radial Basis Function
GPL	General Public License	RTS	Runtime Selection
GUI	Graphical User Interface	RVO	Return Value Optimization
HPC	High Performance Computing	SIMPLE	Semi-Implicit Method for Pressure-Linked Equations
HTML	HyperText Markup Language		
IDE	Integrand Development Environment	SMP	Symmetric Multiprocessor
		SRP	Single Responsibility Principle
IDW	Inverse Distance Weighted	STL	Stereolithography
IO	Input/Output	UML	Unified Modeling Language
IPC	Interprocess Communication	VCS	Version Control System
LES	Large Eddy Simulation	VoF	Volume-of-Fluid
MPI	Message Passing Interface	VTK	Visualization Toolkit
OOD	Object Oriented Design		

序　文

　OpenFOAM ツールキットの数値流体力学 (CFD) への利用が，産業界や大学で広く普及している．商用 CFD ソフトに対して OpenFOAM を用いる利点は，ユーザが最高レベルの CFD コードを**自由に利用・改変できる**という**オープンソースライセンス** (GPL, General Public License) 性にある．このオープンソース性のため，とくに，共同研究を同じプラットフォームで行うことができるという，大変重要な利点がある．さらに，開発者は，断片からではなく完成されたコードから始め，新しい方法や実験的方法を付け加えて開発することができる．エンジニアは，オープンソースで計算を実行すればライセンス料が不要となるので，ただちにコストを削減することができる．

　上に述べた利点がある一方，OpenFOAM を用いる欠点は，ブラックボックスのある多くの商用 CFD ソフトを用いる場合と比べて，使用または適用範囲を拡張する方法を学ぶために，多大な努力が必要となる点にある．OpenFOAM での作業（一般にこれを計算科学とよぼう）のためには，ユーザの目的に応じてさまざまな分野の知識を組み合わせることが必要となる．ソフトウェア開発，C++プログラミング，CFD，数値解析学，並列計算，物理学の知識などである．継続的に利用できる機能を用いたり，拡張したりするためには，ユーザは基礎となる計算数学だけでなく，ツールキットの基礎的構造を理解する必要がある．本書は，OpenFOAM のいくつかの面を説明し，初級者には利用を開始できるようになってもらうこと，中級者や上級者には参考書として役立ててもらうことを目的としている．上級者は，目的とする仕事を OpenFOAM で実行するための実用参考書として，本書を用いることもできる．初級者には，本書を最初から最後まで読み，例題を自身で解いてみることを勧める．本書は，ソフトウェアを使うこととライブラリを開発し拡張することの二つの面をカバーしている．

　第 I 部では，いくつかのユーティリティとアプリケーションに対して，OpenFOAM のワークフローを説明する．この内容は，ほかのソフトウェアで解析するのと同様に，OpenFOAM で興味のある問題をさらに解析する方々にとって役立つであろう．また，この複雑な CFD ソフトウェアの俯瞰的な見通しを与えるために，しばしば見過ごされる，OpenFOAM を用いた CFD シミュレーションに含まれる複数のツールキット間の相互関係について一般的な説明を行う．

　第 II 部では，よく出会うプログラム例に対して，OpenFOAM ライブラリによるプログラムの実行方法を説明する．個々のプログラム例に対して，数値計算的な背景とソフトウェアデザインをその解と同時に示すようにした．これは，具体例を深く理解

することにより，読者が将来出会う新しいプログラム例への準備となることを意図している．

■ 本書の内容について

第1章では，まず，OpenFOAM を利用する CFD シミュレーションにおけるワークフローを概観する．つぎに，OpenFOAM に基づく有限体積法 (FVM) の基礎的な説明を述べ，このテーマに関する詳しい情報のための参考文献を示す．そして，ツールキットの構造に関する概要を述べ，CFD シミュレーションの範囲での構成要素間の相互関係を説明する．

第2章では，領域分割および細分化について説明する．ジオメトリ，メッシュ生成，メッシュ変換についても説明する．

第3章では，シミュレーションケースの構造と構成法を説明する．初期条件，境界条件の設定法，シミュレーションの実行に伴うパラメータの設定法，数値ソルバの設定法も説明する．

第4章では，前・後処理のユーティリティを概説し，シミュレーション結果を可視化するための方法についても説明する．

第5章では，ライブラリの説明を第1章よりさらに詳しく行う．この章では，コードを閲覧する方法と，ライブラリの構成要素がどこにあるのかを見つける方法を説明する．

第6章では，OpenFOAM のプログラミングを生産的かつ持続的に行う方法を説明する．この章は，OpenFOAM のプログラミングに関心があるが，ソフトウェアを作成した経験の浅い読者に役立つだろう．また，git によるバージョン管理システム，デバッギング，プロファイリングなどを用いて，自己充足的なライブラリを作成する方法を解説する．

第7章では，シミュレーションを実行する際の乱流モデルを説明する．乱流モデルの導入とパラメータの設定法を示す．

第8章は，読者サイドからのプログラミングを説明する最初の章である．ここで，C++アプリケーションとこの目的に一般的に用いられるユーティリティを利用して，前・後処理アプリケーションを作成する方法を解説する．

第9章では，OpenFOAM におけるソルバデザインの背景と，既存のソルバに新しい機能をもたせるように拡張する方法を述べる．

第10章では，OpenFOAM の境界条件の数値的背景とソフトウェアデザインについて述べる．第6章で述べた指針を用いて，カスタマイズされた境界条件の実装例を紹介する．それにより，読者は，クライアントのコードに動的にリンクされた境界条

件のライブラリを作成することができるようになるだろう.

　第11章では,輸送モデルの数値的背景,デザイン,実装法を説明する.たとえば,温度依存性をもつ粘性係数モデルを説明する.

　第12章では,OpenFOAMにおいて関数オブジェクトを利用する方法を説明する.C++における関数オブジェクトの背景とさらなる研究のための参考文献を紹介し,OpenFOAMにおける関数オブジェクトの実装法と教育的なプログラム例を示す.

　第13章では,OpenFOAMにおいて,ダイナミックメッシュの機能をもつようにソルバを拡張する方法を述べる.OpenFOAMにおいて,現在利用可能なダイナミックメッシュエンジンは非常に強力であり,ユーザは既存のダイナミックメッシュに自作のダイナミックメッシュを融合させることができる.

　第14章では,OpenFOAMの発見的な利用法とプログラミングの概要を述べる.

■ 本書を読むために必要な予備知識

　本書で挙げられた例をコンパイルして実行するためには,比較的新しいバージョンのLinuxがインストールされた計算機が必要である.また,OpenFOAMを用いるためには,Linuxと長時間格闘せねばならないが,そうすれば,ディレクトリ構造,実行方法,テキストの編集方法などをマスターできるだろう.ここで使われるすべてのコマンドラインは,Bash Unix shell を用いる.OpenFOAM のインストール法は,http://www.openfoam.org/download/source.php で述べられており,本書では,バージョン 2.2.x を用いている.

　読者は,C++のプログラミングとオブジェクト指向デザイン (OOD),ジェネリックプログラミングの概念に関連した方法論にいくらか馴染んでいることが望ましい.さらに,数値流体力学の基礎がなくては,OpenFOAM を学び理解することは困難である.もし上記の内容を理解したい場合は,本章末に挙げた文献を参照していただきたい.

　もしより高度な知識を要する表現に出くわしたならば,さらなる文献や情報を得るために,インターネットで検索をすることを勧める.OpenFOAM は,ソフトウェア開発,C++プログラミング,数値解析学,流体力学などに基づいてつくられており,これらの分野すべてを詳細にカバーするのは本書だけでは不可能だからである.

■ 対象とする読者

　CFD や OpenFOAM に関してどんな理解度の読者でも,本書を読めば,OpenFOAM に関するさらなる知識を得ることができる.流体力学の知識があって,CFD や Open-FOAM の世界に飛び込もうとするのであれば,第I部はこれらの新しい分野への導入

部となる.

　CFD の中・上級者であるならば，OpenFOAM を理解して使えるようになるために，最初の二つの章を省略し，第 I 部の残りの部分から取り掛かることを勧める．第 II 部は，既存のコードを基に特定の目的に応じたコードへ修正する方法を学ぶためのガイドである.

　なお，本書は，決して，数値解析学，上級流体力学，数値流体力学などの詳細なテキストの代替品ではないことに留意していただきたい.

■ 本書の書き方

　本書を通じて用いる命名法や書き方を，ここで説明する．まず，コマンドラインの入力は，最初に ?> を付けることで示すことにする．以下に例を与える.

```
[例]
?> ls $FOAM_TUTORIALS
Allclean basic          electromagnetics lagrangian
Allrun   combustion     financial        mesh
Alltest  compressible   heatTransfer     multiphase
DNS      discreteMethods incompressible   stressAnalysis
```

C++コードは，以下のようになる.

```
[例]
Template<class GeoMesh>
Tmp<DimensionedField<scalar, GeoMesh> > stabilize
(
    const DimensionedField<scalar, GeoMesh>&,
    const dimensioned<scalar>&
);
```

後で説明するが，OpenFOAM によるシミュレーションのためのほとんどすべての定義は，さまざまなディクショナリでなされる．これらはプレーンテキストファイルであり，どんなエディタでも操作することができる．ディクショナリの内容は，たとえば，以下のようである.

```
[例]
ddtSchemes
{
    Default        Euler;
}
```

本書は OpenFOAM のさまざまな数学的側面をカバーしているので，多くの方程式が現れる．そこで，ベクトル変数を太字イタリック体で表し（たとえば速度 $\boldsymbol{U}$），スカラー変数を ϕ のようにイタリック体で表し，テンソル変数を下線付きの太字イタリック体で表す（$\underline{\boldsymbol{E}}$）．

本書で紹介するコードや実行例は，github や bitbucket サイトから，オンラインで入手することができる．これらのリポジトリへのリンクは，souceflux.de/book である．われわれは，これらを最新のものとし，バグを取るように努めている．なお，本書に掲載されたものとオンラインで入手できるものの間には，差異がある可能性についてお断りしておく．そのおもな原因は，本書のスペースが限られていることにある．情報を集約するため，また，本書中の誤植を sourceflux.de/book/errata に置いている．

参考文献

[1] Ferziger, J. H. and M. Perić (2002). *Computational Methods for Fluid Dynamics*. 3rd rev. ed. Berlin: Springer.

[2] Kundu, Pijush K., Ira M. Cohen, and David R Dowling (2011). *Fluid Mechanics with Multimedia DVD*, 5th ed. Academic Press.

[3] Lafore, Robert (1996). *C++ Interactive Course*. Walte Group Press.

[4] Lippman, Stanley B., Josee Lajoie, and Barbara E. Moo (2005). *C++ Primer* (4th Edition). Addison-Wesley Professional.

[5] Newham, Cameron and Bill Rosenblatt (2005). *Learning the bash shell*. O'Reilly.

[6] Stroustrup, Bajarne (2000). *The C++ Programming Language 3rd.* Boston, MA, USA: Addison-Wesley Longman Publishing Co., Inc.

[7] Vesteeg, H. K. and W. Malalasekra (1996). *An Introduction to Computational Fluid Dynamics*: *The Finite Volume Method Approach*. Prentice Hall.

OpenFOAM の使い方

第1章

OpenFOAM による数値流体力学 (CFD)

本章では，CFD 計算をスムーズに開始するための準備をして，有限体積法 (FVM) の最も基本的な内容と，OpenFOAM のトップレベルの構造を説明する.

1.1　流れ計算を理解する

すべての CFD 計算の目的は，対象とする流れをより深く理解することである．シミュレーションには，しばしば対応する実験データが存在しているので，結果の有効性やなぜシミュレーションを行うのかという目的を，よく考えてみる必要がある．さらに，シミュレーションする熱物理現象には，適切な数学モデルを用いなければならない．それゆえ，CFD エンジニアは，OpenFOAM ソフトウェアの中から適切なシミュレーションソルバを選定することが必要である．さらに，工学的な仮定によって，CFD 計算は，複雑になったり，簡単になったりする．利用可能な計算機やその他のリソースを考慮して，シミュレーション領域を解析し，最適化することがしばしば必要となる.

以下に，CFD 計算を実行する場合の現実的な問題点を列挙する．これらの項目は，決して網羅的ではないことを了承していただきたい.

全般的な問題点

- CFD 計算によって，どのような結果を得たいのか.
- どの程度の精度の結果を求めるのか.
- どのようにして，結果の有効性を判定するのか.
- どれくらいの時間を計算に費やすことができるのか.

熱物理学

- 流れは，層流か，乱流か，遷移状態か.
- 圧縮性流体か，非圧縮性流体か.
- 流れは，混相流か，化学的混合物か.
- 熱輸送は重要か.

- 物質の性質は場の変数に依存するか．たとえば，粘性の温度依存性，ずり流動化
  など．
- 境界条件について十分な情報は得られているか．境界条件は適切にモデル化，ま
  たは近似できるか．

ジオメトリとメッシュ

- 流体領域の正確なメッシュ分割を構成することができるか．
- シミュレーションの間，計算領域は変形したり，移動したりするか．
- 解の精度を落とさずに，領域の複雑さを減らすことは可能か．

計算リソース

- シミュレーションにどれほどの計算時間が必要か．
- どんな種類の分散的計算機リソースが利用可能か．
- 一度の CFD 計算でよいか，または複数回の計算が必要か．

　上記のような問題点の分類は，どんな流れの問題であれ，完全かつ適切な CFD 計算をするために役立つ．OpenFOAM やほかの商用流体解析ソフトを使う計算は，物理学，数値計算法，利用可能な計算リソースをよく理解しないと，実際的には役に立たない．また，CFD は多くの学問分野の上に成り立っているので，複雑な問題が発生しうる．

▋ 1.2　CFD 計算の諸段階

　CFD による計算は，通常，五つの主要な段階に分けることができる．これらの段階のいくつかは，必要な高い精度を得るために，複数回実行せねばならない．

▋ 1.2.1　問題の設定

　工学的観点からは，現実の工学的システムを正確に表せるように保ちながら，問題を可能な限り簡単な形に設定しなければならない．したがって，シミュレーションするシステムの重要なパラメータは残し，重要でないパラメータは無視するようにする．たとえば，翼まわりの流れをシミュレーションする場合は，空気を非圧縮性流体とみなす．

▌1.2.2　数学モデル化

　問題を適切に設定した後，与えた仮定に従って，数学的定式化を行わなければならない．数学的定式化は，CFD エンジニアによってではなく，数学者と理論物理学者によって行われる．しかしながら，CFD エンジニアは，さまざまな物理現象を記述するのに用いられるモデルを理解していなければいけない．OpenFOAM において，利用者は，いくつもの選択肢の中からソルバを選択することができる．それぞれのソルバは，固有の数学モデルを内包しているので，シミュレーションにおいて有効な解を得るためには，正しいソルバを選ぶことが必須である．

　たとえば，翼まわりの流れでは，非圧縮性流体と仮定することによって，エネルギー方程式を取り扱う必要がなくなる．ほかの例としては，ポテンシャル流れはラプラス方程式のみによって記述される．詳細については Ferziger & Perić (2002) を参照されたい．さらに複雑な物理的輸送現象を考慮すると，数学モデルはより複雑となり，より精巧な数学モデルが導入される．たとえば，RANS（レイノルズ平均ナビエ－ストークス方程式）が乱流のモデル化に用いられる．数学モデル方程式は，流れを詳細に記述することができるが，数値シミュレーションはモデル方程式の解を近似するだけであって，モデル方程式によって表される流れの情報よりも多くは表現できない．OpenFOAM による乱流モデルの詳しい説明は，第 7 章で行う．また，個々の数学モデルのより詳細な解説については，流体力学の書籍を参照してほしい．

▌1.2.3　前処理とメッシュ生成

　数学モデルでは，物理的性質を表す場が，モデル方程式の従属変数として与えられる．CFD では，通常，方程式は初期値・境界値問題である．したがって，シミュレーションを始める前に，あらかじめフィールド（場）の初期条件を設定しなければならない（前処理）．もしフィールドの値が空間的に変化するならば，場を計算・前処理するために，別のユーティリティアプリケーション（単にユーティリティともいう）を用いなければならない．ユーティリティには，OpenFOAM とともに配布されているもの（たとえば setFields ユーティリティ）のほかに，別のプロジェクトとして配布されているもの（たとえば swak4Foam プロジェクトの funkySetFields ユーティリティ）もある．

　利用可能な前処理ユーティリティの使用方法については，第 8 章で説明する．

> **ヒント**　swak4Foam プロジェクトの詳細は，OpenFOAM wiki の以下の項目を参照．
> http://openfoamwiki.net/index.php/Contrib/swak4Foam

　モデル方程式の解を数値的に求めるためには，流れの領域を分割しなければいけない．計算領域の空間分割では，多くの場合，流れの領域を，異なった形状の体積要素（セル）からなる**計算メッシュ**へ分解する．これらの体積要素は，メッシュまたは計算グリッドとよばれる．通常，メッシュは，たとえばフィールドの量が急激に変化するような重要な領域では，さらに細かく分割しなければならない．また，正確で適切な数学モデルを選定しなければならない．流れの空間的な変化をよりよく見るためには，たとえ解像度を上げても，もともと，これに対応していないモデルの欠陥を補うことはできない．実際，過渡的な流れに対してメッシュの分割を細かくすると，シミュレーション速度が遅くなってしまう．これは，陽解法を用いた場合，解が安定に走るためには，時間ステップを極めて小さくする必要があるからである†．メッシュの生成は，計算が収束しなくなったとき，最も変更が必要なシミュレーションワークフローの一つであり，メッシュの生成不良は，多くのシミュレーションが破綻する原因である．OpenFOAM には，二つのメッシュ生成ソフト，`blochMesh` と `snappyHexMesh` が付随している．これらの使い方については第 2 章を参照されたい．

　さらに，前処理には，これ以外に，シミュレーションが複数の計算機または複数の CPU コアで行われるときの計算領域の分割など，いくつかのタスクがある．

▌1.2.4　求　解

　求解は，通常，メッシュ生成と並んで，CFD 解析で最も時間を要する過程である．計算時間は，用いる数学モデル，近似計算スキーム，計算メッシュのジオメトリ的・トポロジー的性質に強く依存する．偏微分方程式（解析）モデルは，連立 1 次方程式系に置き換えられる．CFD では，この連立 1 次方程式系は，数百万の要素からなる**巨大行列**となり，とくにこのために考案された反復計算法によって解かれる．OpenFOAM では，多くの連立 1 次方程式の解法が用意されていて，すべてのソルバには，適当な解法とパラメータがあらかじめ設定されている．したがって，中・上級 CFD エンジニアは，連立 1 次方程式の解法とパラメータを適切に変更して選ぶことが可能で，これによってより正確で高速な計算が可能となる．

---

†　この問題に関しては，Ferziger & Perić (2002) などの CFD に関する書籍を参照．

▌ 1.2.5　後処理

シミュレーションが無事終了したら，ユーザのもとには，解析し，検討をするべき大量のデータが残る．流れの詳細を見るためには，データを適切に可視化する必要がある．ParaView のような専用ツールを用いることにより，データ解析が容易に行える．OpenFOAM には，シミュレーション結果を解析するために使える多くの後処理ソフトがある．後処理ソフトとその使用法の詳細については，第 8 章で説明する．

> **ヒント**　ParaView は，OpenFOAM で用いられる標準的な後処理ソフトであり，オープンソースのフリーソフトで，www.paraview.org から入手できる．

▌ 1.2.6　検討と検証

計算結果がどれくらいの信頼性をもつかというのは重要な点である．計算コードそのものは，単にユーザが指示した内容を実行するものである．そこには多くの調整パラメータがあるので，それが原因でエラーが発生する可能性が大きい．もしこれまでの過程でエラーが発生しているのならば，エラーを検討することでその原因を見つけることができる．

シミュレーション結果と比較できる実験データがある場合，シミュレーション結果の安全性をより厳密に判定できる．シミュレーション結果がその判定条件を満たさない場合は，CFD 計算のこれまでの過程を検討しなおさなければならない．

▌ 1.3　OpenFOAM と有限体積法

本節では，OpenFOAM における有限体積法 (FVM) を極めて簡単に概観する．これに関してより深い内容を知りたい読者は，Ferziger & Perić (2002)，Hrvoje Jasak, Jemcov & Tukovic (2007)，Versteeg & Malalasekra (1996)，Weller, Tabor, H. Jasak & Fureby (1998) などを参照されたい．基礎から FVM を説明するのは，本書で扱う範囲をはるかに超えている．

> **注　意**　非構造化メッシュの空間構造と FVM は，CFD の初級者にとっては難しい問題である．今後，わかりにくいことがあったら，本書のこの部分に立ち返るとよい．

OpenFOAM における非構造化メッシュ FVM の過程は，1.2 節で述べた CFD 計算の過程といくらか関連がある．圧力，速度，温度などの流れを支配する物理量は，**数学**

モデル（流れの数学的記述）では従属変数である．流れを記述する数学モデルは，偏微分方程式 (PDE) によって与えられる．見かけは異なる物理現象でも，同様の数学的表現が用いられることがある．たとえば，熱伝導と水中での砂糖の拡散は，同じ**拡散過程**としてモデル化される．Ferziger & Perić (2002) で述べられている一般的なスカラー場の輸送方程式は，流れによる粒子の輸送（移流項），熱源（ソース項）などの，さまざまな物理現象のモデル化に用いられる項をもっている．一般的なスカラー場の輸送方程式はよく出会う項を含み，つぎのような形で FVM に使用される．

$$\frac{\partial \phi}{\partial t} + \nabla \cdot (\boldsymbol{U}\phi) - \nabla \cdot (D\nabla \phi) = S_\phi \tag{1.1}$$

ここで，ϕ はスカラー場，$\boldsymbol{U}$ は速度場，D は拡散係数，S_ϕ は生成項である．式 (1.1) の各項は，左から順に，非定常項，移流項，拡散項，ソース項である．各項は，物理量 ϕ がいろいろな物理過程で変化する様子を表す．

　物理過程の性質によって，いくつかの項は無視される．たとえば，非粘性流体では運動量の拡散項（輸送項）は無視できるので，運動量方程式から取り除かれる．さらに，いくつかの項の係数は，定数，または空間的・時間的に変化するフィールドである．例として，熱輸送項 $\nabla \cdot (k\nabla T)$ を考えてみよう．k は空間的に（さらに時間的にも）変化するフィールドで，モデル方程式の解 T（温度）の変数である．

　数値計算の目的は，数学モデルの解を近似的に求めることにある．厳密解は工学的応用にはあまり役立たない特殊な場合だけにしか求められないことが多いので，複雑な物理過程の近似解を数値的に求めることが必要である．なお，解析解が求められる例として，クエット流れがある．

> **ヒント**　クエット流れは，上壁が一定速度で移動する平行な 2 壁間の流れである．この問題については，後の章で取り上げる．

　通常，数学モデルの解は，支配方程式の離散近似方程式を解くことによって得られる．数値計算の近似過程は，PDE 系を対応する（可解な）代数方程式系に置き換えることである．この代数方程式系は，空間の離散点，たとえばセル中心 $\boldsymbol{C}$ において（PDE を）評価することにより得られる．FVM における代数方程式系の構築は，空間の分割と方程式の離散化という二つの主要な過程によって行われる．

1.3.1　領域の分割

　すでに述べたように，数学モデルは，空間内の任意の点で流れ場を記述する連続場を用いる．数学モデルを解くために，連続場を有限個の体積要素（セル）へ分解する．

これらのセルは，有限体積メッシュを構成する．領域 Ω を満たす連続場による流れの連続的表現から離散場 Ω_D への移行を，図 1.1 に示す．図 1.1（a）に示される流れ場の各点で定義される連続場は，図 1.1（b）に示される有限体積の中心点 C で記憶される離散場に置き換えられる．各有限体積（セル）は，そのセル中心 C に，温度などの物理量のセル平均値を記憶する．全セル中心データを集めて，各物理量の離散場（離散セル中心温度場など）が構成される．

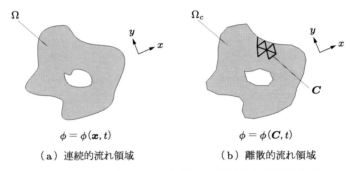

（a）連続的流れ領域   （b）離散的流れ領域

図 1.1　流れ場に対応する，連続的流れ領域と離散的流れ領域

　領域の分割にはいくつかの方法があり，異なるトポロジー構造の**有限体積メッシュ**を生成する．領域分割法は，有限体積の形状，さらにメッシュの諸要素（セル，面，点）がどのように互いに接続されているかをトポロジー的に決定する．メッシュ生成については第 2 章で説明する．

　メッシュには，大きく分類すると，構造化メッシュ，ブロックメッシュ，非構造化メッシュの三つの型がある．それぞれの型に応じて，領域分割法，方程式の離散化，ソースコードの生成法に関して異なる要求がある．メッシュトポロジーと各メッシュへのアクセスの最適化法は，OpenFOAM の場合，数値計算ライブラリと並列化アルゴリズムによって実行され，数値計算の精度と効率に直接的な影響がある．

　構造化メッシュでは，任意のセルから隣のセルへの直接的なアドレス指定と，一定の方向へ横断的に進むアドレス指定がサポートされる．図 1.2（a）に示されるように，セルを示すラベルは，座標軸の方向に増加する．それに対して，非構造化メッシュでは，図 1.3（a）に示されるように，特定の方向は存在しない．セルを示すアドレスも，トポロジーも，計算領域を分割するジオメトリ的アルゴリズムとは関係なく，順序付けはされない．

　構造化メッシュでは，FVM における絶対的な補間法の精度は高いが，複雑な形状の領域のメッシュ生成を行うためには，柔軟性に欠ける．メッシュ生成の過程で，ユーザは，流れが急激に変化する領域ではメッシュを密にし，それ以外の領域ではメッシュ数

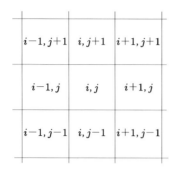

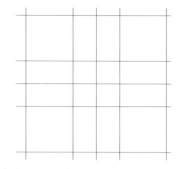

（a）2 次元正方構造化直交座標メッシュ　　　（b）2 次元正方構造化直交座標メッシュ
　　の一部分　　　　　　　　　　　　　　　　　　を細分化したものの一部分

図 1.2　構造化メッシュ

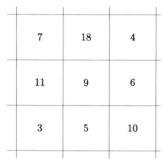

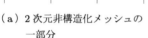

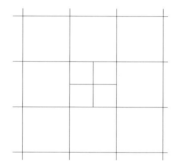

（a）2 次元非構造化メッシュの　　　　　　　（b）2 次元非構造化メッシュを
　　一部分　　　　　　　　　　　　　　　　　　細分化したものの一部分

図 1.3　非構造化メッシュ

を節約しようとする．メッシュ生成過程は，できるだけ短時間で終了させたいが，構造化メッシュでは，実質的な加速法を用いなければ不可能である．局所的なメッシュの高密度化は，高密度化が全メッシュの座標軸の方向に伝播するので，実際には達成できない．構造化メッシュと非構造化メッシュのトポロジー的な差異を図 1.3（b）に示す．

　図 1.2（a）に，2 次元構造化メッシュが模式的に示されている．この種のメッシュは，セル中心が座標軸方向に並んでいるので，デカルトメッシュともよばれる．顕著な利点の一つは，インデックス i, j を 1 変化させるだけで隣のセルへ移動できる点である．しかし，セル面を通る流束 ϕ_f がセル中心値からセル面中心値へ補間で求められる場合は，不利な点となる．解の精度を上げるためには，高次補間ステンシル（補間格子点の集合）を用いる必要があり，そのためには，必ずしも注目するセルの隣にある必要はないが，セルの数を増やさないといけない．

　メッシュを局所的に細分化するのは非常に困難である．ここで，局所的とは，メッ

シュの部分領域を意味している．構造化メッシュにおいて，補間法の次数が物理量の急激な変化を捉えるのに十分な精度をもたない場合が，物理量が急激に変化する領域でしばしば発生する．そのような物理量の急激な変化は，互いに不透過な二相流体のシミュレーションを行う場合に発生する．変動面は二相流体の境界であり，物理量は，図 1.4 に模式的に示されているように，何桁ものオーダーで変化する．適当な例としては，水 − 空気二相流が挙げられ，密度比は約 1000 である（Ubbink (1997), Rusche (2002) は，OpenFOAM を用いて，そのようなシミュレーションを行った）．

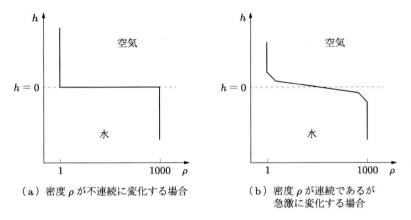

（a）密度 ρ が不連続に変化する場合 　（b）密度 ρ が連続であるが
急激に変化する場合

図 1.4 　自由表面から高さ h と密度 ρ の定性的な分布図

そのようなフィールドの階段状の変化を解析するために，しばしば局所的なメッシュの細分化が行われ，前処理または実行時に最適に処理される．すでに述べたように構造化メッシュの細分化は，局所的には実行できない．なぜなら，構造化メッシュのトポロジー的性質のため，図 1.2（b）に示されるように，細分化はメッシュ全体にわたって行われ，あるセルを 2 方向に細分化すると，それらの方向にすべてのセルが細分化されるからである．曲がった領域に適合する構造化メッシュを構成するのはとくに困難である．構造化メッシュを使い続けるためには，曲がった領域の境界を数学的パラメータ化すること（座標適合変換）が必要である．

それでも，構造化メッシュ生成の拡張方法があり，それを用いれば，局所的なダイナミック細分化（流れの時間発展に伴い，新たなメッシュ細分化を行うこと）が可能となる．局所的な精度を向上させるために，多重構造化メッシュからなるメッシュを構成する，ブロックメッシュ細分化法が利用できる．そのようなブロックメッシュを集めると，それぞれのブロックは異なる局所的なメッシュ密度をもつ．このために，数値計算法は非適合的ブロックパッチ（ハンギングノード）を取り扱えるようにならなければならない．そうでなければ，ブロックの細分化は，隣り合った異なる密度のブロッ

クのメッシュ点が**完全に一致するように**注意深く実行されなければならない（パッチ適合型ブロックメッシュ）．ブロック構造化メッシュを構成するのは，単純な流れ領域に対しても困難な問題であり，複雑な流れ領域を有する多くの工学的応用では，貧弱なブロック構造化メッシュを構成する危険がある．ブロック構造化メッシュを細分化すると，細分化がブロックを通して全体に広がる．パッチ適合型ブロックメッシュに依存する標準ソルバを用いると，細分化はメッシュ生成をさらに複雑にする．

OpenFOAM でのダイナミック適応型局所細分化法は，細分化に必要な情報を生成し記憶するために，追加的データ構造をつくり出すことによって実行される．そのような方法の例として，**8 分割細分化法**が挙げられる．そこでは，構造化デカルトメッシュのセルを，8 分割データ構造を用いて八つに分解する．この方法を用いるためには，メッシュはすべて 6 面体セルからなっていなければならない．8 分割データ構造として記憶された情報は，メッシュの局所細分化に伴うトポロジー的変化を取り入れ，数値的補間過程（離散微分演算）に用いられる．**セル分割法**を用いると，さらに複雑なジオメトリ領域を，8 分割細分化法によって取り扱えるようになる．この方法では，曲がった境界をもつセルが，区分的に平面状の境界で近似される．8 分割適応型細分化法には，基礎となる構造化メッシュにはたらくトポロジー的操作法によって，効率を高めることができるメリットがある．しかし，8 分割適応型細分化法を用いるためには，初期において，領域が箱状でなければいけない．適応型局所細分化法の詳細に関しては，以下の書物を参照されたい．

Adaptive Mesh Refinement — Theory and Applications: Proceedings of the Chicago Workshop on Adaptive Mesh Refinement Methods, Sept. 3–5, 2003. (Lecture Notes in Computational Science and Engineering) 2005.

OpenFOAM では，**一般化非構造化メッシュ**を用いて，FVM に 2 次収束をさせることができる．一般化非構造化メッシュとは，非構造化メッシュのトポロジーに加えて，各セルに任意の形状を許すものである．これによって，ユーザは，極めて複雑な流れ領域を離散化することができる．非構造化メッシュに対して，非常に高速な，ときには**自動的なメッシュ生成**が可能である．このことは，結果を得るために与えられた時間が極めて重要な工業的応用では，非常に重要である．メッシュ生成の導入となる短い説明については，第 2 章で行う．

図 1.3(a)に，非構造化メッシュの 2 次元模式図を示す．メッシュのアドレス指定が構造化されていないので，メッシュのトポロジーを示すために，各セルはラベル付けされている．セルが順序付けられていないので，ある特定の方向に操作を行うことは，計算時間を費やして追加のサーチをかけたり，方向についての情報を局所的に再作成

したりしなければ，複雑な操作になる．しかし，非構造化メッシュには，図 1.3（b）に
示されているように，局所的・直接的にセルを再定義できるというもう一つのメリッ
トがある．局所細分化は，必要な部分のみのメッシュ密度を増加させるだけなので，
メッシュ密度の大域的な増加を抑えるためには，最も効果的である．

> **注 意**　OpenFOAM におけるメッシュのトポロジーは完全に非構造的である（非
> 構造的なメッシュを前提としている）が，しばしば単純な領域形状に対して，ブロッ
> ク化されたメッシュが生成される（blockMesh ユーティリティ）．これは，**ブロック**
> **構造化メッシュを生成したのではない点に注意すること**．

　つぎに説明しなければならないのは，隣のセルの値が，OpenFOAM で用いられる
非構造化 FVM において，どのようにアドレス指定されるかという点である．これは，
各セルは隣のセルと相互作用するので，本質的に重要である．相互作用の基本原理と，
相互作用がメッシュの構造上にどのように取り入れられているかを見極めることが重
要である．最初の点は以下で説明する．一方，メッシュがどのように記憶され，その
記憶方法が相互作用とどのように関係しているかについては，第 2 章で説明する．

　数値計算法のアルゴリズムにおいて，メッシュの各成分がどのようにアドレス指定さ
れるかは，メッシュのトポロジーによって決められる．OpenFOAM では，メッシュ
のトポロジーを**間接アドレス指定法**，**主セル－隣接セルアドレス指定法**，**境界アドレ**
ス指定法の 3 方法で決定する．

間接アドレス指定法

　この方法は，メッシュ点がどのように集められるかということを，点リストによっ
て明確に指定する．面は，メッシュ点によって定義されるが，点の座標の代わりに，
点リスト中の特定点の位置が用いられる．同様に，セルはそれを囲む面で構成され，
面は面リスト中の位置で参照される（図 1.5）．間接アドレス指定法では，点や面が
生成されるたびにメッシュ点をコピーするような事態を避けることができる．そう
でなければ，計算機メモリの中に同じ点や面を重複してコピーしてしまうことにな
り，計算機メモリを浪費し，トポロジー的に複雑な演算が必要となる．

　図 1.5 に示される面 1 はその例である．面 1 は，点 0，1 と図中には示されていな
い点 2，3 で構成される．この面はつぎにセル 1 を構成するのに用いられる．

主セル－隣接セルアドレス指定法

　この方法は，セルを構成する一つの面とその隣接セルを指定することによって，ア
ドレス指定を行う．さらに，面のインデックスの並べ方によって最適化する．また，
面の法線ベクトル $\boldsymbol{S}_f$ を図 1.6 の矢印で示したように与える．主セル－隣接セルの

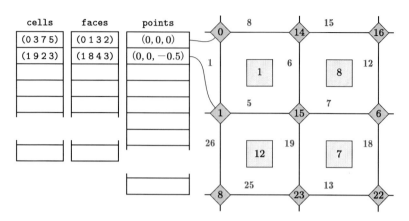

図 1.5　メッシュの一部の 2 次元断面表示. 正方形で表されるセル, 菱形で表される
点, さらに面のラベルを示す. ラベルは, 各要素を示すための数字である.

アドレス指定の最適化に関連して, 二つの大域的なリスト, すなわち**面主セル**と**面隣接セル**のリストが生成され, これらは以下のように定義される. 各セル面に対して, 二つの隣り合うセルが存在する. 一つを面主セルとよび (図 1.6 の P), もう一つを面隣接セルとよぶ (図 1.6 の N). 面主セルは, メッシュセルのリストのうちでより小さな値のインデックスをもつセルである. この情報は, 面のインデックスの並べ方を決定する. 面の法線ベクトルは, 常に面主セルから面隣接セルへと向かう. つぎの項で説明するが, 面の法線ベクトルの向きの反転は, 方程式の離散化過程における余分な計算を減らすための効率的な最適化である.

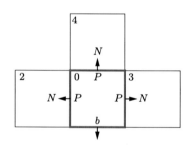

図 1.6　インデックス 0 で指定され, 太線の枠で囲まれたセルに対する主セル – 隣接セルアドレス指定. 各面ごとにラベルのペア (N, P) が定義される. 面で隣接するセルのうち, (セルの左上角に示される) インデックスの値が小さいセルが主セル P である. b は主セルの境界面を示す.

境界アドレス指定法

この方法は, 境界の面がどのようにアドレス指定されるかを定めている. 定義から, 主セルをもつが隣接セルをもたない面は境界面である. 境界面をメッシュ面リスト

の最後に分けて記憶することにより，面へのアクセスが最適化される．これが，メッシュ面リストの部分集合として，境界面の効率的な定義となる．また，最終的に異なる物理的境界条件を定義するために利用することができる．境界メッシュのそのような定義法は，面に基づく補間を用いる OpenFOAM のトップレベルコードの自動並列化のために必要である．境界メッシュのすべての面は，流れ領域から外側に向いていて，主セルしかもたない．

ヒント　本章では，CFD の観点からメッシュ生成法を説明している．実際にメッシュがどのように構成されるかについての具体的な説明は 2.1 節で行う．

間接アドレス指定法では，非構造化メッシュの残りの性質とともに数値シミュレーションのコードの柔軟性が増すが，間接操作のために，ブロック構造化メッシュに基づくコードで扱われるメッシュと比べれば，性能は落ちる．

注 意　デカルトメッシュで直接アドレス指定法によって実行する数値シミュレーションを OpenFOAM による計算と比較する際，しばしば計算効率を判定しそこなう．なぜなら，比較はメッシュ構造が「同じ」であると想定される二つのブロックメッシュに対して行われるが，実際は非常に異なっているからである．

主セル‐隣接セルアドレス指定法によって，どのように非構造化メッシュのセルの中心値が指定されるかについて，図1.6 に模式図を示している．例示されたセルは，ラベルが 0 で，隣接セルと三つの面を共有し，境界面 b をもつ．このセルは，隣接セルのインデックス $(2,3,4)$ と比べて最も小さな値のインデックスをもち，それによって，その面の主セルとなることがわかる．また，その各面に対して指標が P となる．このようにして，セル 0 からすべての隣接セルへ向かう法線ベクトルをもつ面領域がつくられる．

OpenFOAM の非構造化メッシュでは，セル‐セルや，点‐セルのような追加のアドレス指定がメモリに記憶される．追加のアドレス指定法は，特別な補間スキームのような，より具体的な方法を構築するのに利用される．実際の接続インデックス化は，メッシュ生成アルゴリズムの直接的な結果である．

1.3.2　方程式の離散化

領域のメッシュ分割が終わったら，数学モデルの各項を近似する作業に入る．つまり，微分項を差分演算へと変換する作業である．領域分割とは異なり，この作業は，OpenFOAM の各ソルバの計算時間内に行われる．例外は，ダイナミックメッシュを用

いるソルバで，領域分割を繰り返し行う．OpenFOAM における方程式の離散化につ
いての詳しい説明は，とくに Jasak (1996)，Ubbink (1997)，Rusche (2002)，Juretic
(2004) によってなされている．スカラー量 ϕ に関する，移流速度が $\boldsymbol{U}$ で，ソース項
をもたない，単純な移流方程式の離散化のみを以下で述べる．

$$\frac{\partial \phi}{\partial t} + \nabla \cdot (\boldsymbol{U}\phi) = 0 \tag{1.2}$$

式 (1.2) には，非定常項と移流項の二つの項がある．方程式は元のままでは解析的に解
くことができないので，数値計算可能な代数方程式に変換するために，どちらの項も
離散化する必要がある．数値的方法は，セルの大きさを縮小したときに，矛盾なく離
散化（代数的）数学モデル方程式が厳密な数学モデルへ近づくようになっていなけれ
ばならない (Ferziger & Perić (2002))．いい換えれば，Ferziger & Perić (2002) にあ
るように，計算領域を無限に細かくして離散化方程式を解くと，数学モデルの PDE 解
に近づくようになっていなければならない．離散化モデルを得るために，式 (1.2) を
時間積分および空間積分する．

$$\int_t^{t+\Delta t} \int_{V_P} \left\{ \frac{\partial \phi}{\partial t} + \nabla \cdot (\boldsymbol{U}\phi) \right\} dx \, dt = 0 \tag{1.3}$$

時間項の積分は，つぎのように近似される．

$$\int_t^{t+\Delta t} \int_{V_P} \frac{\partial \phi}{\partial t} dx \, dt \approx V_P(\phi^n - \phi^o) \tag{1.4}$$

ここで，V_P はセルの体積で，n と o はそれぞれシミュレーションにおける時間の新ス
テップと旧ステップを表し，Δt は時間ステップ幅を表す．時間ステップは，時間が離
散化され，継続的に起こる事象を表現するために導入された．

　移流項は，積分して，ガウスの発散定理を用いた後に離散化される．

$$\int_t^{t+\Delta t} \int_{V_P} \nabla \cdot (\boldsymbol{U}\phi) \, dx \, dt = \int_t^{t+\Delta t} \int_{\partial V} \phi \boldsymbol{U} \cdot \boldsymbol{n} \, do \, dt$$
$$\approx \sum_f \phi_f \boldsymbol{U}_f \cdot \boldsymbol{S}_f \, \Delta t \tag{1.5}$$

ここで，∂V は有限体積 V_P の連続的な境界（体積 V_P を囲む曲面）を示し，do は微
小面積，f はセル面を示し，$\boldsymbol{S}_f$ は面から外向きの面法線ベクトルである．面法線ベク
トルは，セル面に垂直で，その絶対値が面の面積に等しいベクトルである．式 (1.5) の
右辺の計算を行うためには，面中心に記憶されている諸量を面ごとに知る必要がある．
これは，補間によって実行され，補間値は ϕ_f のように，インデックス f で示される．
この補間に関する具体例は本章の最後で紹介する．二つの項を離散化すると，式 (1.2)

はつぎのようになる.

$$V_P \frac{\phi^n - \phi^o}{\Delta t} + \sum_f \phi_f \boldsymbol{U}_f \cdot \boldsymbol{S}_f = 0 \tag{1.6}$$

明らかに, Δt と V_P をゼロに近づけた極限で, 離散方程式 (1.6) は連続的な数学モデル (1.2) に近づく. 式 (1.5) には, 新時間ステップを表すインデックス n も, 旧時間ステップを表すインデックス o も現れない. これは, 時間に関する補間による面の変化を無視したからである.

式 (1.5) の右端の項で, 新時間ステップを取るか, 旧時間ステップを取るかで, 解くべき代数方程式が**陽的**か, **陰的**かの違いが生じる. 以下にその差異を示す.

陽的時間離散化

もし空間項を旧時間ステップで評価するならば, 新時間ステップの物理量は, コントロールボリューム (CV) の中心で記憶されるものだけとなる. このとき, 代数方程式はつぎのようになる.

$$V_P \frac{\phi^n - \phi^o}{\Delta t} + \sum_f \phi_f^o \boldsymbol{U}_f^o \cdot \boldsymbol{S}_f = 0 \tag{1.7}$$

したがって, 式 (1.7) の左辺第 2 項を旧時間ステップで評価すれば, 新しいセル値 ϕ^n を**陽的**に計算することができる.

陰的時間離散化

空間項を新時間ステップで評価する場合, 方程式はつぎのようになる.

$$V_P \frac{\phi^n - \phi^o}{\Delta t} + \sum_f \phi_f^n \boldsymbol{U}_f^n \cdot \boldsymbol{S}_f = 0 \tag{1.8}$$

着目するセルに対応した代数方程式は, 周辺のセルに属する新時間ステップの従属変数を含む. その結果, 各 CV の代数方程式の全体の集合が, 新時間ステップの変数を求めるための連立代数方程式を構成し, それを解けば, 全セルの中心値が求められる. このような解法を**陰解法**とよぶ.

離散方程式の各係数は, 以下のような要因で決定される.

- セル面での値 $(\boldsymbol{U}_f, \phi_f)$ を補間法でセル中心値から求める方法
- セルのジオメトリ形状 (とくに, セル面の数) と, 隣接セルの数とジオメトリ: セルの形状は, セル中心の位置を決定し, 補間に対して本質的な影響がある.
- セルの大きさ: V_P が小さければ小さいほど代数方程式は厳密な方程式に近づき, 解の精度は高まる.

- どのような項が方程式に存在するか：拡散項および / またはソース項が考えられ，それらの離散化が最終的に得られる代数方程式の係数値を変化させる．
- 時間ステップの大きさ：Δt が小さければ小さいほど，計算結果は時間変化する問題を時間的に精度よく表現し，陽解法を用いたとき，より安定な解を得ることができる．

式 (1.6) の和の項を計算するとき，主セル‒隣接セルアドレス指定法が用いられる．もし，この項の計算を，外向き法線ベクトル $\boldsymbol{S}_f$ を用いて各セルに対して単純計算すると，計算ループが隣接セルに重なるので，計算量は各セル面 f に対して 2 倍になる (Jasak (1996))．しかし，主セル‒隣接セルアドレス指定法を用いれば，OpenFOAM における FVM は，セル面での値の補間が一度だけとなり，**両隣のセルに対して同じ重みをかけることとなる**．

$$\sum_f \phi_f \boldsymbol{U}_f \cdot \boldsymbol{S}_f = \overset{\text{owner}}{\sum_f} \phi_f \boldsymbol{U}_f \cdot \boldsymbol{S}_f - \overset{\text{neighbor}}{\sum_f} \phi_f \boldsymbol{U}_f \cdot \boldsymbol{S}_f \tag{1.9}$$

ここで，和は，**主セルの和**と**隣接セルの和**に分解されている．OpenFOAM における面上の補間を含むすべての数値計算は，メッシュ面上の計算ループに基づいている．すでに述べたように，セル値は主セル‒隣接セルアドレス指定法によってアクセスされる．このようにして，式 (1.9) の ϕ_f と $\boldsymbol{U}_f$ の面中心値が補間によって求められる．これらの変数の両隣のセルにおける離散項への寄与は，計算ループでの重複計算はない．主セルの面には同じ寄与をし，隣接セルの面への寄与は取り除かれる．このようにして，相当な量の計算時間を節約することができる．

■ セル面補間

これまでに説明したように，離散フィールドの値は CV の中心に記憶される．離散方程式 (1.6) では，セル中心値を用いた補間で得られる面の値も用いる．セル面の値の評価は，**補間スキーム**で行われる．これは，OpenFOAM ライブラリの**おもな構成要素**の一つである．補間スキームでは，面中心 $\boldsymbol{C}_f$ の値をセル中心値 $\boldsymbol{C}$ によって補間する．面中心値に対するほかの補間スキームを用いると，ϕ_f によって各セルで定義された離散方程式の形が決定される．利用可能な補間法はいろいろとあるが，それらすべてを説明するのは本書の範囲を超えている．そこで，補間スキームの基本的な原理を説明するために，以下のような中心差分スキーム (CDS) として知られる線形補間法を取り上げる．

$$\phi_f = f_x \phi_P + (1 - f_x)\phi_N \tag{1.10}$$

ここで，f_x は，メッシュジオメトリから計算される線形係数

$$f_x = \frac{\|fN\|}{\|PN\|} \tag{1.11}$$

である（fN および PN はそれぞれ，図 1.7 の点 f と N および点 P と N を結ぶベクトルである）．式 (1.11) は，メッシュジオメトリが，有限体積において構成された最終的な代数方程式で果たす役割を示している．セルサイズが大きく変われば，面補間で大きな誤差が発生し，代数方程式系全体に波及する．任意の非構造化メッシュの FVM での補間誤差の厳密かつ詳細な導出については，Juretić (2004) を参照されたい．

点 P，f，N の位置は，図 1.7 に示すように，セルの形状から決定される．これは，数値計算法の精度と安定性において，重要な役割を果たす．式 (1.10) によって，あるセルに関する代数方程式に，隣り合うセルの中心値を関連させている．

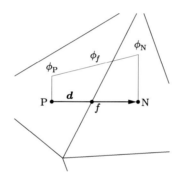

図 1.7　2 次元三角メッシュにおける中心差分スキーム適用の模式図

セルに対して，代数方程式がどのように構成されるかをわかりやすく説明するために，2 次元の有限体積の例を調べてみよう．図 1.6 に，非構造化メッシュにおいて，まわりを取り囲むラベル付けされたセルを示した．この領域では，離散方程式 (1.6) はつぎのようになる．

$$a_0 \phi_0^n + a_4 \phi_4^n + a_3 \phi_3^n = 0 \tag{1.12}$$

この例では，陰的な時間離散スキームを用いたとき，セル 0 における従属変数は ϕ_0，ϕ_4，ϕ_3 である．代数方程式における従属変数の番号は，セルの形で決定される．なぜなら，セルの形によって，離散化された移流項において関与する隣接セルの数が決められるからである．

▌1.3.3　境界条件

FVM の説明で不足していた点は，境界面の取り扱いについてである．それらのセル面は，図 1.8 の太線で示されている．OpenFOAM の用語では，すべての境界面は，boundaryField とよばれる．その場合，変数は系の従属変数に取ることができず，あらかじめ与える必要がある．これが，境界条件をあらかじめ与える必要がある理由で，拡張離散化方程式 (1.8) を見れば，もっとよく理解できる．

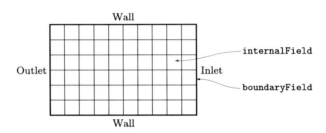

図 1.8　右側から流入し，左側から流出する単純な 2 次元
チャンネル流の例．残った 2 境界は壁である．

和の項を展開する際，和は境界面を越えて実行されていることがわかる．もしこのセル面を b と印を付けると，$\phi_b \boldsymbol{U}_b \cdot \boldsymbol{S}_b$ のような項を計算し，和に加えなければならない．境界面の隣には，面が一つしかないので，定義よりこれは面の主セルとなる．境界値を与える方法はさまざまであるが，おもな基本的方法は fixedValue または zeroGradient で与えられる．さらなる詳細については第 10 章を参照されたい．fixedValue 境界条件では，方法は簡単で，ϕ_b や $\boldsymbol{U}_b$ の境界値を与えるだけである．境界条件の最も簡単な形は，いわゆるノイマン型，または「自然」境界条件で，領域の境界で物理量の勾配をゼロとする．

$$\nabla\phi(\boldsymbol{x}_b) = \boldsymbol{0} \tag{1.13}$$

この条件を用いて，境界面 b における物理量の値を，テイラー展開を利用して求める．

$$\phi_P \approx \phi_b + \nabla\phi(\boldsymbol{x}_b) \cdot \delta\boldsymbol{x} \approx \phi_b \tag{1.14}$$

上式から，境界値はセルの値から求められるものとなる．境界面 b で勾配ゼロ境界条件を課したことの代数方程式への影響は，新時間ステップで，セル値の隣の係数（式 (1.12) の a_0）がなくなることである．OpenFOAM には，いろいろな境界条件が実装されているが，それらはすべて，境界メッシュ面の集まりに対して，境界値，勾配，またはそれらの結合に条件を課すこととなる．

> **注 意** 境界条件がどのように実装されているか，実際にはどのように用いられるか
> についての詳細については，第 8 章を参照されたい．フィールドと境界条件の関連性
> についても，第 8 章を参照されたい．

1.3.4 代数方程式系の解法

式 (1.6) は，式 (1.2) のような PDE がどのようにして離散化とメッシュに関する
補間スキームを用いて代数方程式へ変換されるかを示す例である．陰的時間離散化ス
キームでは，それぞれのセルに対する方程式が一つの代数方程式にまとめられる．完
全な陽的時間離散化では，式 (1.12) における ϕ_0 以外のすべての従属変数は，旧時間
ステップで評価される．その結果，セル 0 の旧時間ステップにおける値は，直接的に
計算できる．すべての CV に対する方程式を集めたものは，それぞれのセルとその隣
接セルに記憶された，従属変数を求める一つの代数方程式系となる．

このようにしてつくり上げられた代数方程式系は，通常は巨大で，そのサイズはセル
の数に直接比例する．たとえば，セル 1 に対する代数方程式を完全に展開して見てみ
ると，メッシュ生成過程で付けられたセルのインデックスが，どのように代数方程式
の係数行列の構造を決定しているかを理解できる．図 1.3(a) に示したもの以外のセ
ルの並べ方があれば，セル 1 に対する係数と従属変数は，異なるインデックスをもつ．

代数方程式系を解くためには，正方行列の成分は，行と列がそれぞれ一次独立とな
るようになっていなければならない．つまり，どの行も列も線形従属関係であっては
ならない．このことは，式 (1.12) を並べた行列の本当の大きさが，セルの数に等しい
ことを意味する．したがって，全メッシュに対する膨大な数の方程式を取り扱うこと
となり，つぎの行列形方程式が得られる．

$$\boldsymbol{A} \cdot \boldsymbol{x} = \boldsymbol{b} \tag{1.15}$$

ここで，$\boldsymbol{A}$ は係数行列，$\boldsymbol{x}$ は系の未知数ベクトル，$\boldsymbol{b}$ は系のソース項ベクトルである．

$\boldsymbol{A}$ の各行は，あるセルとほかのセルとのつながりを示す．一つのセルは，それほど
多くのセルと直接的なつながりをもたないので，その行では，数個の列だけがゼロで
ない値をもち，それ以外の列はゼロである．これを例に当てはめると，式 (1.12) で，
例として取り上げたセル 1 に直接的なつながりをもたないすべてのメッシュセルにつ
いて，その係数がゼロとなることがわかる．これが，非構造化メッシュに対する最終
的な係数行列 $\boldsymbol{A}$ が**疎行列**（ほとんどすべての要素がゼロ）となる理由である．

最終的な代数方程式系が構成されれば，つぎはそれを解くことになる．解法として
は，**直接法**または**反復法**を用いる．

■ 直接法

直接法のよく知られた例としてガウス消去法があり，行列の要素を再配置しながら連立 1 次方程式を直接的に解くことにより，式 (1.15) の解を求める．残念ながら，この行列再配置には n を行列の次数とすると，n^3 に比例する演算回数が必要となる (Ferziger & Perić (2002))．このため，直接法は，今日の CFD でよく取り扱う巨大行列には適用できないことがわかる．とくに，係数行列が疎行列にもかかわらず，ガウス消去法を適用して上三角行列へと変形すると，疎行列ではなくなってしまい，解くために時間がかかってしまう．

■ 反復法

反復法は，直接法と比べると精度はあまり高くないが，非線形問題には本質的に必要である．求解は，推定解から解き始め，反復法によって最終解まで求める．Ferziger & Perić (2002) は，反復法による求解をつぎのように定式化した．

$$\boldsymbol{A} \cdot \boldsymbol{x}^{(n)} = \boldsymbol{b} - \boldsymbol{\rho}^{(n)} \tag{1.16}$$

n 次反復解 $\boldsymbol{x}^{(n)}$ は式 (1.15) を満足しないので，残差 $\boldsymbol{\rho}^{(n)}$ が導入されている．残差をゼロにするのが求解の目的である．反復法では，方程式系を厳密に解くことはできないため，解の精度を指定する必要がある．そのため，厳密解と反復解の差を表す残差が重要となる．

迅速な収束を望むならば，具体的な問題に対して最も効果的な反復法を選定することが必要である．OpenFOAM では，膨大な数のソルバが用意されていて，**前処理付共役勾配法** (PCG) から，より洗練された**一般化幾何代数的マルチグリッド法** (GAMG) まで使用可能である．詳細を述べるのは本書の範囲を超えているので，Ferziger & Perić (2002) や Saad (2003) を参照されたい．

■ 収束の改善

現実の問題では，さまざまな物理現象を含む非定常な問題を取り扱わなければいけないので，一般的に適用可能な収束改善法は，**減速緩和法** (under-relaxation) を用いることである．

減速緩和法を用いるためには，ユーザは反復の旧解と新解との間に緩和因子 α を用いる必要がある．$\alpha = 1$ とすると，減速緩和の効果がなくなり，新解には，完全に反復計算の影響が取り入れられる．$\alpha = 0$ とすると，反復計算の影響が完全に排除され，旧解がそのまま新解となるので意味がない．区間 $(0, 1)$ で緩和因子を選ぶと，反復計算の影響が適切に加味される．

1.4　OpenFOAM ツールキットの構成の概観

> **注 意**　本書で取り扱う OpenFOAM の Version 2.2.x には，7053 個のソースファ
> イルと，全体で 1275306 行のソースコードが含まれる．これには，configuration ス
> クリプト，build system ファイル，*.[CH] ソースファイルに置かれる standard
> OpenFOAM headers は含まれない．

　OpenFOAM ツールキットは，多くのライブラリ，独立したソルバ，ユーティリティ
プログラムからなる．このような膨大なコードベースの概要をつかむために，root
OpenFOAM ディレクトリの中身を以下に紹介する．

　OpenFOAM ディレクトリの中身

applications

　ソルバ，ユーティリティ，補助テスト関数のソースコード．ソルバのコードは，
/incompressible, /lagrangian, /combustion のように関数によって並べられ
ている．同様に，ユーティリティは，mesh, pre-processing, post-processing のカ
テゴリーに分けられている．

bin

　関数の幅広い配列に関する bash（C++バイナリではない）スクリプト．インストー
ルのチェック (foamInstallationTest)，デバッグモードでの並列実行 (mpirun-
Debug)，空のソースコードテンプレートの生成 (foamNew)，またはケースの生成
(foamNewCase) など．

doc

　ユーザーズガイド，プログラマーズガイド，Doxygen 生成ファイル．

etc

　全ライブラリのコンパイルとランタイムに関する，選択可能なコンフィギュレーショ
ン・コントロールフラグ．多くのインストールの環境設定は/etc/bashrc にあり，
そこでは，どのコンパイラを使うのか，どの MPI ライブラリを想定してコンパイ
ルを実行するのか，インストールファイルはどこに置くのか（user local か system
wide か）を指定する．

platforms

コンパイルされたバイナリファイルが，精度，デバッグフラグ，プロセッサ構造に従って記憶される．大半のインストールは，一つまたは二つのサブフォルダになされ，コンパイルのタイプに従って命名される．たとえば，linux64GccDPOpt は，以下のように解釈される．

linux	OS のタイプ
64	プロセッサアーキテクチャ
Gcc	コンパイラ (Gcc，Icc，CLang)
DP	浮動小数点精度（倍精度 (DP)，単精度 (SP)）
Opt	コンパイルの最適化，またはデバッグフラグ（最適化された (Opt)，デバッグモード (Debug)，プロファイル (Prof)）．

src

ツールキットのソースコード．有限体積の離散化，輸送モデル，スカラー，ベクトル，リストなどの最も根源的な構造の CFD ライブラリソースを含む．applications フォルダにある CFD のおもなソルバは，これらのライブラリを用いる．

tutorials

これは，問題に対して，それぞれのソルバがどのように対応しているかを見るのに役立つ．いくつかの問題では，固体–流体間熱輸送問題に対する多重領域分解や任意メッシュ界面 (AMI) の構成などの，より複雑な前処理操作が必要である．

wmake

bash に基づくスクリプトで，C++コンパイラをコンフィギュレーションし (configure)，呼びだす (call) ユーティリティーである．wmake でソルバやライブリをコンパイルするときは，Make/files と Make/options にインクルードする (include) ヘッダと，ほかのサポートライブラリをリンクする (link) ための情報がある．Make フォルダは，wmake を使って大半の OpenFOAM コードをコンパイルするのに必要である．

OpenFOAM のライブラリについては第 5 章で，ソフトウェアデザインの観点からある程度説明する．そこで，C++プログラミングによる新しいパラダイムと，それがどのように OpenFOAM をモジュール化し，高性能化するかについての説明を行う．

1.5　まとめ

OpenFOAM を用いることは，ほかの CFD ソフトを用いる場合と同様，しっかりとした物理的，数値的，工学的ワークフローが必要なので，ユーザには容易ではない．OpenFOAM のオープンソース性によって，ユーザには，実質的に改変できる自由度がある．それに伴って，普段はグラフィカルユーザインターフェース (GUI) を使い，シミュレーションパラメータの豊富な選択の可能性がない状況に慣れてしまっているCFD エンジニアにとっては，かなりの複雑な問題が降りかかる．そこで，本章では，OpenFOAM を使いこなすための第一歩として，数値シミュレーションを用いて流れの問題をモデル化する場合の考慮すべき点を示し，CFD 解析のおもな段階を説明した．その後，OpenFOAM における FVM の要約を述べ，境界条件，離散化スキーム，ソルバの適用など，本書の残り部分で説明される OpenFOAM の内容を理解するための基礎を与えた．最後に，OpenFOAM の枠組について概観した．

参考文献

[1] *Adaptive Mesh Refinement — Theory and Applications: Proceedings of the Chicago Workshop on Adaptive Mesh Refinement Methods, Sept. 3–5, 2003 (Lecture Notes in Computational Science and Engineering)* (2005). 1st ed. Lecture notes in computational science and engineering, 41. Springer.

[2] Ferziger, J. H. and M. Perić (2002). *Computational Methods for Fluid Dynamics*. 3rd rev. ed. Berlin: Springer.

[3] Jasak (1996). "Error Analysis and Estimation for the Finite Volume Method with Applications to Fluid Flows". PhD thesis. Imperial College of Science.

[4] Jasak, Hrvoje, Aleksandar, Jemcov, and Željko Tuković (2007). "OpenFOAM: A C++ Library for Complex Physics Simulations". In: Juretić, F (2004). "Error Analysis in Finite Volume CFD". PhD thesis. Imperial College of Science.

[5] Rusche, Henrik (2002). "Computational Fluid Dynamics of Dispersed Two-Phase Flows at High Phase Fractions". PhD thesis. Imperial College of Science, Technology and Medicine, London.

[6] Saad, Yousef (2003). *Iterative Methods for Sparse Linear Systems, Second Edition*. Society for Industrial and Applied Mathematics.
URL: http://www-users.cs.umn.edu/~saad/PS/all_pdf.zip.

[7] Ubbink, O. (1997). "Numerical prediction of two fluid system with sharp interfaces". PhD thesis. Imperial College of Science.

[8] Vesteeg, H. K. and W. Malalasekra (1996). *An Introduction to Computational Fluid Dynamics*: *The Finite Volume Method Approach*. Prentice Hall.

[9] Weller, H. G. et al. (1998). "A tensorial approach to computational continuum mechanics using object-oriented techniques". In: *Computers in Physics* 12.6, pp. 620–631.

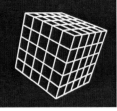

第2章
ジオメトリの定義, メッシュの生成と変換

　この章について詳述する前に, いくつかの概念について述べる. CFD におけるジオメトリは, 基本的に流れ領域を3次元で表現する. メッシュは複数の意味をもつが, ここでは, 3次元体積メッシュを対象としている. 物体表面の離散化には表面メッシュが用いられる. 体積メッシュのために体積要素が使われ, 表面メッシュのために表面要素が使われる. 複雑なジオメトリを対象とする場合は, 表面メッシュの適切な定義が重要となる.

　CFD において興味深いのは, 各特定の流体問題に関連しているジオメトリである. たとえば, 自動車まわりの流れの空気力学シミュレーションについて考えると, 通常, 自動車の内部は全体的な流れに関係しないので重要ではない. そのため, 自動車外側のボディまわりの詳細だけが関係しており, 空間の離散化において十分に考慮する必要がある.

　この章では, 最初にどのようにメッシュを生成するか, 異なるフォーマット間でどのようにメッシュを変換するかを概説する. そして, 生成後のメッシュを処理するためのさまざまなユーティリティを解説する.

2.1　ジオメトリの定義

　実際のメッシュジオメトリと CAD プログラムから出力されるジオメトリを区別することは重要である. 一般的なメッシュの結合に関するいくつかのワードを前章でも説明したが, ここでは, 実際のメッシュがどのようにファイルシステムに保存されるかについての概要を説明する. OpenFOAM のケースディレクトリとして, 0, constant, system が用いられる. 0 フォルダにはフィールドの初期条件を保存し, system フォルダには計算に関連したシミュレーションのセッティングと実行が保存される. 本章では, すべての空間および結合に関連するデータを含むメッシュを保存する constant ディレクトリを説明する. OpenFOAM のケース構造に関する詳細は第3章で説明する.

　静的メッシュのみを使用する場合, 計算グリッドは常に constant/polyMesh ディレクトリ中に保存される. 静的メッシュは, 点置換または結合が変わる場合があるが,

シミュレーションの領域上では変更されないメッシュである. メッシュデータは一定であるとされるので, constant フォルダに配置される. プログラミングの見地からは, すべての特徴と制約を有する OpenFOAM メッシュの一般的な記述は polyMesh の中にある. 与えられた静的メッシュのケースデータは, constant/polyMesh に保存される. 代表的なメッシュデータファイルは, points, faces, owner, neighbour, boundary である.

　当然のことながら, メッシュを適切に定義するためのデータは有効でなければならない. つぎのコマンド入力で見つけられる potentialFoam ソルバの pitzDaily チュートリアルが使える.

```
?> tut
?> cd basic/potentialFoam/pitzDaily
```

polyMesh ディレクトリの内容を調べると, まだ必要なメッシュデータが含まれていないことがわかる. blockMeshDict だけがこのチュートリアルに存在するが, つぎのようにこのケースディレクトリ中で blockMesh を実行すれば, メッシュと結合データが生成される.

```
?> ls constant/polyMesh
   blockMeshDict boundary
?> blockMesh
?> ls constant/polyMesh
   blockMeshDict boundary faces neighbour owner points
```

これまでに CFD コードを使っていたユーザは, とくに構造化メッシュに基づくコードで, セルごとのアドレス指定を抜かしてしまうかもしれない. OpenFOAM における非構造化 FVM は, 各セルに基づいてというよりも, 各面に基づいてメッシュを構築する. この詳細については, 1.3 節の**主セル-隣接セルアドレス指定**で記述されている. 以下に constant/polyMesh の各ファイルの目的を示す.

points

points は, vectorField でメッシュのすべての点を定義し, 空間内でのそれらの位置をメートル単位で与える. これらの点はセル中心 C ではなく, セルの頂点である. たとえば, x 方向においてメッシュを 1 m 移動するためには, それぞれの点はその移動に応じて変更しなければならない. このために polyMesh サブディレクトリでほかの構造を変える必要はない. これについては, 2.4 節で説明する.

　テキストエディタでそれぞれのファイルを開くことによって, points の詳細な確認をすることができる. 紙面を節約するために, ヘッダを除いて, 最初の数行だけ

を示すと，以下のようになる．

```
?> head -25 constant/polyMesh/points | tail-7
25012      // Number of points
(
(-0.0206 0 -0.0005)       // Point 0
(-0.01901716308 0 -0.0005)      // Point 1
(-0.01749756573 0 -0.0005)
(-0.01603868134 0 -0.0005)
(-0.01463808421 0 -0.0005)
```

points は，25012 点以上のリストは含まない．このリストは，並べ替える必要はないが，並べ替え可能である．さらに，リストのすべての要素は互いに**異なっており**，これは座標点が重複することがないことを意味している．それらの点にアクセスしてアドレス指定することは，vectorField におけるリスト位置経由で実行され（0 から始まる），その位置は label として保存される．

faces

faces は，vectorField において定義したそれぞれの点から面を構成し，labelListList にそれらを保存する．これは入れ子状のリストであり，1 面あたり 1 要素を含んでいる．これらの要素はそれぞれ，順番に独立した labelList であり，面の構成に用いられる points のラベルを保存する．図 2.1 に labelListList の構成概念図を示す．

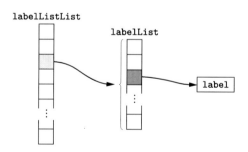

図 2.1　faces を表す labelListList の構成の概念図

各面は少なくとも 3 点を含まなければならず，その面の数の後に点ラベルのリストが続く．面上のすべての点は，直線の辺で接続されている（**OpenFOAM User Guide 2013** を参照）．面の法線ベクトル S_f の向きは，面を定める点から右手の法則によって決まる．

また，points の場合と同様に，faces の最初の数行だけを以下に示す．

```
?> head -25 constant/polyMesh/faces | tail-7
```

```
49180        // Number of faces as labelListList
(
4(1 20 172 153)        // Face 0 with it's four point labels as labelList
4(19 171 172 20)
4(2 21 173 154)
4(20 172 173 21)
4(3 22 174 155)
 . . .
)
```

上記の最初の行からわかるようにメッシュは 49180 の面からなり, 部分集合だけが示されている. 49180 の面リストの長さと同様に, それぞれの labelList の長さはリスト開始前に述べられる. ここで示されたすべての面は, points リスト中の点の位置を参照し, 四つの点から構成されている.

owner

owner は, 面を保存しているリストと同じ行数の labelList である. すでに面が構成され, faces リスト中に保存されているので, 体積セルにするための面の関係性を定義しなければならない. 一つの定義あたり, 面は二つの隣接するセルの間で共有される. owner リストは, どの面がどのセルによって保有されるかについて, セルラベルに基づいて順番に決定して, 保存する. 小さいセルラベルをもつセルが面を保有し, そのセルが保有していない面は隣接とされる. 最初の面 (リスト中のインデックス 0) が, その位置に保存されるラベルでセルによって保有されるとコードに指示する. owner ファイルを詳細に見ると, 以下のように, 最初の二つの面がセル 0 によって, つぎの二つの面はセル 1 によって保有されていることがわかる.

```
?> head -25 constant/polyMesh/owner | tail-7
49180
(
0
0
1
1
```

このリストの順番付けは, **主セル‐隣接セルアドレス指定**の結果であり, 1.3 節で詳しく説明している.

neighbour

neighbour は, owner リストの反対のことをするので, owner リストと関連付けて考える必要がある. すなわち, どのセルがどの面を保有しているかではなく, その隣接しているセルを保存する. owner と neighbour のファイルを比較すると,

neighbour リストがかなり短いことがわかる．これは，境界面が隣接しているセル
をもっていないからである．

```
?> head -25 constant/polyMesh/neighbour | tail-7
24170
(
1
18
2
19
```

詳しくは，再度，1.3 節の**主セル－隣接セルアドレス指定**の動作原理を参照していた
だきたい．

boundary

boundary は，入れ子状のサブディクショナリのリスト中に，メッシュ境界につい
てのすべての情報を含んでいる．境界は，しばしば**パッチ**または**境界パッチ**として
参照される．これまで述べたメッシュの成分と同様，いくつかの関係のある行だけ
を示す．

```
?> head -25 constant/polyMesh/boundary | tail-8
5
(
    inlet    // patch name
    {
        type       patch;
        nFaces     30;
        startFace  24170;
    }
```

このセクションで用いる pitzDaily の実例の境界ファイルでは，五つのパッチの
リストを含んでいる．各パッチは，ディクショナリ（パッチ名が最初に書かれてい
る）によって表される．ディクショナリに含まれている情報は，パッチタイプ，面
の数および最初の面である．面リストの分類のおかげで，特定のパッチに属してい
る面は，この慣例を使って，迅速かつ容易にアドレス指定される．

　境界のアドレス指定法を図 2.2 に示す．OpenFOAM では，neighbour をもって
いないすべての面が，faces リストの終わりに集められるようになっており，owner
パッチに従って並べられるすべての境界面は，境界記述によってカバーされている．

　points, faces, owner, そして neighbour のファイルをユーザが変更する必要
はない．それらを変更すると，メッシュが破壊されてしまう可能性が高い．しかし，
boundary ファイルは，ユーザのワークフローに依存するので，変更する必要があ

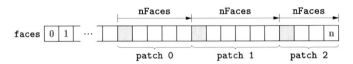

図 2.2　三つのパッチと n 面をもつメッシュにおける境界アドレス指定
の動作原理．グレーの要素は特定パッチの startFace を示す．

るかもしれない．boundary ファイルの最もありそうな変更は，パッチ名またはタ
イプの変更である．なぜなら，メッシュ生成を再実行するよりも，boundary ファ
イルの変更のほうが容易だからである．

ここまで OpenFOAM メッシュの基本構造について説明したので，ここから境界パッ
チタイプについて説明する．境界に割り当てられることができるいくつかのパッチタ
イプがある．境界（またはパッチ）と**境界条件**を区別することは重要である（図 2.3）．

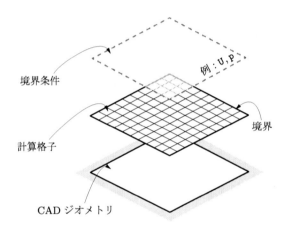

図 2.3　CAD ジオメトリ，計算格子，計算格子の
境界および境界条件の違いと関係

パッチは，計算領域の外側の境界であり，boundary ファイル中で指定される．そ
れゆえに**トポロジカル**な性質がある．境界と CAD ジオメトリの間には，両方の表面
が可能な限り同一でなければならないという論理的関係がある．メッシュトポロジー
で表現すれば，パッチは，主セルだけをもち，隣接セルをもたない面の集合である．
パッチとは対照的に，境界条件はフィールド（U，p など）のそれぞれのパッチへ個別
に適用される．パッチのタイプを以下に示す．

patch

patch は最も一般的な記述法であり，ほとんどのパッチ（境界）はこのタイプのパッ

チによって記述することができる．Neumann, Dirichlet あるいは Cauchy などの
どのような境界条件においても，このタイプの境界パッチで適用することができる．

wall

パッチが wall で定義されても，そのパッチによって流れがないことを意味しない．
単に乱流モデルにおいて，そのパッチに壁関数を適切に適用できるようにするだけ
である（第 7 章を参照）．wall タイプのパッチによって流れを止めるには，速度の境
界条件によって定義しなければならない．

symmetryPlane

パッチのタイプを symmetryPlane に設定すると，パッチは対称面として扱われる
ことになる．symmetryPlane 以外の境界条件を対称面に適用することはできないの
で，すべてのフィールドにはほかの境界条件を設定する必要がある．OpenFOAM
の境界条件に関する詳しい説明は第 10 章で行う．

empty

2 次元シミュレーションの場合に，このタイプのパッチを対象モデルの「2 次元面
内」に適用する．symmetryPlane 型に類似しており，それらのパッチの境界条件
は，その内面において empty にする必要がある．そして，ほかのいかなる境界条件
もそれらのパッチに適用されない．両 empty パッチ間の全セルの辺が平行であるこ
とは重要であり，そうでなければ，正確な 2 次元シミュレーションは実施できない．

cyclic

ジオメトリが複数の同一構成要素（たとえば，プロペラ翼やタービンブレード）か
らなるならば，各構成要素が同一円周上で等間隔に配置されるとして，一つの要素
のみを扱えばよい．たとえば，4 枚翼のプロペラの場合は，1 枚の翼についてだけ
メッシュ（90° メッシュ）を生成し，プロペラの回転軸方向に垂直な面に cyclic タ
イプのパッチを与えることを意味する．これらのパッチは，物理的に結合するよう
に作用する．

wedge

この境界タイプのパッチは，cyclic タイプのパッチに似ていて，小さな角度（< 5°）
のくさび形状の周期的なパッチのために特別にデザインされている．

実行性と互換性から，メッシュデータが有効な限り，`polyMesh` 構造がどのように作
成されるかは重要ではない．OpenFOAM でパッケージ化されたさまざまなメッシュ
生成ツールによって，メッシュの変換あるいは出力ができれば，商用メッシュ生成ツー

ルなどの外部のものも使用できる．

　上述した OpenFOAM メッシュの**必須の**構成要素に加えて，特定のアプリケーションのために使われる選択可能なさまざまなメッシュの構成要素がある．

■ Sets および Zones

　Sets は，メッシュのいくつかの要素にアドレス指定するラベルのリストである．選択は，ブール演算に基づいて，setSet によって実行される．ここで，セル，点または面は，セットに選ばれて結合される．Sets は，それがどんなデータタイプからなっているかによって，cellSet，faceSet または pointSet とよばれる．

　一方，Zones は，メッシュの部分集合を表しており，多くのメッシュ関連の操作をサポートする．両方のグループは constant/polyMesh ディレクトリ中に保存される．

▌ 2.1.1　CAD ジオメトリ

　外部の CAD ソフトウェアで生成したジオメトリを CFD ソフトウェアにインポートすることは，CFD エンジニアの作業としては一般的なことである．OpenFOAM においては，これは一般に snappyHexMesh によって実行される．このメッシュ生成システムについては，後で説明する．この項では，STL ファイルのインポートについて説明する．ほかのファイルフォーマットについてもサポートされており，同様な方法で実行できる．STL は，ジオメトリの表面を**小さな三角形**の集合体として保存するファイルフォーマットである．ASCII STL 形式とバイナリ STL 形式のどちらのファイルフォーマットも使用可能であるが，簡潔性から ASCII 形式で説明する．

　以下の STL ファイルの例は，一つの三角形だけからなる STL 面を示している．

```
solid TRIANGLE
    facet normal -8.55322e-19 -0.950743 0.30998
        outer loop
            vertex -0.439394 1.29391e-18 -0.0625
            vertex -0.442762 0.00226415 -0.0555556
            vertex -0.442762 1.29694e-18 -0.0625
        endloop
    endfacet
endsolid TRIANGLE
```

この例の場合，TRIANGLE という名前の一つのソリッドだけが定義されるが，通常，STL ファイルは次々と定義した複数のソリッドを含んでいる．表面を構成する三角形のそれぞれは，法線ベクトルと三つの点をもっている．

　ASCII STL ファイルを使う短所は，表面の分割を増やすとファイルサイズが大き

くなってしまうことである. また, 三角形だけがファイル中に保存されるので, その辺は明示的に含まれない. そのため, STL ファイルから特定の辺を識別し抽出することは, 大変な作業となる.

ファイルフォーマットとして STL を使う長所は, 三角形の**表面メッシュ**が得られることである. これは, 定義上, 常に平面の面構成要素 (三角形) をもっているからである.

▌ 2.2 メッシュ生成

OpenFOAM のために設計された複数のオープンソース・メッシュジェネレータとして, blockMesh, snappyHexMesh, foamyHexMesh, foamyQuadMesh および cfMesh が, 二つの主要な開発部門の間で広められた. ほかには extrudeMesh と extrude2DMesh もあるが, OpenFOAM ユーザにはあまり使用されないので, この節では扱わない. blockMesh と snappyHexMesh については, それらの使用法と原理を簡単に紹介する. メッシュジェネレータの目的は, ユーザが求める形で polyMesh ファイル (前節を参照) を生成することである. ディクショナリファイルを読み取って constant/polyMesh に最終的なメッシュを記述するというように, blockMesh と snappyHexMesh は類似した入出力をする.

▌ 2.2.1 blockMesh

実行可能ファイル blockMesh を呼び出すと, constant/polyMesh ディレクトリ内の blockMeshDict というディクショナリファイルが自動的に読み込まれる.

blockMesh はブロック構造化の 6 面体メッシュを生成し, その後, そのメッシュは OpenFOAM 用の任意の非構造化フォーマットに変換される. 複雑なジオメトリのメッシュを blockMesh で生成するのは大変な作業であり, 不可能な場合もある. ユーザが blockMeshDict を生成するのに費やす時間と労力は, 複雑なジオメトリの場合は途方もなく増大する. したがって, 簡単なメッシュだけを blockMesh によって生成し, 実際のジオメトリの離散化には snappyHexMesh を利用する. つまり, blockMesh は, 簡単なジオメトリモデルのメッシュ生成か, snappyHexMesh のためのバックグラウンドメッシュの生成のために利用される.

メッシュ生成のために blockMesh が使うブロックの例を図 2.4 に示す. 各ブロックは**頂点**とよばれる八つの角からなる. 6 面体のブロックはこれらの角から作成される. 図 2.4 に示すように, 辺は二つの頂点をつなげている. 最後に, ブロックの表面はパッチによって定義される. それらは, 隣接ブロックをもたないブロック境界に対し

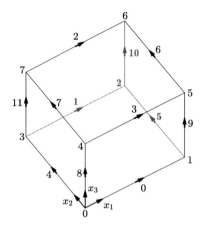

図 2.4 基礎となる blockMesh の規約に
より番号付けされた頂点と辺

て明確に規定されていればよい．二つのブロック間の境界は，定義的上はパッチでないので，パッチ定義のリストに入れてはならない．任意の辺における節点の間隔と数は，トポロジー的に矛盾がないように，整合していなければならない．実際のシミュレーションのための境界条件は，後にそれらのパッチに対して適用される．

八つ未満の頂点でブロックを生成し，パッチ上に非整合節点をもたせることが可能である（OpenFOAM User Guide 2013 を参照）．しかしながら，これに関する説明はこの本では扱わない．ブロックの辺は，デフォルトでは直線であるが，その他の線（たとえば，円弧，線群，またはスプライン曲線）に変更することができる．たとえば，円弧にすると，ブロックの辺のトポロジー形状に影響するが，最終的なメッシュ点間の接続は内側の直線で実現される（図 2.5）．

図 2.5 破線の円弧はブロックの辺，実線は結果として表示
されるセルの辺，丸は辺上の三つの節点を示す．

■ 座標系

最終的なメッシュは，グローバルデカルト座標系（右手系）で構成される（座標軸名にはよく x, y, z が使われる）．ブロックを整列して空間中に任意に配置せねばならないときに問題が生じる．この問題を回避するために，それぞれのブロックに右手座標系を割り当てる．ただし，3 軸は直交していなくてもよい．この三つの軸は，x_1, x_2, x_3 とラベル付けされる（OpenFOAM User Guide 2013 と図 2.4 を参照）．ローカル

座標系は，図2.4で示した表記法に基づいて定義される．頂点0は原点を定め，x_1が頂点0と1間のベクトル，x_2とx_3がそれぞれ頂点0と3，頂点0と4の間のベクトルである．

■ 節点の分布

各ブロックは，メッシュ生成過程でセルに再分割される．セルは，ブロック座標系の三つの座標軸における辺上の節点によって定義され，つぎに示す関係に基づいている．

$$n_{\text{cells}} = n_{\text{nodes}} - 1 \tag{2.1}$$

ユーザは，ある辺上のセル数を blockMeshDict で定めることができる．辺上のセルは，等間隔に，または等級付けに基づいて不等間隔に分布させることができる．等級付けには，simpleGrading と edgeGrading の2種類がある．simpleGrading は，特定の辺上の最後のセルのサイズ δ_e と最初のセルのサイズ δ_s の比に基づいた等級付けをする（図2.6）．

$$e_r = \frac{\delta_e}{\delta_s} \tag{2.2}$$

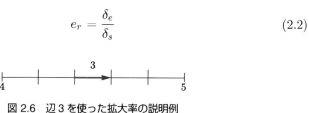

図 2.6　辺3を使った拡大率の説明例

$e_r = 1$ の場合は，すべての節点はその辺上に等間隔に配置され，等級付けは存在しない．$e_r > 1$ の場合は，節点間隔は辺の始点から終点まで増加する．blockMesh のC++ソースによれば，ユーザが e_r によって定義できる拡大率 r は，つぎの関係式によって表される．

$$r = e_r^{\frac{1}{1-n}} \tag{2.3}$$

ここで，n は特定の辺上の節点数を表している．式 (2.3) をつぎの式 (2.4) に代入すると，辺上の i 番目の節点の相対的な位置が計算できる．

$$\lambda(r,i) = \frac{1 - r^i}{1 - r^n} \quad \text{with } r \in [0,1] \tag{2.4}$$

この作業を blockMeshDict の全ブロックにおいて実行するのは，あまりにも面倒に見えるかもしれないが，隣接するブロック間のセルサイズをなめらかに変える必要がある場合には便利である．多くの場合，簡単なトライ・アンド・エラーで十分である．

■ 最も基礎的な例のディクショナリ定義

blockMeshDict が正しく設定されるかについて，$1\,\mathrm{m}^3$ の立方体の離散化を例として考えてみよう．ここで扱う例は，example case repository の chapter2/blockMesh ディレクトリに用意されている．ディクショナリは，一つのキーワードと四つのサブディクショナリで成り立っている．まず，一つのキーワードとは convertToMeters で，通常 1 である．すべての点の位置は，このファクターによってスケールを調整することができ，ジオメトリが非常に大きいか，非常に小さいときには便利である．それらのどのケースにおいても，われわれは先頭や末尾に多くの 0 を打ち込まなければならず，それは退屈な作業である．そこで，convertToMeters を設定すれば，いくらか作業を軽減することができる．blockMeshDict の関連する最初の行をリスト 1 に示す．

リスト 1　blockMesh におけるスケーリングファクター

```
convertToMeters 1;
```

つぎに，頂点を定義しなければならない．定義はかなり似ているが，blockMesh の頂点は作成された polyMesh の点と異なることに注意しなければならない．単位立方体の例における頂点の定義をリスト 2 に示す．

リスト 2　単位立方体のための頂点設定

```
vertices
(
    (0 0 0)
    (1 0 0)
    (1 1 0)
    (0 1 0)
    (0 0 1)
    (1 0 1)
    (1 1 1)
    (0 1 1)
);
```

上記の定義を見れば，構文が polyMesh による定義での点のリストと類似していることがわかる．これは，OpenFOAM においては丸括弧がリストを示すのに対し，波括弧がディクショナリを定義するからである．最初の 4 行が $x_3 = 0$ 面内の四つの頂点すべてを定義し，続く行が $x_3 = 1$ 面内の頂点を定義する．polyMesh における点と同様，各要素へのアクセスは，座標によってではなくリスト中の位置によって行われる．各頂点は重複が許されないので，リスト中に現れるのは一回だけでなければなら

リスト3　単位立方体のためのブロック設定

```
blocks
(
    hex (0 1 2 3 4 5 6 7) (10 10 10) simpleGrading (1 1 1);
);
```

ないことに注意されたい.

つぎのステップとして,ブロックを定義しなければならない(図2.4を参照).単位立方体の例におけるブロック定義をリスト3に示す.

これは,ブロックを含んでいるリストであり,丸括弧であるのでディクショナリではない.定義はおかしいように見えるかもしれないが,実は完全に直接的である.最初の単語の hex と丸括弧中の八つの数字は,頂点0~7で6面体を生成するように,という blockMesh への命令である.これらの頂点は,vertices セクション中で指定されたものであり,それらのラベルによってアクセスできる.それらの順序は任意ではなく,**ローカルブロック座標系**によって,つぎのように定義される.

1. ローカルな $x_3 = 0$ 面に対して,原点で始まり右手座標系に従って移動する4頂点すべてのラベルをリストする.
2. ローカルな $x_3 \neq 0$ 面に対して,上記と同じことをする.

ブロック定義によっては頂点リストの順序をランダムにしても,有効なブロック定義が得られることもある.その結果,ブロックはねじ曲がったように見えたり,誤ったグローバル座標系を使ったように見えたりするかもしれない.そのような場合には,blockMesh と checkMesh を実行してメッシュを後処理プロセッサ(たとえば ParaView)で解析することで,これをすぐに検出することができる.

> **ヒント**　checkMesh は,OpenFOAM にもともと備わっているツールであり,さまざまな基準に基づきメッシュの完全性と品質をチェックする.checkMesh によってメッシュに不備が見つかった場合には,修正が必要である.

2番目の丸括弧は,ブロックの各方向に分配されるセル数を定義する.この場合,ブロックは各方向に10個のセルを保有する.x_1 方向のセル数を2,x_2 方向のセル数を20,x_3 方向のセル数を1337に変更するとき,ブロック定義はつぎのようになる.

```
    hex (0 1 2 3 4 5 6 7) (2 20 1337) simpleGrading (1 1 1);
```

最後に残ったのは,丸括弧中の最後の数字列で与えられる simpleGrading 部分である.これは,前述した等級付け(または拡大率)を定める最も簡単な方法である.こ

の場合，キーワード simpleGrading は，ローカル座標系の三つの軸方向に，4 辺すべてが同一であるように等級付けを定義する．それゆえ，simpleGrading の後の丸括弧中の三つの数は，それぞれ，x_1，x_2 および x_3 の方向の等級付けを定義する．しかし，これではうまく行かない場合もある．その場合は edgeGrading を使う必要がある．edgeGrading の等級付けは，simpleGrading と本質的に同じであるが，6 面体上の 12 個の辺において，各辺のために等級付けを個別に指定することができる．したがって，最後の括弧中の設定は 3 ではなく，3×4 の数をリストすることになり，各辺は個々に設定される．

　blockMeshDict を保存して blockMesh を実行すると，blockMeshDict に定義されたものと同様の有効なメッシュが生成される．しかし，デフォルトではすべて defaultFaces で指定されたパッチになる未定義パッチについて，blockMesh は警告を出す．

　patches という名前のリスト中にパッチを手動で定義することができる．パッチ 0 の例をリスト 4 に示す．

> **注 意**　blockMeshDict を定義する方法には，OpenFOAM のバージョン間で大きな違いがある．本書は OpenFOAM のバージョン 2.2 に基づいており，以前のバージョンには対応していない．

リスト 4　個々の側面のパッチ設定

```
patches
(
    XMIN
    {
        type patch;
        faces
        (
            (4 7 3 0)
        );
    }
);
```

　これは，blockMesh に，頂点 4，7，3，0 から構成される面に基づいて，XMIN と名付けられた type patch のパッチを生成することを指示する．内部的にはパッチ名が word で定義され，このデータ型がエラーメッセージ中でも使われる．ただし，頂点がどう並べられるかは任意ではない．それらは，ブロックの**内側**から見て時計回りの方向で指定される必要がある．図 2.7 に，最も基礎的な例として，1000 の小さな立方

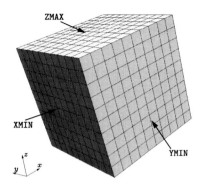

図 2.7 各辺の方向に 10 個のセルで分割された
blockMesh による単位立方体のメッシュ形状

体からなる単位立方体について，XMIN，YMIN，ZMAX パッチを示す．このメッシュを
生成するために使ったファイルは，chapter2/blockMesh の example repository 中
に置かれている．

以前に述べたように，ブロックの辺はデフォルトでは直線であり，辺の定義を含んだ
リストはオプションである．上記のブロックとパッチの定義において，デフォルトの直
線の代わりに円弧によって二つの頂点を接続するためには，以下の記述が必要である．

```
edges
(
    arc 0 1 (0.5 -0.5 0)
);
```

辺の定義を含むリストの各行は，辺のタイプを示すキーワードで始まり，始点と終点
の頂点のラベルが続いている．上の例においては，コマンドラインには，円弧を構成
するために必要な 3 番目の点の座標が指定されている．ほかの種類の辺（たとえば，
ポリライン，またはスプライン）の場合には，座標系を指定することになる．

上記のコードリストを挿入することによって，単位立方体（図 2.7）の形状がどのよ
うに変わるかを図 2.8 に示す．

つぎの snappyHexMesh の項へ進むためには，各方向に 50 個のセルからなる単位立
方体を生成する必要がある．

2.2.2 snappyHexMesh

blockMesh と比較して snappyHexMesh には，ブロックの追加や接続などの多くの退
屈な作業は必要ない．一方，最終的なメッシュ形状の調節はあまりできない．snappy-
HexMesh では 6 面体メッシュを簡単に生成することができ，そのため必要となるのは，

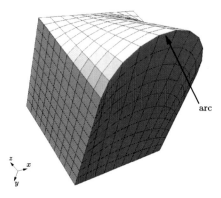

図 2.8　1 辺を円弧にした blockMesh による
単位立方体のメッシュ形状

6 面体の背景メッシュと，それと矛盾のない表面フォーマットの単一または複数のジオメトリ，の二つだけである．snappyHexMesh は，いろいろな体積形状（表 2.1 を参照）によるローカルメッシュの細分化，境界層セルの適用（プリズム（角柱）と多面体）や並列実行をサポートしている．

　snappyHexMesh は，複雑なプログラムであり，多数の制御パラメータによってコントロールされている．それらの詳細すべてを説明するのは，この本の範囲を超えているので，snappyHexMesh の詳細を徹底的に理解するためには，OpenFOAM User Guide 2013 を読んでいただきたい．なお，追加情報は Villiers (2013) にある．

　snappyHexMesh の実行の流れは，連続して実行される三つの主要なステップに分割される．snappyHexMeshDict のはじめでそれぞれのキーワードを false と設定すると，対応するステップは実行されない．この三つのステップの概要は以下のようである．

castellatedMesh

これは，第 1 ステップであり，二つの主要な操作を実行する．まず，ジオメトリに格子を加えて，流れ領域外のセルを除去する．つぎに，既存のセルをユーザの要求に従って分割し細分化する．結果は，ジオメトリにある程度似た 6 面体だけからなるメッシュとなる．しかし，ジオメトリの表面に置かれるべき大部分のメッシュ点はそのようには置かれていない．この時点でのメッシュ生成過程の画像例を図 2.9 に示す．

snap

このステップを実行することで，表面の近くのメッシュ点は表面上に動かされる．この様子を図 2.10 に示す．この過程の間に，セルのトポロジーは 6 面体から多面体に変わる．そして，表面の近くのセルは削除されるか，結合される．

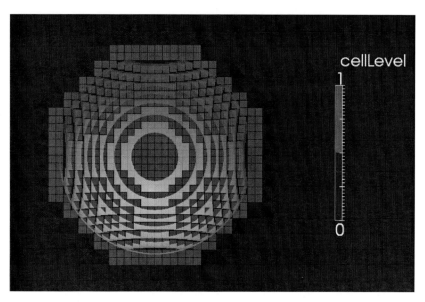

図 2.9 最初のメッシュ生成後に snappyHexMesh によってメッシュ生成された STL 球 ($D = 0.25\,\mathrm{m}$). 6 面体はまだジオメトリの表面にはない.

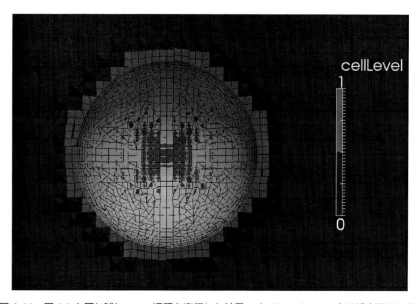

図 2.10 図 2.9 と同じ球に snap 過程を実行した結果. すべてのメッシュ点は球表面にある.

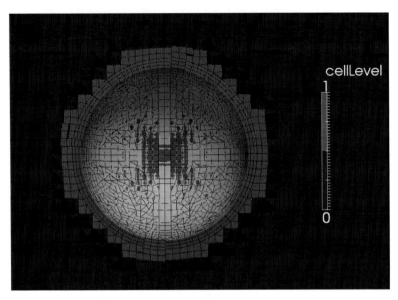

図 2.11　addLayers 後，球表面にプリズムレイヤーが押し出されて並んでいる.

addLayers

　最後のステップでは，追加セルがジオメトリの表面に導入される．通常，それは壁面近傍の流れを精密化するために使われる（図 2.11）．既存のセルは，追加セルのためのスペースを確保するために，ジオメトリから移動する．追加セルはたいていプリズム（角柱）の形である.

　上記の設定を含む多くの設定はどれも，system/snappyHexMeshDict（snappyHex-Mesh で必要なすべてのパラメータを含むディクショナリ）で定義される．いくつかの役立つチュートリアルが meshing/snappyHexMesh の下の OpenFOAM チュートリアルディレクトリ中にある．ほかの OpenFOAM ディクショナリに比べて snappy-HexMeshDict は非常に長く，入れ子状のサブディクショナリによって表される多くの階層レベルから成り立っている．もし標準的なコンフィギュレーションを用いるならば，上述の各ステップに対して，一つの時間ステップがケースディレクトリに書かれる．三つのステップはそれぞれ，以下の項目中で個別に参照される.

■ セルレベル

　セルレベルは，背景メッシュセルの細分化状態を記述するために用いられる．snappy-HexMesh の開始時においては，背景メッシュが読み込まれ，全セルはセルレベル 0 に

割り当てられる（図 2.11 の濃い色のセル）．セルが 1 段階細分化されるとき，各辺の長さは半分になり，もとの 1 個の「母セル」から 8 個のセルが生成される．この生成方法は，8 分木法に基づいており，6 面体に対してのみ適用可能である．それが，6 面体の背景メッシュが snappyHexMesh にとって必要となる理由である．snappyHexMesh では，一つの方向のみにセルを細分化することは，8 分木法で実行できないので，不可能である．したがって，メッシュは，定義上，すべての三つの空間方向で一様に細分化される．

■ ジオメトリの定義

メッシュ生成過程を始める前に，ジオメトリを snappyHexMeshDict における**ジオメトリサブディクショナリ**中で定義しなければならない．snappyHexMeshDict では何も定義する必要はないが，constant/polyMesh 中にあるメッシュが自動的に読まれ，背景メッシュとして用いられる．利用可能なメッシュがない場合やメッシュが 6 面体に基づかない場合，snappyHexMesh は実行できない．外部流のシミュレーションにおいて，背景メッシュによって定義される外部境界は，内部流の場合ほど重要ではない．それゆえ，境界は背景メッシュによって定義されたまま保存され，追加の作業は必要ない．一方，内部流の場合，背景メッシュの外部形状は，実際のジオメトリによって定義されるので重要ではない．

> **注意** STL ジオメトリは，たいていの CAD プログラムで生成することができる．ParaView は，円柱，球，円錐などの基本的な形状の STL 表示を生成するために使うことができる．source メニューでさまざまな形状が利用でき，それらは file メニューで save data エントリを使ってエクスポートすることができる．

簡単な例として，2.2.1 項で準備した単位立方体メッシュが再利用でき，球がそれに挿入される．球は表 2.1 にリストされた形状ではなく，STL ファイルを使って生成される．constant/triSurface にジオメトリをコピーし，snappyHexMeshDict において以下のジオメトリサブディクショナリを追加することによって，簡単に STL ジオメトリをロードすることができる．この例をリスト 5 に示す．

リスト 5 は，constant/triSurface から triSurfaceMesh として sphere.stl を snappyHexMesh に読みこませ，その STL において含まれるジオメトリを SPHERE として参照する．いくつかの簡単なジオメトリオブジェクトは，CAD プログラムを使用しなくても snappyHexMesh 中で構成することができる．これらのジオメトリ形状のリストが表 2.1 にまとめられている．

表2.1　選択可能なセル形状のリスト

形状	名前	パラメータ
Box	searchableBox	min, max
Cylinder	searchableCylinder	point1, point2, radius
Plane	searchablePlane	point, normal
Plate	searchablePlate	origin, span
Sphere	searchableSphere	centre, radius
Collection	searchableSurfaceCollection	geometries

リスト5　snappyHexMesh におけるジオメトリの定義

```
geometry
{
   sphere.stl     // Name of the STL file
   {
     type    triSurfaceMesh;    // Type that deals with STL import
     name    SPHERE;      // Name access the geometry from now on
   }
}
```

　表2.1に挙げたどの形状も，既存のサブディクショナリに追加することによって，ジオメトリサブディクショナリ中に構成することができる．たとえば，最小点と最大点でつくられる直方体がジオメトリサブディクショナリに追加される（リスト6）．この方法を用いる場合，直接直方体を回転させることは不可能で，常に座標軸の方向を向いていることに注意しなければならない．

リスト6　searchableBox の定義

```
smallerBox
{
   type    searchableBox ;
   min     (0.2 0.2 0.2) ;
   max     (0.8 0.8 0.8) ;
}
```

　STL 定義と同様，searchableBox を定義するサブディクショナリの最初の行は，後でそのジオメトリにアクセスする際に使われる名前である．ときには，表2.1にリストした形状以外でジオメトリを構成したり，複数ではなく一つのジオメトリとして扱うほうが望ましい場合がある．そのような場合には searchableSurfaceCollection が使われる．既存のジオメトリ構成要素にこの方法を使うと，表面を結合，回転，変換，スケーリング（拡大縮小）することができる．リスト7では，SPHERE と smallerBox

---

リスト 7　geometry サブディクショナリの完全な例

```
geometry
{
    . . .
    fancyBox
    {
        type searchableSurfaceCollection ;
        mergeSubRegions true ;
        SPHERE2
        {
            surface  SPHERE
            scale  (1 1 1) ;
        }
        smallerBox2
        {
            surface smallerBox ;
            scale (2 2 2) ;
        }
    }
}
```

を一つに結合し，fancyBox で 2 倍に拡大するようにしている．

■ castellatedMesh ステップの設定

　これは，snappyHexMesh の実行における 3 ステップ中の最初のステップであり，つぎの二つの主要な手順を含んでいる．ユーザの要求に従ったセルの分割と，メッシュ領域外のセルの削除である．この過程の概略を図 2.12 に示す．

　既存の背景メッシュ（図 2.12 の太線部分）は constant/polyMesh から読まれる．snappyHexMeshDict の castellatedMeshControls サブディクショナリ中のパラメータに基づいて，メッシュは細分化される．geometry surfaces（表面細分化）と体

セルの細分化　　　　　ジオメトリ内のセルの削除

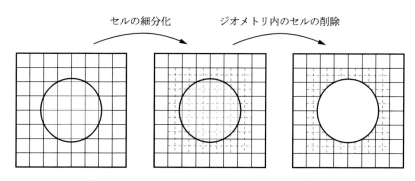

図 2.12　castellatedMesh ステップでの実行の概略図

積細分化で定義された細分化を区別することは重要である．**表面細分化**は，ジオメトリを表す境界面が定義されたレベルまで細分化されることを保証する．これは特定のセルだけでなく，隣接しているセルにも影響することに注意しなければいけない．そのため，表面細分化は体積細分化といくらか似ているように見えるかもしれないが，実は明確に異なっている．そのような表面細分化の SPHERE への適用は，リスト 8 に示すように，castellatedMeshControls のエントリでコントロールされる．

```
リスト 8　表面細分化の例

castellatedMeshControls
{
   . . .
   refinementSurfaces
   {
      SPHERE      // Name of the surface
      {
         level (1 1) ;      // Min and max refinement level
      }
   }
   . . .
}
```

　上記のリストは，SPHERE の表面をレベル 1 まで細分化する．丸括弧中の二つの数字は，表面細分化のためのレベルの最小と最大を定義する．snappyHexMesh は，表面の曲率に応じて，つぎのように細分化を行う．曲率が大きいエリアはより高いレベルに細分化し，曲率が小さいエリアはより低いレベルに細分化する．

　snappyHexMesh の細分化は，表面の定義に限定されない．ジオメトリサブディクショナリ中で定義されたどのようなジオメトリでも，**体積細分化**の形状定義として用いることができる．これらの体積細分化は refinementRegions とよばれ，castellatedMesh コントロール中のサブディクショナリに同じ名前で定義される．refinementSurfaces に比べ，refinementRegions は多用性の高いグレードを提供するので，より多くのオプションの定義が必要になる．

　モードは，inside, outside, distance の三つのオプションをもっている．名前からわかるように，inside は選択したジオメトリ内のセルに影響し，outside はその逆である．3 番目のオプションである distance（距離）は，inside と outside の組み合わせであり，表面の外側と内側の法線方向から計算される．モードに加えて levels オプションがあり，それは refinementSurfaces のためのオプションよりも複雑である．名前からわかるように，それは任意のレベルをサポートする．各レベルは distance と関連して定義しなければならない．すなわち，リスト中の位置が後方に

リスト 9　refinementRegions の適用例

```
castellatedMeshControls
{
  ...
  refinementRegions
  {
    smallerBox     // Geometry name
      {
        mode    inside ;    // inside, outside, distance
        levels ((1E15 1)) ;    // distance and level
      }
  }
  ...
}
```

なるにつれて，レベルは減少して距離は増大しなければならない．smallerBox 中に含まれるものをレベル1に細分化するためには，リスト9で示す行を追加すればよい．

　ジオメトリ中のすべてのセルを安全に選択するために，上記のリストは distance として 1×10^{15} m を使っている．

　最終的なメッシュの体積中にある点を指定しないと，ユーザが球のどちら側を離散化するかを，snappyHexMesh では決めることができない．そのため，locationInMesh キーワードも castellatedMeshControls サブディクショナリ中で定義しなければならない．この点は背景メッシュの面上に置いてはいけない．単位立方体の例において，この点の定義をリスト10に示す．

リスト 10　locationInMesh の定義

```
locationInMesh (0.987654 0.987654 0.987654) ;
```

　つぎのステップは，snappyHexMeshDict における snap サブディクショナリのパラメータを調整することである．

■ snapping ステップの設定

　snappyHexMesh のほかの2ステップに比べ，このステップはユーザによる多量の入力を必要としない．このステップは，新しい点をメッシュに導入し，それを置き換えることによって6面体メッシュ面とジオメトリを位置合わせする役割がある．これは，極めて反復的な過程であるので，ユーザによる多くの操作を必要としない．snappyHexMeshDict の snapControls サブディクショナリをリスト11に示す．

　ここでは，繰返しカウンター，許容値，フラグだけが定義されている．パラメータの半分は，ジオメトリの辺にスナップする（写し合わせる）ためにあり，それは本書で

リスト 11　snapControls のエントリ

```
snapControls
{
    nSmoothPatch 3 ;
    tolerance 2.0 ;
    nSolvelter 30 ;
    nRelaxIter 5 ;

    // Feature snapping
    nFeatureSnapIter 10 ;
    implicitFeatureSnap false ;
    explicitFeatureSnap true ;
    multiRegionFeatureSnap false ;
}
```

は説明しない．この説明については，Höpken & Maric (2013) を参照されたい．ケース次第ではあるが，通常，繰返しカウンターを増やすと，より高品質のメッシュが生成される一方，メッシュ生成時間も顕著に増大する．

> **ヒント**　パラメータのすべてについては，OpenFOAM の各 `snappyHexMeshDict` で詳細に説明されている．

■ addLayers ステップの設定

　addLayers ステップのすべての設定は，`snappyHexMeshDict` の `addLayersControls` サブディクショナリ中で定義できる（リスト 12）．どんな表面でも，そのタイプに関わらず，プリズムレイヤーを押し出すために使うことができる．最初に，一つの境界あたり押し出されるセルレイヤーの数を `layers` サブディクショナリで指定する必要がある．

　各パッチ名の後に，キーワード `nSurfaceLayers` を含むサブディクショナリが続く．このキーワードは，押し出されるセルレイヤー数を直後の整数で定義する．リスト 12 の例では，どんなパッチにも `SPHERE_` から始める名前に適合するように，正規表現が使用されている．この場合，適合する対象は球自身しかないが，ワイルドカード文字を使うことによって設定時間を極めて減らすことができる．最終的なメッシュの断面は図 2.11 に示されているようになる．

　`snappyHexMesh` のいろいろなパラメータ，とくに押出しに関係したものは，ユーザの要求を満たすようなメッシュを生成するために調節が必要である．以下にこれらのいくつかについて簡単に説明する．

```
リスト 12   addLayersControls の入力例

addLayersControls
{
  ...
  layers
  {
    "SPHERE_.*"      // Patch name with regular expressions
    {
      nSurfaceLayers 3 ;     // Number of cell layers
    }
  }
  ...
}
```

relativeSizes

これは，直後にくる値を，絶対値から相対値の長さに変更する．デフォルトでは真 (true) である．

expansionRatio

これは，一つのセルレイヤーからつぎのセルレイヤーへの拡大係数を定義する．

finalLayerThickness

最後の（壁から最も離れた）セルレイヤーの厚さ．ユーザは，relativeSizes パラメータでメッシュの隣のセルとの比または絶対値（メートル）を選択することができる．

minThickness

minThickness の値より厚くない場合は，レイヤーは押し出されない．

ここでの例では，リスト 13 に示す設定が使用されている．

```
リスト 13   例において使用した addLayersControls のエントリ

relativeSizes         true ;
expansionRatio         1.0 ;
finalLayerThickness    0.5 ;
minThickness          0.25 ;
```

最終的に，snappyHexMesh は，メッシュ生成過程を開始するためにケースディレクトリ中で実行しなければならない．各ステップは，その特定の段階でメッシュを含む新しい時間ステップディレクトリを生成する．snappyHexMeshDict でパラメータを

調節してメッシュを変更する場合は，snappyHexMesh の再実行前に変更前の時間ステップの削除を忘れてはならない．

> **ヒント** OpenFOAM 用の別の高品質のメッシュジェネレータとして enGrid があり，フリーソフトとして http://engits.eu/en/engrid からダウンロードできる.

▌2.2.3　cfMesh

cfMesh ライブラリは，OpenFOAM のトップで構築される自動メッシュ生成のためのクロスプラットフォームライブラリである．それは，OpenFOAM とそのライブラリの最近のバージョンと互換性があり，General Public License (GPL) で認可されている．このライブラリは，Franjo Juretić 博士によって開発され，Creative Fields, Ltd. によって配布されており，ドキュメントとともに http://www.c-fields.com からダウンロードできる．

> **ヒント** cfMesh は，OpenFOAM の並列メモリメッシュ生成ツールとして配布されており，snappyHexMesh のように，入力として STL 表面を取り入れてメッシュを生成する.

この項では，メッシュ生成過程を制御するオプション，ライブラリの簡単な概要，cfMesh とともに配布されたユーティリティを説明する．プロジェクトの完全な説明ではないので，詳しく知りたい場合は，前述したプロジェクトのウェブページを参考にしていただきたい．

cfMesh ライブラリは，さまざまな3次元と2次元のワークフローをサポートし，メインライブラリからの構成要素を使うことで構築できる．これは，拡張可能で，さまざまなメッシュ生成のワークフローを統合することができる．コアライブラリは，メッシュ変形の概念に基づいており，message passing interface (MPI) を用いた対称型マルチプロセッシング (SMP) と分散メモリ型並列化 (DMP) を使った効率的な並列化を考慮している．さらに，メッシュ生成過程中に多くの動的なメモリ割り当て操作を必要としないデータ保管領域（lists, graphs など）を実装することによって，メモリ使用量を少なくするような特別な注意が払われている．

cfMesh におけるメッシュ生成過程は自動的であるが，三角形分割の入力とさまざまなメッシュ生成パラメータ（設定）のディクショナリを必要とする．表面メッシュを与えて設定を行えば，メッシュ生成過程はコンソールから開始でき，ユーザの介入なしで自動的に実行される．ライブラリは，メッシュ生成ワークフローが少数の設定し

 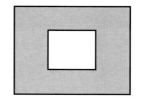

（a）多様体領域　　　　（b）穴のある多様体領域

図 2.13　cfMesh における可能なジオメトリタイプ

か必要としないように最適化され，簡単な構成となっている．現在，cfMesh は，多様体中で体積メッシュを生成することができるが，完璧なものではない（図 2.13）．

■ 利用可能なメッシュ生成のワークフロー

　すべてのワークフローは，共有メモリマシンのために並列化され，実行中，すべての利用可能な CPU コアを使用する．利用したいコア数は，環境変数 OMP_NUM_THREADS によって設定する．

　利用可能なメッシュ生成ワークフローは，入力ジオメトリとユーザの指定した設定から，いわゆるメッシュテンプレートを作成することによって，メッシュ生成過程を開始する．テンプレートは，後に入力ジオメトリに適合するように調節される．テンプレートを入力ジオメトリに適合させる過程は，完璧でない低品質な入力データを許容できるようにデザインされている．テンプレート中で生成されたセルのタイプによって，利用可能なワークフローは異なる．

　デカルト座標系のワークフローは，おもに 6 面体のセルからなる 3 次元メッシュを生成する（図 2.14）．異なるサイズのセル間の遷移域には，多面体セルが生成され，cartesianMesh をシェルウィンドウにキー入力することによって始められる．デフォルトでは，一つの境界層を生成し，ユーザの要求に応じてさらに細分化することができる．さらに，このワークフローは，1 台のコンピュータのメモリでは足りないようなメッシュ生成のときには，MPI 並列化を使って実行することができる．

　ワークフローは，2 次元のデカルト座標系のメッシュを生成する．メッシュ生成は，cartesian2DMesh をコンソールにキー入力することによって開始される．デフォルトでは一つの境界層を生成し，さらに細分化することもできる．このメッシュ生成ワークフローは，図 2.15（a）で示すようなリボン形式のジオメトリを必要としており，それは xy 平面上にあり，z 方向に押し出される．

　4 面体ワークフローは，4 面体のセルからなるメッシュを生成し（図 2.16），tetMesh をコンソールにキー入力することによって開始される．デフォルトでは，境界層を生成しないが，ユーザの要求に応じて追加や細分化をすることができる．

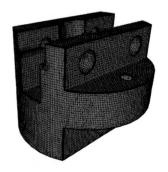

（a）ソケット

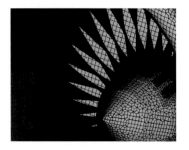

（b）航空機のエンジン

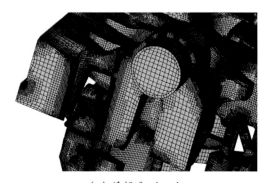

（c）冷却ジャケット

図 2.14　3 次元デカルト座標系メッシュの生成

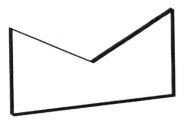

（a）入力表面メッシュ

（b）2 次元体積メッシュ

図 2.15　2 次元デカルト座標系メッシュの生成

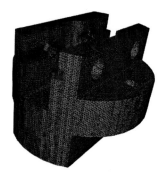 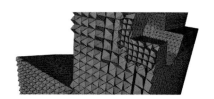

（a）4面体メッシュ　　　　　　（b）カットスル(拡大図)

図 2.16　4面体メッシュの生成

■ 入力ジオメトリ

cfMesh によって使われるジオメトリでは，表面三角形分割という形式で定義する必要がある．2次元のケースでは，ジオメトリは，xy 平面（ほかの方向はサポートされない）内の境界辺をもつ三角形のリボン形式で与えられる．ジオメトリは，以下のエンティティ（構成要素）からなる．

List of points

これは，表面三角形分割したすべての点を含んでいる．

List of triangles

これは，表面メッシュですべての三角形を含んでいる．

Patches

メッシュ生成過程で体積メッシュへ転送されるエンティティ．表面のすべての三角形は，一つのパッチに割り当てられ，複数のパッチに割り当てることはできない．各パッチはその名前とタイプによって識別される．デフォルトでは，すべてのパッチ名とタイプは体積メッシュに転送され，シミュレーション用の境界条件の定義のおかげでただちに利用することができる．

Facet subsets

メッシュ生成過程において，体積メッシュ上に転送されないエンティティ．これは，メッシュ生成設定の定義のために使われる．各面のサブセット（部分集合）は，表面メッシュ中に三角形のインデックスを含んでいる．表面メッシュ中の三角形が複数のサブセットの中に含まれ得ることに注意してほしい．ファセット (facet) サブセットは cfSuite（Creative Fields, Ltd. によって開発された商用アプリケーショ

ン）によって生成することができる．

Feature edges

　これは，メッシュ生成過程における制約として扱われる．三つ以上の特徴稜線 (feature edges) が交わる表面点は角として扱われる．特徴稜線は，surfaceFeatureEdges ユーティリティまたは cfSuite によって生成できる．

　図 2.17 は，強調されたパッチをもつ表面メッシュを表している．

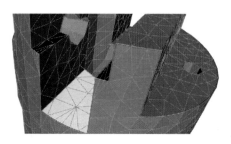

図 2.17　パッチとサブセットをもつジオメトリの実例

　cfMesh によって転送されるすべての鋭い輪郭 (sharp feature) は，メッシュ生成過程前にユーザによって定義しなければならない．二つのパッチ間の境界辺（図 2.18 (a)）と特徴稜線は，メッシュ生成過程において sharp feature として処理される（図 2.18 (b)）．三角形分割中のほかの辺は制約を受けない．

（ a ）パッチをもつ表面メッシュ　　　（ b ）特徴稜線をもつ表面メッシュ

図 2.18　特徴稜線を捉える方法

　メッシュ生成のために提案されたファイルフォーマットは，fms，ftr，stl の三つである．さらに，ジオメトリは，OpenFOAM 中の surfaceConvert ユーティリティによってサポートされたすべてのフォーマットで改良することができる．この三つのフォーマットは，デフォルトでは，体積メッシュ上に転送されるパッチの定義をサポートする．しかし，ほかのフォーマットは，メッシュ生成のために使うことはできるが，

入力ジオメトリでパッチ定義をサポートせず，そのため，結果として得られる体積メッシュの境界ですべての面は一つのパッチとなってしまう．

　cfMesh のための望ましいフォーマットは fms であり，メッシュ生成の設定のためにすべての関連情報を保持するようにデザインされている．これは，シングルファイル中にパッチ，サブセットおよび特徴稜線を保存する．さらに，これは一つのファイル中にすべてのジオメトリのエンティティを保存できる唯一のフォーマットであるので，ユーザにはその使用を強く勧める．

■ ディクショナリと利用可能な設定

　メッシュ生成過程は，ケースのシステムディレクトリにある meshDict ディクショナリに示される設定によって進められる．MPI を使ったメッシュ生成の並列計算のためには，ケースのシステムディレクトリに置かれた decomposeParDict が必要であり，並列計算で使われるノード数は，decomposeParDict における numberOfSubdomains に記述された数と一致しなければならない．decomposeParDict におけるほかの記述（エントリ）は必要ではない．結果として得られる体積メッシュは，constant/polyMesh ディレクトリ中に書かれる．meshDict で利用可能な設定については，この項目の残りで詳しく説明する．

　cfMesh ライブラリには，メッシュ生成過程を開始するために，以下の二つの設定のみが必要である．

surfaceFile

　これは，ジオメトリファイルを指す．ジオメトリファイルへのパス (path) は，ケースディレクトリへのパスと関連している．

maxCellSize

　これは，メッシュ生成のために使われるデフォルトのセルサイズを表し，領域で生成される最大のセルサイズである．

■ 細分化設定

　均一なセルサイズではうまくいかないときのために，cfMesh には局所的な細分化のためのソースとして多くのオプションがある．

boundaryCellSize

　境界におけるセルの細分化のために使われるオプション．これは大域的なオプションであり，要求したセルサイズは境界のどこにおいても適用される．

minCellSize

メッシュテンプレートの自動細分化を作動させる大域的なオプション．特徴的形状の推定セルサイズより大きい領域で，このオプションは細分化を実行する．この設定によって与えられたスカラー値は，この過程によって生成できる最小のセルサイズを規定する．少し努力すれば複雑なジオメトリのメッシュ生成ができるので，このオプションは，迅速なシミュレーションに役立つ．しかし，高品質のメッシュが必要な場合は，どこでさらなるメッシュ細分化が必要かを教えてくれるだけである．

localRefinement

これは，境界で局所的な細分化を担当する．これは，ディクショナリのディクショナリであり，`localRefinement` のメインディクショナリ中の各ディクショナリは，細分化のために使われるジオメトリ中のパッチまたはファセットサブセットによって名付けられる．エンティティ（パッチまたはファセットサブセット）のために要求するセルサイズは，キーワード `cellSize` とスカラー値，またはキーワード `additional-RefinementLevels` と `maxCellSize` に関連する細分化の希望数を指定することによってコントロールすることができる（図 2.19，2.20）．

（a）チャイン（舷側と船底の接合部）とスタ　　　　（b）局所的な細分化によるメッシュ
　　ビライザー（船の安定器）の細分化領域

図 2.19　patches/subsets による局所的な細分化

objectRefinement

これは，体積中の細分化される区域を指定するために使われる．細分化のために使うことができるオブジェクトは，線，球，箱および円錐台である．`objectRefinement` ディクショナリ中の各ディクショナリが細分化のために使われるオブジェクトの名前を表しているところは，ディクショナリのディクショナリとして指定される．

cfMesh で実行されるメッシュ生成ワークフローは，内側から外側へのメッシュ生成に基づいており，メッシュ生成過程は，ユーザが指定したセルサイズに基づくメッシュテンプレートを生成することから始まる．しかし，セルサイズが局所的にジオメ

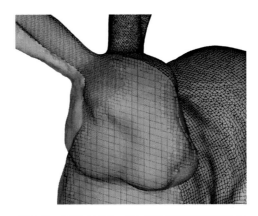

図 2.20　原型オブジェクトからの局所的な細分化

トリ形状よりも大きい場合は，メッシュでおおわれたジオメトリ中に隙間が生じるか
もしれない．さらに，指定されたセルサイズが局所的な形状よりも大きい場合は，ジ
オメトリの狭い部分のメッシュは失われる可能性がある．

　keepCellsIntersectingBoundary オプションは大域的なオプションで，テンプ
レートの境界と交差するテンプレート中のすべてのセルがテンプレートの一部であり
続けることを保証する．デフォルトでは，すべてのメッシュ生成ワークフローは，ジオ
メトリ中に完全に含まれるテンプレート中のセルだけを保持する．キーワード keep-
CellsIntersectingBoundary の後に，1 (active) または 0 (inactive) のどちらかを
指定する．このオプションを起動すると，ギャップ（隙間）上で局所的につながった
メッシュを生成することができる．問題点は checkForGluedMesh オプションによっ
て補修でき，このオプションも 1 (active) または 0 (inactive) のどちらかを指定する．

　keepCellsIntersectingPatches オプションは，ユーザの指定した領域のテンプ
レート中のセルを保持するオプションである．これはデクショナリのディクショナリで
あり，メインディクショナリ中の各ディクショナリは，パッチまたはファセットサブセッ
トによって名付けられる．このオプションは，keepCellsIntersectingBoundary オ
プションの起動中はアクティブではない．

　removeCellsIntersectingPatches オプションは，ユーザの指定した領域のテン
プレートからセルを取り除くオプションである．これはディクショナリのディクショナ
リであり，メインディクショナリ中の各ディクショナリは，パッチまたはファセットサブ
セットによって名付けられる．このオプションは，keepCellsIntersectingBoundary
オプションの起動中はアクティブである．

　cfMesh における境界層は，体積メッシュの境界面から内部へ押し出されるが，メッ
シュ生成過程前に押し出されることはない．さらに，それらの厚さは境界で指定され

 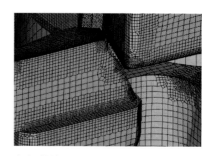

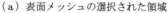

（a）表面メッシュの選択された領域　　（b）体積メッシュの改造されたギャップ

図 2.21　パッチ・サブセットと交差するセルの除去

たセルサイズによってコントロールされ，メッシュ生成はセルサイズと同様な厚さの
レイヤーをつくり出す傾向がある．レイヤーが，凹面の辺または 3 以上の結合数をも
つコーナーを共有するならば，cfMesh におけるレイヤーは複数のパッチ上に広がる．
さらに，cfMesh は決して境界層のトポロジーを壊さず，最終的なジオメトリは平滑化
過程に依存する．すべての境界層設定は boundaryLayers ディクショナリ中で与えら
れる．オプションは以下のとおりである．

nLayers

メッシュ中で生成されるレイヤー数を指定するオプション．このオプションは必須
ではない．これが指定されない場合，メッシュ生成ワークフローはレイヤーのデフォ
ルト数を生成し，値は 1 または 0 のどちらかである．

thicknessRatio

二つの連続レイヤーの厚さの比．このオプションは必須ではない．比は 1 以上でな
ければならない．

maxFirstLayerThickness

最初の境界層の厚さの上限値を指定するオプション．このオプションは必須では
ない．

patchBoundaryLayers

個々のパッチで境界層の局所的な性質を指定するために使うディクショナリ．

パッチ名と同じ名前のディクショナリ中で，各パッチのために別々に nLayers，
thicknessRatio，maxFirstLayerThickness オプションを指定することができる．
デフォルトでは，各パッチで生成されたレイヤー数は，レイヤーの大域的な数，また
は存在するパッチとともに連続レイヤーを形成するいずれかのパッチで指定されたレ

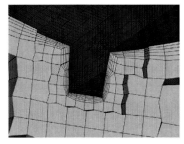 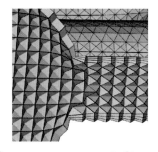

（a）スピードボートの竜骨のレイヤー 　（b）allowDiscontinuity オプションの例

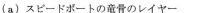

図 2.22 　境界層

イヤーの最大数によって制限される．allowDiscontinuity オプションは，あるパッチで必要なレイヤー数が同じレイヤー中のほかのパッチに広がらないことを保証する．

このセクションの中で示した設定は，メッシュ生成過程時にパッチ名とパッチタイプの変更のために使用する．設定は，以下のオプションによって，renameBoundaryディクショナリ中で与えられる．

newPatchNames

これは，renameBoundary ディクショナリ中のディクショナリであり，改名されるパッチの名前のディクショナリを含んでいる．各パッチにおいて，以下の設定により，新しい名前または新しいパッチタイプを指定することができる．

newName　パッチにつける新しい名前を直後に記述する．この設定は必須ではない．

type　パッチに指定する新しいタイプを直後に記述する．この設定は必須ではない．

defaultName

これは，newPatchNames ディクショナリで指定したパッチ以外のすべてのパッチに新しい名前を設定する．この設定は必須ではない．

defaultType

これは，newPatchNames ディクショナリで指定したパッチ以外のすべてのパッチに新しいタイプを設定する．この設定は必須ではない．

■ cfMesh におけるさまざまなユーティリティ

現在，以下のユーティリティが cfMesh プロジェクトによって提供されている．

FLMAToSurface

これは, ジオメトリを AVL の flma フォーマットから cfMesh によって読み込み可能なフォーマットに変換する. 入力ファイル中で定義されたセルの選択は, ファセットサブセットとして転送される.

FPMAToMesh

これは, 体積メッシュを AVL の fpma フォーマットからインポートするためのユーティリティである. 入力メッシュ上で定義された選択は, サブセットとして転送される.

copySurfaceParts

これは, 指定されたファセットサブセット中の表面ファセットを, 新しい表面メッシュへコピーする.

extrudeEdgesInto2Dsurface

これは, 2 次元のメッシュ生成のために必要な三角形のリボン中に, ジオメトリ中に特徴稜線として記入された辺を押し出す. 生成された三角形は一つのパッチ中に保存される.

meshToFPMA

これは, メッシュを AVL の fpma フォーマットに変換する.

patchesToSubsets

これは, ジオメトリ中のパッチをファセットサブセットに変換する.

preparePar

これは, MPI 並列化のために必要なプロセッサディレクトリを作成する. プロセッサディレクトリの数は, decomposeParDict で指定された numberOfSubdomains に依存している.

removeSurfaceFacets

これは, ファセットを表面メッシュから取り除くためのユーティリティである. 取り除くファセットは, パッチ名またはファセットサブセットによって与えられる.

subsetToPatch

これは, 与えられたファセットサブセット中のファセットからなる表面メッシュ中でパッチを作成する.

surfaceFeatureEdges

これは，ジオメトリ中で特徴稜線を生成するために使われる．出力が fms ファイルである場合には，生成された辺は特徴稜線として保存される．そうでなければ，選択した特徴稜線で囲まれたパッチを生成する．

surfaceGenerateBoundingBox

これは，ジオメトリのまわりに直方体を生成する．直方体が残りのジオメトリと交差する場合は，自己交差は解消されないままである．

2.3 ほかのソフトウェアからのメッシュ変換

blockMesh と snappyHexMesh は強力なメッシュ生成ツールではあるが，より複雑な流れ領域を定義し離散化するために，サードパーティ製のメッシュ生成パッケージが使われることも多い．

2.3.1 サードパーティ製のメッシュ生成パッケージからの変換

高度な外部のメッシュ生成ユーティリティの多くは，メッシュ生成時に，さらにさまざまなコントロールができるようになっている．たとえば，選択可能な要素タイプ，適切な境界層メッシュ，長さスケールコントロールなどである．メッシュジェネレータには，機能的な OpenFOAM メッシュフォーマットに直接エクスポートすることができるものもある．OpenFOAM 2.2 における変換がサポートされたメッシュフォーマットの一覧を以下に示す．

- Ansys
- CFX
- Fluent
- GMSH
- Netgen
- Plot3D
- Star-CD
- tetgen
- KIVA

インポートするユーティリティの機能は，それらの名前と同様に極めて多様である．Fluent のインポートツールは**内部の境界**を faceSets に変換するのに対して，ほかのツールは完全にそのような特徴を無視する．

上記のリストに望みのメッシュ生成ソフトウェアがない場合，サポートされた中間フォーマットにメッシュをエクスポートすることができる．

> **ヒント** 上記の変換ユーティリティのソースコードは以下から得ることができる．
> `$WM_PROJECT_DIR/applications/utilities/mesh/conversion/`

ユーザは，OpenFOAM メッシュを `foamMeshToFluent` ユーティリティで Fluent のメッシュフォーマットに，`foamToStarMesh` ユーティリティで Star-CD のメッシュフォーマットに変換することができる．これは，前述した `snappyHexMesh` ユーティリティで生成されたメッシュをエクスポートするためには，とくに有用である．

メッシュ変換過程は，異なる変換ユーティリティの間でわずかな構文の変更をするだけの，非常に簡単なものである．そのため，例として，`fluentMeshToFoam` 変換ユーティリティに基づく例だけを挙げておく．この過程を開始するためには，チュートリアルのケースを選択したディレクトリにコピーすればよい．このチュートリアルは，`icoFoam` ソルバのための既存のメッシュ変換チュートリアルに基づいている．

```
?> cp -r $FOAM_TUTORIALS/incompressible/icoFoam/elbow/ ./
?> mv elbow meshConversionTest
?> cd meshConversionTest
```

メッシュの変換は，変換ユーティリティを実行し，メッシュファイルに引数を渡すだけの簡単な作業である．なお，メッシュファイルは，ディレクトリに存在しなければならない．変換の間，ユーティリティは，パッチ名とメッシュの統計量をコンソールに出力する．それに従い，`polyMesh` ファイルがアップデートされる．

```
?> fluentMeshToFoam elbow.msh
```

OpenFOAM にインポートされるメッシュの質は，どのようなメッシュがエクスポートされるかに左右されることに注意すべきである．Fluent メッシュの場合，OpenFOAM は 3 次元メッシュしかサポートしないので，2 次元メッシュをインポートすることはできない．インポートの完了後，ケースは，初期および境界条件ファイルで新しいパッチ名を反映するために更新する必要がある．存在するすべてのパッチは，インポートツールの出力から集めることもできるが，エディタで `constant/polyMesh/boundary` を開くことによって手動で調べることもできる．このチュートリアルのために，U フィールドと p フィールドはこの特定のメッシュのためにあらかじめ設定された．

インポートするときのメッシュの伸縮は，オプションとスケーリングファクターをコマンドに追加するだけでよく，簡単である．このチュートリアルのために，メッシュは 1 オーダ程度縮小しておく．

```
?> fluentMeshToFoam -scale 0.1 elbow.msh
```

多くのサードパーティ製のメッシュ生成ユーティリティでメッシュを構成するとき，ユーザは，入口，出口，壁などの境界条件タイプを各パッチに割り当てることができる．変換過程は，境界条件フォーマットを対応する OpenFOAM フォーマットに適合させるように試みるが，成功や精度の保証はない．そのため，変換が正しく流れの情報を解析したかチェックすることは重要である．これをチェックするために，`constant/polyMesh/boundary` を調べ，新しく変換されたメッシュ上で `checkMesh` を実行するとよい．

2.3.2 ２次元から軸対称メッシュへの変換

メッシュを軸対称に変換するためには，つぎの条件を満たさなければならない．つまり，メッシュは，すでに**有効な** OpenFOAM メッシュでなければならず，また，1 セルの「厚さ」でなければならない．後者の条件は，OpenFOAM ですべての２次元メッシュにあてはまる．icoFoam のキャビティの例はこれらの条件をすべて満たすので，このチュートリアルのために使われており，`$FOAM_TUTORIALS/incompressible/icoFoam/cavity` にある．

メッシュが矩形として形成され，一つのセルだけをもっている場合，非常に基本的なジオメトリが作成される．OpenFOAM において軸対称のメッシュは，つぎの特性をもっている．つまり，メッシュは 1 セルの「厚さ」であり，5° のくさび形状を形成するように対称軸のまわりで回転する．二つの角をもつくさび境界は，別々の wedge タイプのパッチとなる．

> **ヒント**／ `makeAxialMesh` のソースは OpenFOAM wiki 内の以下より入手できる．
> http://openfoamwiki.net/index.php/Contrib/MakeAxialMesh
> そこでの指示に従って，ユーティリティをダウンロードしてコンパイルすればよい．

つぎのステップは，混乱を避けるためにディレクトリの名前を変え，２次元の基本メッシュを作成して，ユーザの選んだ作業用ディレクトリにケースフォルダのコピーを作成することである．

```
?> cp -r $FOAM_TUTORIALS/utilities/incompressible/icoFoam/cavity .
?> mv cavity axiSymCavity
?> cd axiSymCavity
?> blockMesh
```

軸対称メッシュのために，`movingWall` パッチは対称軸として使われる（図 2.23）．さらに，単一の `frontAndBack` パッチは分割されて，くさびの二つの境界（frontAnd-

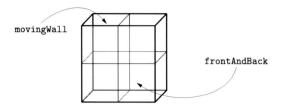

図 2.23　キャビティ流の簡単なスケッチ例

Back_negfrontAndBack_pos）となる．コマンドラインに入力されたパラメータはこ
れを反映する．

```
?> makeAxialMesh -axis movingWall -wedge frontAndBack
```

ユーティリティは，変換したメッシュを保存するために新しい時間のディレクトリ（こ
のケースでは 0.005）を作成する．作成が期待したようにできなかった場合は，この
ディレクトリだけを削除し，基本的なメッシュは再び復元される．ケースディレクト
リは，以下に示すフォルダを含むことになる．

```
?> ls
0 0.005 constant system
```

この時点で，メッシュは，図 2.24 に示すように，5° のくさび形状に変形されている．
しかし，movingWall パッチからの面は存在し，0 面エリア近くの面に押し込まれて
いる．makeAxialMesh は点の位置を変換するが，メッシュの接続状態は変更しない．
このため，対称パッチは，それ（nFaces = 0）に割り当てられる面をもたないので，除
去しなければならない．この場合に collapseEdges ツールを使うことが勧められる．
それは二つの必須のコマンドライン引数，辺長と交差角をもっている．

```
?> collapseEdges <edge length [m]> <merge angle [degrees]>
```

　多くのアプリケーションのために，正確に長さ 1×10^{-8} m，交差角 179° の辺を見
つけ，すでに崩壊した面を取り除く．メッシュ辺の長さが極端に小さい場合，誤検知
と有効な辺の軽率な除去を避けるために，より小さい辺の長さが必要である．この例
に対して，示されたパラメータで collapseEdges を実行すると，問題なく処理する
ことができる．

```
?> collapseEdges -latestTime 1e-8 179
```

最終的な段取りのために，新しくできた空のパッチを境界リストから取り除くことを
勧める．constant/polyMesh/boundary を開き，movingWall と frontAndBack のエ

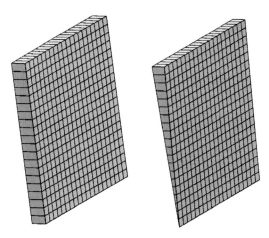

図 2.24 makeAxialMesh でくさび変換を行う前後の
2 次元キャビティ流メッシュ

ントリを削除する．それらが，0 面 (nFaces 0) を含むリストであることに注意して
ほしい．これらの二つの削除を反映するために，境界リストサイズを 3 に変更するこ
とで，境界ファイルはリスト 14 のようになる．

リスト 14　くさび形状メッシュのための boundary ファイルの例

```
3
(
    fixedWalls
    {
        type        wall ;
        nFaces      60 ;
        startFace   760 ;
    }
    frontAndBack_pos
    {
        type        wedge ;
        nFaces      400 ;
        startFace   820 ;
    }
    frontAndBack_neg
    {
        type        wedge ;
        nFaces      400 ;
        startFace   1220 ;
    }
)
```

　この時点で，fixedWalls パッチは，autoPatch ユーティリティを使って三つのパッチに分割できる．この作業は，隣接するパッチを見て，与えられた特徴的な角度に基づいて分割するために適切な場所を確保しようとするためのものである．このケースでは，30° より大きい角度をつくるどんなパッチの辺でも，分割して新しいパッチが形成される．境界条件の割り当てが必要な場合，この方法によって，より柔軟に対応できる．

```
?> autoPatch -latestTime 30
```

パッチには分割の後に新しい名前が付けられる．-latestTime フラグは，最新の時間ステップだけ読むように指令する．分割されたメッシュは，時間ステップに上書きをせず，別の時間ステップディレクトリ中に保存される．最後に，checkMesh ツールを使ってメッシュのエラーをチェックする．メッシュが変更された場合は，常に checkMesh を実行するのが得策である．

2.4　OpenFOAM のメッシュユーティリティ

　メッシュ操作を扱うユーティリティは，ディレクトリ$WM_PROJECT_DIR/applications/utilities/mesh の中にある．メッシュユーティリティは，生成，操作，拡張，変換のカテゴリーに分類される．異なるフォーマットでメッシュを生成し，OpenFOAM フォーマットに変換する方法は，2.2 節と 2.3 節で説明した．この節では，メッシュ操作と，生成された基礎メッシュを細分化する拡張操作について説明する．

2.4.1　特別な基準を設けたメッシュ細分化

　この例では，interFoam ソルバの damBreak チュートリアルでのメッシュ細分化を行うために，メッシュ細分化アプリケーション refineHexMesh を利用する．ここでは，初期の自由表面まわりの領域（二相流の目印用のフィールド (α_1) の勾配は 0 よりも大きい ($\nabla\alpha_1 > 0$)）を細分化することを目的とする．

　始めるにあたり，ユーザの選んだ作業ディレクトリに damBreak チュートリアルをコピーしなければならない．また，Allrun スクリプトによって実行されるすべてのユーティリティを実行しなければならない．しかし，ソルバだけは開始しない．これは，メッシュを生成して α_1 フィールドを初期化する．

```
?> cp -r $FOAM_TUTORIALS/multiphase/interFoam/laminar/damBreak .
?> cd damBreak
?> blockMesh
```

```
?> setFields
```

メッシュは blockMesh によって生成され，α_1 フィールドは setFields 前処理ユーティリティによって設定される．setFields ユーティリティについては 3.2 節で説明する．α_1 フィールドの勾配を計算して保存するために，基礎計算ユーティリティ foamCalc を使うことができる．

```
?> foamCalc magGrad alpha1
```

これは，magGradalpha1 によって 0 という名前を付けられた初期時間ディレクトリ 0 に，セル中心のスカラー場（勾配の大きさ）を保存する．refineMesh アプリケーションを使用して勾配の大きさに基づくメッシュを細分化するために，このユーティリティのためのコンフィギュレーションディクショナリファイルを，damBreak ケースの system ディレクトリにコピーする．

```
?> cp $FOAM_APP/utilities/mesh/manipulation/\
   refineMesh/refineMeshDict system/
?> ls system/
   controlDict      fvSchemes        refineMeshDict
   decomposeParDict     fvSolution        setFieldsDict
```

system ディレクトリで利用できるコンフィギュレーションにおいて，refineHexMesh はある cellSet 中のすべてのセルを細分化する．

```
// Cells to refine; name of cell set
set c0;
```

この cellSet は作成時に constant/polyMesh 中に保存され，refineHexMesh はセルを細分化するために使用する．

このケースでは，topoSet は cellSet を生成するために用いられる．このため，topoSet は system ディレクトリ中に存在し，適切にコンフィギュレーションが行われなければならない．したがって，既存のものは，その後コピーされて変更される．

```
?> cp $FOAM_APP/utilities/mesh/manipulation/topoSet/\
   topoSetDict system/
```

topoSetDict の actions サブディクショナリの例は，リスト 15 に示す内容に変更しなければならない．

この時点で，cellSet は，system/topoSetDict 中の定義に基づいて生成される．

```
?> topoSet
?> refineHexMesh c0
```

リスト 15　addLayersControls のエントリの例

```
actions
(
  {
    name    c0 ;
    type    cellSet ;
    action  new ;
    source  fieldToCell ;
    sourceInfo
    {
      fieldName magGradalpha1 ;
      min 20 ;
      max 100 ;
    }
  }
);
```

メッシュを ParaView を用いて見るときには，自由表面の領域はさらに解像度が必要
である．ここでは，setSet ユーティリティを用いて，同様の操作を行う．

▌2.4.2　点の変換

　OpenFOAM メッシュフォーマットでは，点の位置ベクトルの情報だけでメッシュ
の大きさと位置を表現する．メッシュについて残りの情報は，以前に議論した純粋な
接続性である．したがって，メッシュの大きさ，位置，方向は，点位置の変換だけで変
更することが可能である．このため，transformPoints メッシュユーティリティが
OpenFOAM には付随している．このユーティリティは，比較的単純であるので，必
要な構文だけを示す．メッシュを変換するときによく使われるオプションは，-scale，
-translate，-rotate である．

scale
　scale は，指定したスカラー量によって，一部または全部の座標軸方向にメッシュ
　点を伸縮させる．-scale '(1.0 1.0 1.0)' は点位置を変更しないが，-scale
　'(2.0 2.0 2.0)' はすべての方向で均一に点位置を 2 倍にする．また，不均一な
　伸縮の場合は，ユーザの指定した方向にメッシュを伸ばしたり縮めたりすることが
　できる．

translate
　translate は，メッシュ中のすべての点位置ベクトルに指定したベクトルを加える
　ことにより，そのベクトルの分だけメッシュを移動させる．

rotate

rotate は，メッシュを回転させる．これは二つの入力ベクトルによって定義される．具体的には，一つ目のベクトルの向きが二つ目のベクトルの向きに合わさるように，メッシュを回転させる．-rotateFields オプションを追加することによって，メッシュ回転時に，初期や境界のすべてのベクトル値とテンソル値も回転させることができる．

以下に，上述の三つの点変換の構文を示す．

```
?> transformPoints -scale '(x y z)'
?> transformPoints -translate '(x y z)'
?> transformPoints -rotateFields -rotate '( (x0 y0 z0) (x1 y1 z1) )'
```

2.4.3 mirrorMesh

対称面をもつメッシュを生成し，鏡面変換を行ってメッシュを生成するほうが，ジオメトリ全体のメッシュを一度に生成するよりも容易である場合もある．mirrorMesh ユーティリティはまさにそれを行う．鏡面変換過程に関するすべてのパラメータは，system/mirrorMeshDict に置かれているディクショナリから読まれる．

メッシュの鏡面変換が成功するためには，対称面は平面でなければならない．この例では，1/4 のメッシュが全領域に鏡面変換によって拡張される．最初に，以下の固体分析ケースを選択したディレクトリにコピーし，後の混乱を防止するために新しい名前を付ける．mirrorMeshDict は，既存のケースからケースのシステムディレクトリにコピーする必要がある．

```
?> cp -r $FOAM_TUTORIALS/stressAnalysis/\
   solidDisplacementFoam/plateHole .
?> mv plateHole mirrorMeshExample
?> cd mirrorMeshExample
?> cp -r $FOAM_APP/utilities/mesh/manipulation/\
   mirrorMesh/mirrorMeshDict system/
```

つぎに，鏡面変換を行う平面を定義する．その平面は，以下に示すように mirror-MeshDict において，原点と法線ベクトルによって定義することができる．鏡面変換が行われるパッチは自動的に取り除かれる．以上の定義（リスト 16）の後，以下のように mirrorMesh を実行し，メッシュのエラーチェックを行う．

```
?> mirrorMesh
?> checkMesh
```

リスト 16　最初の鏡面変換の mirrorMeshDict のエントリ

```
pointAndNormalDict
{
    basePoint (0 0 0) ;
    normalVector (0 -1 0) ;
}
```

これで半分のメッシュが得られた．さらに，2 度目の鏡面変換のために，ディクショナリ
をリスト 17 に示すように変更しなければならない（その後，以下のように mirrorMesh
を実行し，メッシュのエラーチェックを行う）．

```
?> mirrorMesh
?> checkMesh
```

リスト 17　2 番目のミラーリングの mirrorMeshDict のエントリ

```
pointAndNormalDict
{
    basePoint (0 0 0) ;
    normalVector (-1 0 0) ;
}
```

この結果，図 2.25 に示すように，一部の対象領域ではなく，全領域のメッシュが生成
される．

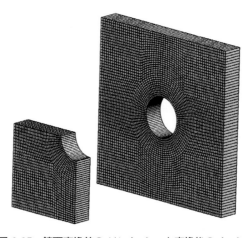

図 2.25　鏡面変換前の 1/4 メッシュと変換後のメッシュ

2.5 まとめ

メッシュを生成するためだけでなく，領域ジオメトリをデザインするために利用できるオープンソースアプリケーションには幅広い選択肢がある．一方で，同じ目的の商業用アプリケーションもある．ジオメトリがシミュレーションにとって許容できるレベルに達し，生成されたメッシュが十分な品質をもつまでには，ジオメトリの定義とメッシュ生成はしばしば退屈なワークフローとなる場合がある．簡単なケースでは，たとえば検証のために，blockMesh はメッシュ生成ツールとして，いまだに多くのユーザに好まれている．snappyHexMesh, cfMesh, foamHexMesh, engrid などの自動化されたメッシュ生成ソフトウェアは，メッシュ生成の複雑さと時間を減らすことはできるが，新しい余計なメッシュ生成パラメータの取り扱いが必要となる．これまでに述べたアプリケーションは，詳しいドキュメント（説明書）とともに配布されている．したがって，この章では，OpenFOAM におけるメッシュ生成方法について解説し，現在入手可能なドキュメントを補足するために，blockMesh と snappyHexMesh によるメッシュ生成に関する追加情報について解説した．

参考文献

[1] Höpken, J. and T. Maric (2013). *Feature handling in snappyHexMesh*. URL: www.sourceflux.de/blog/snappyhexmesh-snapping-edges.

[2] *OpenFOAM User Guide* (2013). OpenCFD limited.

[3] Villiers, E. de (2013). *7th OpenFOAM Workshop: snappyHexMesh Training.* URL: http://www.openfoamworkshop.org/2012/downloads/Training /EugenedeVilliers/EugenedeVilliers-TrainingSlides.tgz (visited on 12/2013). http://openfoamwiki.net/index.php/File:Final-AndrewJacksonSlidesOFW7.pdf （2017 年 10 月に訳者確認）.

第3章

OpenFOAMのケース設定

　本章では，シミュレーションケースの構成法と，特定のケースでいくつかの境界条件の設定について説明する．ここでは，詳細ではなく，幅広い範囲で基本的な情報を解説することに焦点を当てる．詳細については後の章で述べる．

> **注 意** 本章で説明するステップに従って作成されたシミュレーションのテストケースは，chapter3のサブディレクトリにあるケース例のリポジトリから得られる*．

3.1　OpenFOAMのケース設定の構造

　OpenFOAMの各シミュレーションケースはファイルのディレクトリとして構成されており，それぞれは一連のファイルからなるサブディレクトリを下部構造にもつ．実行ファイルを構成し，シミュレーションをコンフィギュレーションしてコントロールするためのファイルもあれば，シミュレーションデータを保存するために用いるファイルもある．一般的に，ファイルに基づくOpenFOAMシミュレーションケースの構築は，比較的簡単である．ファイルに基づく構築には，さらに利点がある．つまり，新しいシミュレーションにはシミュレーションファイルのディレクトリをコピーするだけでよいので，簡単にシミュレーションのパラメータ設定ができ，さらに，自動化された方法であっても，Unixの標準的なツールでケースファイルを編集することができる．

　OpenFOAMケースの標準的な構成をキャビティ流のチュートリアルケースを使って説明する．本ケースは，OpenFOAMチュートリアル中に，異なるソルバ，異なる定義を用いる例として複数回現れる．非圧縮性ナビエ－ストークス方程式のソルバであるicoFoamで実行されるキャビティ流のケースを本章で取り上げる．図3.1はキャビティ流のケースの概略図である．以下の説明中で，icoFoamには必要のないほかの入力ファイルについても触れる．しかし，ケースの前処理中で使用されるユーティリティにはそのファイルが必要である．一般に，ソルバのモデルがより複雑になるにつれ，必要な入力ディクショナリも増大する．

---

* （訳者注）2017年10月の時点では，sourcefluxのリポジトリのsourceflux-training-code/tutorials/から得られる．

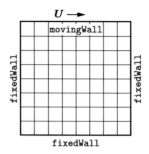

図 3.1　キャビティの概略図

　キャビティ流のケースのサブディレクトリをリストすることで，シミュレーション
ファイルがどのように構築されるかがわかる．

```
?> cd $FOAM_TUTORIALS/incompressible/icoFoam/cavity
?> ls *
0:
   p   U
constant:
   polyMesh transportProperties
system:
   controlDict fvSchemes fvSolution
```

0，constant，system ディレクトリは，OpenFOAM のシミュレーションケースの
標準ディレクトリであり，必須である．0 ディレクトリには，フィールドに適用される
初期条件および境界条件が含まれる．ソルバによって用いられる各フィールドは，そ
のフィールドに従って名付けられたテキストファイルによって表される．キャビティ
流のチュートリアルケースでは，圧力場 p と速度場 U がシミュレーションで利用され
る．これらのフィールドがどのように定義されるかは 3.2 節で述べる．

　シミュレーションが進行するにつれて，ソルバアプリケーションは，計算の結果生じ
るシミュレーションデータをケースディレクトリの新しいサブディレクトリに書き込
む．そのディレクトリは，いわゆる**時間ステップ**ディレクトリで，シミュレーション時
間の値に基づいて名付けられる．それは，0/ディレクトリですでに定義されたフィー
ルドを含むだけでなく，体積流束 phi のようなソルバの補助フィールドも含む．

> **ヒント**　icoFoam ソルバは，圧力 p フィールドと速度 U フィールドの初期値でシミュ
> レーションを始めるが，FVM は，方程式の離散化中に体積流束フィールド (phi) を
> 利用する（詳しくは第 1 章を参照）．結果的に，時間ステップのディレクトリはソル
> バアプリケーションで計算された体積流束フィールドの phi を含むことになる．

時間ステップディレクトリに加えて，

- ソルバアプリケーションによって（例：体積流束 phi）
- ソルバと並行して実行されるファンクションオブジェクトによって（第 10 章を参照）
- シミュレーション後の後処理の結果として（第 4 章を参照）

ほかのシミュレーションデータも書き込まれる．

constant ディレクトリは，シミュレーションを通して一定値であるシミュレーションデータを保存する．通常，これは，polyMesh サブディレクトリのメッシュデータや，さまざまなコンフィギュレーションファイルを含む．

- transportProperties – 輸送特性（第 11 章を参照）
- turbulenceProperties – 乱流モデル（第 7 章を参照）
- dynamicMeshDict – ダイナミックメッシュのコントロール（第 13 章を参照）
- その他

前述したコンフィギュレーションファイルのすべてがキャビティ流のケースの constant ディレクトリにあるわけではない．たとえば，turbulenceProperties ディクショナリは，icoFoam には必要ないために存在しない．どんな追加ディレクトリが必要かは，選択したソルバアプリケーションによって決定される．必要な入力データの存在しないケースディレクトリでソルバが実行されると，エラーの通知メッセージがユーザに送られる．通知では，ディクショナリ，ディレクトリパラメータ，あるいはフィールドさえ，存在しない，あるいは正しく定義されていないことが知らされる．

ヒント　ソルバアプリケーションが，点位置またはメッシュトポロジーの変化するダイナミックメッシュの特徴を利用する場合，新しい polyMesh フォルダが各時間ステップディレクトリに書き込まれる．ダイナミックメッシュの特徴については第 13 章で議論する．

ヒント　通常，OpenFOAM のコンフィギュレーションファイルは，dictionary files または略して dictionaries として参照される．このように名付けられるのは，IOdictionary クラスに基づくソースコードにおける利用法のためである．

system ディレクトリには，数値計算法やソルバの反復制御に関連するすべてのディクショナリが存在する．これらの方法については第 1 章で概説した．system ディレクトリには，setFields などの異なる前・後処理アプリケーションのコンフィギュレーションを行うために使用されるディクショナリも存在する．system ディレクトリにある最

も重要なディクショナリは controlDict であり,これはソルバの実行時間とどれくらいの周期で解データをケースディレクトリに書き込むのかに関連する,すべてのパラメータをコントロールする.controlDict で定義されたすべてのパラメータは,シミュレーションに使われるソルバから独立している.シミュレーションの実行をコントロールする controlDict の使い方については,3.4 節でさらに詳しく述べる.controlDict に関するパラメータについての非常に包括的な議論は,OpenFOAM User Guide (2013) を参照されたいが,本書の 3.4.1 項でもそのいくつかについて述べている.

3.2 境界条件と初期条件

OpenFOAM のケースファイルに基づく構造による境界条件と初期条件の設定は,非常に直接的であり,ともに 0/ディレクトリの同じファイルに含まれる.この節では,どのように境界条件と初期条件が定義されるかについて説明する.フィールドの種類(スカラー,ベクトル,テンソル)に応じて,それらを表す値はいくらか異なる構文で定義されなければならない.ここでの議論はケースのコンフィギュレーションに限定される.境界条件の数値的およびデザイン的な詳細については第 10 章で述べる.境界条件は,その名称でわかるように,メッシュ境界でのフィールド値を定義する.初期条件は,初期の境界フィールド値と内部フィールド値を与える.この相違点は図 1.8 でスケッチされているが,フィールドの初期条件の設定は,通常,内部フィールド値の初期化のことである.

> 注意 計算メッシュについては 2.1 節で詳しく述べている.数値計算方法の基礎については第 1 章で説明した.いずれも読者がある程度知っておくべき内容である.

どのように境界条件ファイルが定義されるかを詳しく見ていく前に,icoFoam でのシミュレーションのためにデザインされた cavity ケースを,選択した場所にコピーしなければならない.キャビティ流のシミュレーションケースの基本的な境界条件を設定するために,シミュレーションケースディレクトリをコピーし,名前を変更する必要がある.

```
?> cp -r $FOAM_TUTORIALS/incompressible/icoFoam/cavity \
   cavityOscillatingU
?> cavityOscillatingU
```

0/ディレクトリを見ると,二つの異なるフィールド p と U が定義されていることがわかる.両ファイルとも,どんなテキストエディタを使おうと,コマンドラインから

直接編集できる．圧力の境界条件ファイルの関連する行は，以下のコマンドを使用して画面に映し出すことができる．

```
?> cat 0/p | tail-n 23 | head -21
dimensions      [0 2 -2 0 0 0 0];
internalField   uniform 0;

boundaryField
{
    movingWall
    {
        type zeroGradient;
    }
    fixedWalls
    {
        type zeroGradient;
    }
    frontAndBack
    {
        type empty;
    }
}
```

以上は，境界条件ファイルの三つのトップレベルエントリ，dimension, internalField, boundaryFieldを示す．最初のエントリは，スカラーの単位を表す数列 (dimensionSet) であり，フィールドの単位を定義するために使われる．それぞれのスカラーは，SI 単位系における基本単位のべきの積に対応し，そこでの基本単位は，以下の単位設定 (dimensionSet.H) の宣言ソースファイル中で定義される．

```
//- Define an enumeration for the names of the dimension exponents
enum dimensionType
{
    MASS,                   // kilogram       kg
    LENGTH,                 // metre          m
    TIME,                   // second         s
    TEMPERATURE,            // Kelvin         K
    MOLES,                  // mole           mol
    CURRENT,                // Ampere         A
    LUMINOUS_INTENSITY      // Candela        Cd
};
```

つぎのエントリは，internalField であり，フィールドの初期条件を定義する．これは境界を含まず，境界は最後のサブディレクトリ，boundaryField によって定義されることに注意されたい．この例では，すべてのセル値は 0 に設定している．ユーザは，各セルに与えるべき初期値のリストを作成することによって，初期値をセルごとに定義

することができる．このリストはメッシュ中のセルと同数の要素がなければならない．
その構成については OpenFOAM User Guide 2013 で説明されている．最後に，境界
条件が boundaryField サブディレクトリで定義される．境界条件はそれぞれのパッチ
と各フィールドに対して指定されなければならない．したがって，それぞれのパッチ
の境界条件は boundaryField ディレクトリのサブディクショナリで定義される．選
択した境界条件のタイプによっては，エントリはほとんど必要ない．

3.2.1　境界条件の設定

　OpenFOAM の公式リリースにはすでに非常に多くの境界条件が備わっているが，
ここでは全リストは挙げない．foamHelp コマンドをケースディレクトリで実行すれ
ば，利用可能なすべての境界条件のリストが表示される．そのコマンドは，フィール
ドのタイプを示し，そのフィールドに対応する境界条件のみを示す．結果として，リ
ストに示された境界条件は極めて一般的なものもあれば，問題ごとに極めて限定的な
ものもある．速度場 U については，以下の方法で呼び出すことができる．

```
?> foamHelp boundary -field U
```

境界条件を定義する一例として，以前コピーした cavityOscillatingU ケースを使っ
てみる．この例のケースでは，速度場 U の movingWall 境界条件は，速度場が sin 関数
で時間的に変化する境界条件へ変えられている（図 3.1）．oscillatingFixedValue
境界条件は，正確にこれを実行し，この例の直方体の境界条件に用いることができる．
とにかく oscillatingFixedValue に要求されるパラメータを決めなければならな
いが，そのための方法はいくつかある．Doxygen ドキュメンテーションシステムに
より情報を閲覧するのがより適切な方法である（第 5 章を参照）が，通常は境界条
件のソースコードのヘッダファイルを丁寧に見るほうが手っ取り早い．そのファイル
の oscillatingFixedValue 境界条件の内容をテキストエディタで開くとよい．その
ファイルは以下のようなものである．

```
$FOAM_SRG/finiteVolume/fields/fvPatchFields/derived\
        /oscillatingFixedValue/oscillatingFixedValueFvPatchField.H
```

そのファイルの最初にある大きなコメントセクションの記述部分は，以下のように，
境界条件の使用例を含んでいる．

```
myPatch
{
    type        oscillatingFixedValue;
    refValue    uniform 5.0;
```

```
    offset      0.0;
    amplitude   constant 0.5;
    frequency   constant 10;
}
```

このサンプルコードの構文を，`cavityOscillatingU/0/U` にある例題ケースの速度の境界条件に直接コピーし，速度場 U の `movingWall` パッチ上にある `fixedValue` 条件に置き換える．境界条件パラメータは以下のように設定される．

```
movingWall      // was myPatch
{
    type        oscillatingFixedValue;
    refValue    uniform (1 0 0);
    offset      (0 0 0);
    amplitude   constant 1;
    frequency   constant 1;
}
```

> **注意** ヘッダファイルに記述された境界条件をコピーしたスカラー値は，境界条件はベクトル領域に適用されるので，ベクトル値に変更さている．

　上の速度場 U の変更に加え，何回かの速度振動周期を可視化するために，シミュレーション時間を延ばす必要がある．このため，`system/controlDict` ディクショナリで，エントリ `endTime` を 0.5 から 3.0 に変更した．必要な変更がすべてなされたので，変更した境界条件を icoFoam ソルバを用いてテストできるが，その前に blockMesh ユーティリティでメッシュを生成しなければならない．

```
?> blockMesh
?> icoFoam
```

速度場の可視化は ParaView を使ってなされる．内部流は境界条件によっては振動する．`movingWall` 境界パッチの振動する速度は，後処理ユーティリティを使って計算される．

```
?> patchAverage U movingWall
```

このユーティリティは時間ステップディレクトリを通して進み，`movingWall` パッチの表面領域における平均速度の大きさを出力する．

> **注意** 後処理ユーティリティの `patchAverage` がこの例では使用されているが，説明をわかりやすくするために，ここでは後処理ユーティリティの記述を省略する．後処理については第 4 章で詳しく述べる．

patchAverage ユーティリティは，以下のような出力をコンソールに出す．

```
Time = 0
   Reading volVectorField U
   Average of volVectorField over patch movingWall[0] = (1 0 0)
Time = 0.1
   Reading volVectorField U
   Average of volVectorField over patch movingWall[0] = (1.58779 0 0)
Time = 0.2
   Reading volVectorField U
   Average of volVectorField over patch movingWall[0] = (1.95106 0 0)
Time = 0.3
   Reading volVectorField U
   Average of volVectorField over patch movingWall[0] = (1.95106 0 0)
Time = 0.4
   Reading volVectorField U
   Average of volVectorField over patch movingWall[0] = (1.58779 0 0)
Time = 0.5
   Reading volVectorField U
   Average of volVectorField over patch movingWall[0] = (1 0 0)
```

この出力は，境界条件のソースコードで示された方程式に従い，x 軸方向の速度成分が時間的に変化することを示している．

　境界条件は，数値計算モデルで重要な部分であるが，ユーザがかなりミスを引き起こしやすい部分である．したがって，境界条件を選択する際には，慎重な考慮が必要である．与えられた問題に対してどんな境界条件が適当かを迷ったならば，OpenFOAM のチュートリアルを見るとよい．現在取り扱っている問題によく似たチュートリアルのシミュレーションケースが見つかるだろう．

> **注 意**　新しいシミュレーション問題を扱う場合，これまで経験することのなかった境界条件についての有益な情報が，OpenFOAM とともに配布されたチュートリアルケースで見つけることができる．数値計算のバックグラウンドやソフトウェアデザイン，境界条件の実装法については第 10 章で述べる．

▌3.2.2　初期条件の設定

　この節では，どのようにして流れ場の初期条件を設定するかを簡単に述べる．ユーザの指定に応じてフィールドを初期化するためのさまざまなツールがある．第 8 章では，新しい前処理アプリケーションを開発する方法について説明する．

> **ヒント**　通常，フィールドの初期条件を設定することをフィールド前処理とよぶ.

　たとえば，キャビティ流のチュートリアルケースのように，ケースやソルバによって初期条件は重要ではない場合がある．そのような場合，初期の速度場は一様なベクトル値 **0** に設定される．最初の時間ステップの後では，計算される流れ場の解は，最初に設定されたものとはまったく異なっている．単相の非圧縮性流体について，初期条件を考えないといけないが，多くは収束を加速するための初期推定値 (initial guess) である．この初期推定値が適切な解から極端に離れると，ソルバの発散が起こる可能性が高い.

　初期条件が非常に重要である場合もある．圧縮性流体のシミュレーションでは，状態方程式を適切に計算するために，初期圧力，温度，そして（または）密度が極めて重要である．二相流のシミュレーションでは，流体相の分離のための適切な前処理フィールドが必要である.

　前述したように，キャビティ流の例は，初期条件の定義に対して比較的依存性が少ない．初期条件に関して特別な注意が必要なケースは，damBreak ケースで，interFoam ソルバでシミュレーションされる．interFoam ソルバは，二相流ソルバであり，二つの非混合で非圧縮性の流れ相を分離するために代数的 VoF (Volume-of-Fluid) 法を用いる．このため，新しいスカラー場 alpha1 が導入される．この例では，気体と液体の各相では，alpha1 にそれぞれ 0 と 1 の値が割り当てられる．最初の例では，図 3.2 に示されるように，水滴が damBreak ケースに加えられる.

　最初に，damBreak チュートリアルケースをコピーし，ケース名を変える.

```
?> run
?> cp -r $FOAM_TUTORIALS/multiphase/interFoam/laminar/damBreak\
   damBreakWithDrop
```

alpha1 を初期化する前に，そのための準備段階が必要となる．damBreakWithDrop ケースの 0/ディレクトリは，alpha1 という名前のファイルを含まず，alpha1.org ファイルのみを含む．これは，**オリジナル**ファイルの全フィールドが**一定値で初期化**されるようにするためである．後に，前処理アプリケーション setFields が各セルの初期値を定義するために使われる．結果，各セルに一つずつ要素が含まれる長いリストがつくられる．テキストエディタを開かないで，すべてのファイルを一定値に初期化する目的で alpha1 にコピーするために，alpha1.org ファイルがある．したがって，alpha1.org ファイルを alpha1 にコピーしなければならない.

```
?> cp 0/alpha1.org 0/alpha1
```

> **ヒント**　チュートリアルによっては，phi.org のようなフィールドファイルを 0 ディ
> レクトリにもつものもある．フィールドファイルを元の状態に戻すことで，初期フィー
> ルドのコンフィギュレーションに戻ることができる．一方，バージョンコントロール
> システムをシミュレーションケースディレクトリのために使うことができることもあ
> る．詳しくは第 6 章で述べる．

0/alpha1 フィールドの現在の状態を調べると，全内部流フィールドが一定値 0 に
なっていることがわかる．

```
internalField uniform 0;
```

setFields ユーティリティを使うと，より複雑で非一様なフィールド値を作成すること
ができる．このユーティリティは system/setFieldsDict ディクショナリによってコ
ントロールされる．setFields アプリケーションのテンプレートディクショナリファイ
ルはアプリケーションソースディレクトリ，$FOAM_APP/utilities/preProcessing
に保管されている．このファイルはかなり長いので，その内容は示さない．しかし，非
一様フィールドの前処理のために setFields アプリケーションによって使用される
全有効仕様を保管している，setFieldsDict の内容を調べることは価値がある．
　例のテストケースのための setFieldsDict の内容を，小さな液滴，すなわち alpha1
の値が 1 の円を初期化するために使用される追加の sphereToCell サブディレクトリ
のエントリとともに以下に示す．

```
defaultFieldValues
(
    volScalarFieldValue alpha1 0
);

regions
(
    boxToCell
    {
        box (0 0 -1) (0.1461 0.292 1);
        fieldValues
        (
            volScalarFieldValue alpha1 1
        );
    }
    sphereToCell
    {
        center (0.4 0.4 0);
        radius 0.05;
        fieldValues
```

```
        (
            volScalarFieldValue alpha1 1
            volVectorFieldValue U (-1 0 0)
        );
    }
);
```

defaultFieldValues は, regions サブディレクトリ処理に進む前に, 内部フィールドをデフォルト値 0 に設定する. setFieldsDict の構文は, 上に示したような単純な形状体積を選択すれば, ほとんど自明なものである. 選択した体積に関して, セル中心がその体積内にあるすべてのセルは, それに応じて与えられたフィールドの集合をもっている. たとえば, sphereToCell ソースは特定の中心と半径をもつ球内に中心のあるセルを選び, フィールド値 $\alpha_1 = 1$ と $U = (-1, 0, 0)$ を設定する.

alpha1 フィールドを前処理し, シミュレーションを実行するためには, 以下の行をコマンドラインから打ち込まなければならない.

```
?> blockMesh
?> setFields
?> interFoam
```

setFieldsDict に追加したことによる初期条件の変化の様子を, 図 3.2 に示す.

図 3.2　液滴がない場合(左)とある場合(右)の初期条件

注 意　液体中に正方形や円形の泡が沈められるようなケースに setFieldsDict を変更するのは, 興味深い練習となるであろう. これは, 本節で用いた, 気体中の矩形塊と液滴の例とは真逆の例となる. 根本的に異なる結果が浮力の影響によって生じる.

> **注 意**　interFoam ソルバの動作を定量的に調べることに興味があるならば，テスト
> ケースの計算領域を正方形に変更し，その中心において一つの正方形を無重力状態で
> 初期化すればよい．この有効性のチェックケースとほかの興味深い有効性のチェック
> ケースについては，J. Brackbill，D. Kothe，Zemach (1992) を参照されたい．

3.3　離散化スキームとソルバコントロール

　線形ソルバの離散化スキームの選択とコントロールパラメータの調節は，境界条件
を適切に扱うのと同様に重要である．どちらの一般的な性質も，そのケースの system
ディレクトリに保存されている一つのディレクトリで定義されている．離散化スキー
ムは system/fvSchems で定義され，ソルバは system/fvSolution ディクショナリ
でコントロールされる．

3.3.1　離散化スキーム (fvSchemes)

　ユーザ視点からの，離散化および補間に関するすべての定義は，system/fvSchems
ディクショナリで行われている．要求される設定は，ソルバによって異なり，数学モ
デルの個別の項の定式化に依存している．離散化および補間スキームは，FVM の枠
組み内で数学モデルの各項を離散化するために使用される．OpenFOAM において，
数学モデルは，Domain Specific Language（以降 DSL とよぶ）を用いてソルバアプ
リケーションで定義される．DSL は，アルゴリズム実装の抽象化レベルが時間とと
もにどんどん高くなるように開発されてきた．OpenFOAM に関するほかの情報源で
は，OpenFOAM の DSL はしばしば**方程式の模倣**として言及される．方程式の模倣
による高度に抽象的なアルゴリズムを用いると，人間にとって非常に読解しやすい数
学モデルの定義が可能で，数学モデルのわずかな変更も可能となる．たとえば，以下
の icoFoam ソルバアプリケーションのソースコードの一部分は，OpenFOAM による
運動量保存則の実装を示している．

```
fvVectorMatrix UEqn
(
    fvm::ddt(U)
  + fvm::div(phi, U)
  - fvm::laplacian(nu, U)
);

solve(UEqn == -fvc::grad(p));
```

運動量方程式の各項は簡単に見分けられ，追加，削除などの変更も容易である．それ
ぞれの項について，同じ離散化法を `system/fvSchemes` で定義しなければならない．

> **ヒント**　Domain Specific Language (DSL) は，いくつかのアプリケーションやそ
> の他のために開発され，抽象層を明確に分離するソフトウェア開発の自然な成果であ
> る．離散化された方程式，行列，ソース項に基づいて考え，反復ループ，変数のポイ
> ンタ，関数などには**基づかずに**考えることは，OpenFOAM における方程式の模倣
> あるいは DSL の基礎となっている．抽象レベルを分離することは，ソフトウェア開
> 発の練習のよい方針である．

　離散化および補間スキームは，上のソースコードに書かれた操作の基本単位である．
それは，局所的な微分方程式を，有限体積で平均を取った量を用いた代数方程式に変
換する．連立代数方程式の項は**陰的項**とよばれ，方程式の右辺に現れているような陽
的に計算される項は**陽的項**とよばれる．陽的項は `fvc`（finite volume calculus：有限
体積計算）のネームスペースから離散演算によって計算され，陰的項は `fvm`（finite
volume method：有限体積法）のネームスペースから演算子によって計算される．こ
の違いを認識するのは重要である．なぜなら，`system/fvSchemes` ディクショナリの
項に対して定義される離散化スキームが，アプリケーション・コードの演算子におい
て，`fvc::` と `fvm::` の両方に対してデフォルトで使用されるからである．
　ある項に適用可能なスキームのリストを手に入れるためには，既存のスキームを**ど
んな名前でもよいので**置き換えて，ソルバを実行するとよい．ソルバによって，上で故
意に置き換えた名前のスキームが存在しないというエラーが出力されるかもしれない
が，その後に使用可能なスキームの大量のリストが出力される．スキームのパラメー
タ（スキーム特有のキーワードと関数値）についての情報を得るためには，ユーザは，
スキームの実装に関連したソースファイルを読む必要がある．
　ソルバアプリケーションに装着される方程式は，**コンパイル時**に定義される．しか
し，これらの方程式の項を離散化するために使用されるスキームの選択は，**実行時**に
なされる．このことによって，ユーザは数学モデルの離散化方法を変更することがで
きる．つまり，`system/fvSchemes` のエントリを変更することによって，それぞれの
ケースに対して異なるスキームを選択することができる．

> **ヒント**　離散化および補間スキームは，OpenFOAM において一般的なアルゴリズム
> である．陰的アルゴリズム（連立代数方程式）と陽的アルゴリズム（ソース項）とを
> 区別するために，アルゴリズムは C++ ネームスペースに分類される．ネームスペー

スは，ネームのルックアップ（検索）による衝突を避けるために使用されるプログラ
ミング言語の構成概念である（詳細は Stroustrup (2000) を参照）．

cavityOscillatingU ケースの system/fvSchemes ディクショナリは，以下のように
なる．

```
ddtSchemes
{
    default        Euler;
}

gradSchemes
{
    default        Gauss linear;
    grad(p)        Gauss linear;
}

divSchemes
{
    default        none;
    div(phi,U) Gauss linear;
}

laplacianSchemes
{
    default              none;
    laplacian(nu,U) Gauss linear orthogonal;
    laplacian((1|A(U)),p) Gauss linear orthogonal;
}

interpolationSchemes
{
    default linear;
    interpolate(HbyA) linear;
}

snGradSchemes
{
    default        orthogonal;
}

fluxRequired
{
    default        no;
    p       ;
}
```

すべての fvSchemes ディクショナリには，七つの同じサブディクショナリがあり，ほとんどの場合，それぞれのサブディクショナリのはじめにデフォルトパラメータが定義される．上のリストのように icoFoam に実装された運動量保存方程式のコードの一部分を比較することにより，このコンフィギュレーションでは div(phi,U) が線形的に離散化されることがわかる．つぎに，各離散化スキームのカテゴリーと選んだスキームの特徴を見てみよう．

> **注意**
> たとえ選んだスキームについてのここでの説明がよくわからない場合でも，本書の残りを理解するのをあきらめる必要は決してない．関心がある読者は，後にこの部分に戻ってもよいし，第1章と一緒にを再読すればよい．OpenFOAM の利用可能なスキームすべてについての説明は本書の範囲を超えているので，いくつかのスキームの説明だけを行う．

スキームは，system/fvSchemes のエントリと同様に，数学モデルの項に関連したカテゴリーに分類されている．

- ddtSchemes
- gradSchemes
- divSchemes
- laplacianSchemes
- interpolationSchemes
- snGradSchemes

■ ddtSchemes

ddtSchemes は，時間離散化のために使用されるスキームである．1次精度の時間離散化スキームである Euler 法は，非定常現象問題のデフォルトとして設定されており，それは第1章で FVM の離散化の実行を示すために使われたスキームである．ほかの時間離散化スキームとして，以下から選択することもできる．

- CoEuler
- CrankNicolson
- Euler
- SLTS
- backward
- bounded
- localEuler

- steadyState

時間離散化のために利用できるスキームの中から, CoEuler と backward について以下で詳しく説明する.

CoEuler

このスキームは, 陰的および陽的離散化に使用される 1 次精度の時間離散化スキームである. それは, 局所的に時間ステップを自動的に調整し, 局所的なクーラン数をユーザが指定した値に制限する. このスキームは, 現在の時間ステップと局所的なクーラン数フィールドから計算されたスケーリング係数フィールドから, クーラン数の逆数によって局所的な時間ステップがつぎのように計算される.

$$\delta t_{fCo}^{-1} = \max(Co_f / \max Co, 1)\delta t^{-1} \tag{3.1}$$

ここで, 局所的な面中心クーラン数は, 体積流束 $\boldsymbol{F}$, 面の法線ベクトル $\boldsymbol{S}_f$, その面で隣接するセルのセル中心間の距離 $\boldsymbol{d}$ から, つぎのように計算される.

$$Co_f = \frac{\|\boldsymbol{F}\|}{\|\boldsymbol{S}_f\| \|\boldsymbol{d}\|} \delta t \tag{3.2}$$

質量流量が与えられた場合は, 局所的な面中心クーラン数は, 密度場を用いて計算される.

$$Co_f = \frac{\|\boldsymbol{F}_\rho\|}{\rho_f \|\boldsymbol{S}_f\| \|\boldsymbol{d}\|} \delta t \tag{3.3}$$

ここで, $\boldsymbol{F}_\rho$ は面中心の質量流量である. 面中心のクーラン数が計算されれば, 時間ステップの逆数は式 (3.1) を使って計算される. 面中心場 ϕ_f について, 面中心の時間ステップの逆数は, 1 次精度の時間微分項を計算するために使われる.

$$\delta t_{fCo}^{-1}(\phi_f^n - \phi_f^o) \tag{3.4}$$

時間スキームはほとんどの場合, セル中心フィールドを用いるので, セル中心での時間ステップの逆数の値は, 面上の最大値として計算される.

$$\delta t_c^{-1} = \max_f(\delta t_{fCo}^{-1}) \tag{3.5}$$

これは, つぎのようにセル中心フィールド ϕ_c の時間微分項を計算するために使われる.

$$\delta t_{cCo}^{-1}(\phi_c^n - \phi_c^o) \tag{3.6}$$

時間ステップの逆数 δt^{-1} の領域を局所的に計算したフィールドを用いて求めることで, 時間微分項が局所的に求められる. 局所的なクーラン数に基づいて時間微分

項を局所的に見積もることで，より大きな時間ステップが，そこでのクーラン数が
より小さい流れ領域の部分に適用できる．したがって，シミュレーションのスピー
ドが増す（数値計算はこれらの領域では作為的に速く進む．なぜなら，そこの流れ
の変化はほかより小さいと考えられるからである）．局所的なクーラン数に基づく解
の数値的安定性が増すので収束は強化される．

backward

このスキームまたは2次精度の後退差分スキーム (BDS2) では，2次精度で時間微分
項を収束させるために，現在と現在から2ステップ前までの時間ステップのフィー
ルドを用いる．微分は，2ステップ前までの時間ステップのフィールドについての，
現在の時間を原点としたテイラー級数展開を使って計算される．

$$\phi^o = \phi(t - \delta t) = \phi(t) - \phi'(t)\,\delta t + \frac{1}{2}\,\phi''(t)\,\delta t^2 - \frac{1}{6}\,\phi'''(t)\,\delta t^3 + \cdots \quad (3.7)$$

$$\phi^{oo} = \phi(t - 2\delta t) = \phi(t) - 2\phi'(t)\,\delta t + \frac{1}{2}\,\phi''(t)\,4\delta t^2 - \frac{1}{6}\,\phi'''(t)\,8\delta t^3 + \cdots \tag{3.8}$$

式 (3.7) を4倍して，それから式 (3.8) を引くと，セル中心フィールド ϕ_c の時間微
分項を BDS2（2次精度の後退差分スキーム）で離散化したものが得られる．

$$\phi'_c \approx \frac{\frac{3}{2}\,\phi_c - 2\phi_c^o + \frac{1}{2}\,\phi_c^{oo}}{\delta t} \tag{3.9}$$

過去の値を使う微分計算は，OpenFOAM においては，ユーザのコードで過去の
フィールド値とメッシュ値を格納することなく計算される．すべての体積と面中心
のフィールドは，前ステップ (o) と前前ステップ (oo) の値から自動的に値を得るこ
とができる．したがって，メッシュそのものも，より高次の時間離散化に必要な情
報を保存することができる．時間微分は，o と oo のフィールドの値は知られている
ので，陽的に計算できる．交代差分スキームは，2次精度の時間微分を計算する．実
際に実行する場合には，時間ステップの可能な調節を考慮に入れ，セル中心フィー
ルドの微分を以下のように計算する．

$$\phi'_c \approx \frac{c_t\phi_c - c_{t^o}\,\phi_c^o + c_{t^{oo}}\,\phi_c^{oo}}{\delta t} \tag{3.10}$$

ここで，各係数 c は，以下のように定義される．

$$c_t = 1 + \frac{\delta t}{\delta t + \delta t^o} \tag{3.11}$$

$$c_{t^{oo}} = \frac{\delta t^2}{\delta t^o(\delta t + \delta t^o)} \tag{3.12}$$

$$c_{t^\circ} = c_t + c_{t^{\infty}} \tag{3.13}$$

二つの連続する時間ステップの間隔が等しい場合，これらの係数 c は，一定の時間ステップ間隔を用いる離散化の場合と同じ値になる．式 (3.9) と比較されたい．

■ gradSchemes

gradSchems は，どの勾配計算スキームをソルバで定義された項に用いるかを決定する．実際に，勾配スキームの選択がよりよい解を与えるという多くの例がある．たとえば，勾配は二相流のシミュレーションで表面張力を計算するために使われ，表面張力が引き起こす流れにおいて重要な役割を果たす．急な勾配がある場合や異なるメッシュトポロジーが用いられる場合（たとえば 4 面体メッシュ），より多数のセルにまたがるステンシル（補間関数に相当するもの）を使った勾配スキームはよりよい解を与える．

OpenFOAM で利用可能な勾配スキームは，以下のとおりである．

- Gauss
- cellLimited
- cellMDLimited
- edgeCellsLeastSquares
- faceLimited
- faceMDLimited
- fourth
- leastSquares
- pointCellsLeastSquares

これらのうち，Gauss, cellLimited, pointCellsLeastSquares の 3 種類について詳しく説明する．

Gauss

これは，勾配項，移流（対流）項，ラプラシアン（拡散）項の離散化スキームに最もよく使用される．これは第 1 章でも説明した．このスキームでは，セル中心の勾配を計算するために面中心値を用いる．

cellLimited

これは，標準的な勾配スキームの機能性を拡張する．これは標準的な方法で計算されたセル中心での勾配値のリミッタを計算し，このリミッタ $l\,(0 < l \leq 1)$ を用いた勾配値をスケールする．リミッタは，セル中心量 ϕ_c の最大値と最小値 $(\phi_{c\,\mathrm{max}}, \phi_{c\,\mathrm{min}})$

を使って計算され，以下のように面に隣接したセルを間接的に調べることで得られる．

$$\phi_{c\max} = \max_C(\phi_c) \qquad (3.14)$$

$$\phi_{c\min} = \min_C(\phi_c) \qquad (3.15)$$

ここで，ϕ はセル中心の量で，C はセル c に面で隣接したすべてのセルの集合である．一度面で結びついたセルのステンシルで最小値と最大値が見つかれば，最大値と最小値ともともとのセル中心の値 ϕ_c を使って，以下のように値の差が計算される．

$$\Delta\phi_{\max} = \phi_{c\max} - \phi_c \qquad (3.16)$$

$$\Delta\phi_{\min} = \phi_{c\min} - \phi_c \qquad (3.17)$$

これらの差は，ユーザが指定する係数 $k\ (0 < k < 1)$ に応じて増加させることができる．

$$\Delta\phi_{\max} = \Delta\phi_{\max} + \left(\frac{1}{k} - 1\right)(\Delta\phi_{\max} - \Delta\phi_{\min}) \qquad (3.18)$$

$$\Delta\phi_{\min} = \Delta\phi_{\min} - \left(\frac{1}{k} - 1\right)(\Delta\phi_{\max} - \Delta\phi_{\min}) \qquad (3.19)$$

係数 k を 1 とおけば，差の増加はないことに注意されたい．なお，上式の等号は，たとえば C 言語における代入演算の意味と考えていただきたい．

> **ヒント**　この節の式はセルとセルの連結性に依存し，さらにセル中心を基にしたステンシルを利用している．第 1 章で述べた理由から，実際の実行では，主セル－隣接セルアドレス指定を利用する．

　リミッタは最初 1 に設定されるが，k を使ったメッシュ面にわたるループで計算すると，値が更新される．このことが，最小・最大関数を，最小・最大値によって与えられる差と勾配から推定された差との比と比較する理由である．

$$\Delta(\phi_c)_{\mathrm{grad}} = \nabla\phi_c \cdot \boldsymbol{cf} \qquad (3.20)$$

ここで，$\boldsymbol{cf}$ は式におけるセルと面の中心をつなぐベクトルである．最小値や最大値と増分の差との比較は，リミッタ (l) を計算するのに使われる．

$$l = \begin{cases} \min\left(l, \dfrac{\Delta\phi_{\max}}{\Delta(\phi_c)_{\mathrm{grad}}}\right) & (\Delta\phi_{\max} < \Delta(\phi_c)_{\mathrm{grad}} \text{ のとき}) \\[3mm] \min\left(l, \dfrac{\Delta(\phi_c)_{\mathrm{grad}}}{\Delta\phi_{\min}}\right) & (\Delta\phi_{\min} > \Delta(\phi_c)_{\mathrm{grad}} \text{ のとき}) \end{cases} \qquad (3.21)$$

　セル中心で最終的に勾配が決定すると，標準スキームによって計算された勾配は，リミッタでスケールされる．

$$\nabla\phi_c = \nabla\phi_c \cdot l \tag{3.22}$$

pointCellsLeastSquares

　これは，勾配を計算するためのより大きなステンシルを与える．それは，対象としているセルに隣接し，セル面ではなく点を横切る隣接するセルを導く．非構造化 6 面体メッシュでは，このステンシルは 3^3 個のセルを含む．OpenFOAM で実装されている数値計算スキームは **2 次精度**で収束するが，流れ領域で鋭い不連続が存在するとき，**絶対精度**は数値計算による近似における別の非常に重要な点である．より大きなステンシルを用いると，このスキームはより小さな絶対誤差で勾配を計算する．セル中心点 $\boldsymbol{x}_c$ のまわりで ϕ の 1 次までテイラー展開すると，つぎのようになる．

$$\phi(\boldsymbol{x}) = \phi_c + \nabla\phi_c \cdot (\boldsymbol{x} - \boldsymbol{x}_c) + O(\|\boldsymbol{x} - \boldsymbol{x}_c\|^2) \tag{3.23}$$

三つの未知変数，つまり勾配 $\nabla\phi_c$ の各成分を計算するために，三つの値が必要である．最小自乗勾配は，勾配が隣接するセルに対して計算されるセル中心からのテイラー級数展開（式 (3.23)）を含む．展開の項数はセルのステンシルの大きさに直接に比例する．2 次元の三角形メッシュでは，勾配は面に隣接したステンシルのまわりの三つのセルから直接に計算される．しかし，ステンシルでより多くのセルを取り込むと，勾配の絶対精度が向上する．三つ以上の点の値が与えられたとき，その系は過剰決定系になる．したがって，勾配はつぎのように定義される自乗勾配誤差の最小化を利用して計算される．

$$E = \sum_{cc} w_{cc}^2 \, E_{cc}^2 \tag{3.24}$$

ここで，cc はステンシルの上のセルで，w_{cc} は対象とするセルとステンシル上のセルに関連する重み係数である．通常，二つのセルの距離の逆数を重み係数として扱い，E_{cc}^2 は，そこから勾配がステンシル上のセルに対して計算されるセルからのテイラー展開の自乗誤差である．

$$E_{cc} = \frac{1}{2} \sum_{i,j=1}^{3} (\partial_i \partial_j \phi_c) \cdot (\Delta x_i \Delta x_j) \tag{3.25}$$

（ここで，∂_i は ∇ の第 i 成分である．）

　代数的操作を行い (Mavriplis (2003))，自乗誤差を最小化した結果，勾配要素の線形代数方程式系が得られる．系の次元が 3×3 なので，各セルに対して線形代数方

程式系の大きさが集約され解かれる．また，その解は，係数行列が対称テンソルになることから，各セルに対して直接的に係数行列を反転することによって得られる．この勾配法を用いる理由を，図 3.3 に示す．そこでは，体積分率の勾配が標準的なガウス線形 (Gauss linear) 勾配法と pointCellsLeastSquares 勾配法によって計算されている．体積分率は，$6\,\mathrm{cm} \times 6\,\mathrm{cm}$ の領域中心に中心をもつ半径 $R = 2\,\mathrm{cm}$ の円内で定義され，30×30 個のメッシュで離散化されている (J. U. Brackbill, D. B. Kothe, Zemach (1992))．pointCellsLeastSquares による勾配計算では隣り合う点が含まれるので，ガウス線形勾配法と比較すると，円形液滴の勾配を**より一様**に計算している．隣り合う点を含めると，フィールドが急激な変化をする場合でも絶対精度が増す．

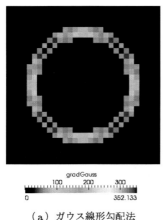

（a）ガウス線形勾配法　　　　（b）点セル最小自乗勾配法

図 3.3　円形体積分率の勾配比較

> **注意**　図 3.3 のフィールド例に示されるガウス勾配計算は，**非等方性メッシュ**の典型例であり，その計算は座標軸に関する面の方向に強く依存する．

> **練習**　練習として，メッシュ上で急激に変化する陽的な関数の勾配を計算し，各勾配法に対する誤差の収束を比較せよ．

■ divSchemes

divSchemes は，数学モデル内の任意の移流項を離散化するのに使われる．cavity-OscillatingU ケースの system/fvSchems ディクショナリを見ると，空間離散化ス

キームが，移流項で最もよく現れるのがガウスの発散定理を使うガウス離散化法であることがわかる．第 1 章でガウスの発散定理が式 (1.5) の移流項の離散化過程の方法として示されている．その離散化スキームは代数方程式系を生成するので，FVM の基礎となり，その代数方程式系は，陰的項を含めるような構成を行ってもほとんど変化しないと考えられる．さらに，限定されたオプションが，求解のための反復アルゴリズムの間，定常状態や，$\nabla \cdot U = 0$ が厳密に満たされないような部分収束する解を含むシミュレーションに与えることができる．その場合，$\nabla \cdot U$ の項は，解の収束性を改善するために係数行列から取り除かれる．たとえば，発散項の離散化におけるそのような補正を用いて，定常状態ソルバである simpleFoam の収束率を増加させることができる．

■ laplacianSchemes

system/fvSchemes ディクショナリにおける laplacianSchemes のサブディクショナリは，ガウス離散化法 (Gauss discretization) および補間法 (interpolationScheme) から組み立てられる．ガウス離散化法は，ユーザが補間法以外に拡散（ラプラシアン）項の離散化を実行するための基本的な選択である．

■ interpolationSchemes

interpolationSchemes は，面中心値の補間法を変化させる．ガウス離散化法のようなさまざまな補間法が，たとえば，空間離散化スキームとともに選択可能である．一方，面上の値は，点上の値のペアからなるより大きな集合を使って補間される．このように，補間精度を上げ，ガウス離散化法を移流項，拡散項，勾配項へ面補間値を使って用いる．

OpenFOAM では，biLinerFit, blended, clippedLinear, CoBlended, cubic, cubicUpwindFit, downwind など非常に多くの補間スキームが選択可能である．補間スキームの多くは，移流項を離散化するために用いられる．ある数値計算スキームを適用すると，とくに移流される量が解領域で不連続をもつ場合，それに対応する数値計算誤差が移流項に発生する．たとえば，中心差分法 (CDS, linear) は解の数値不安定を引き起こし，風上差分法 (UDS, upwind) は移流されるフィールドを必要以上に作為的に平滑化することが一般的に知られている (Ferziger & Perić (2002), Versteeg & Malalasekra (1996))．結果として，さまざまな数値計算スキームが，より高次の補間をすることで，あるいはほかの補間スキームによって得られる値の組み合わせとして最終的な補間値を計算することで，元の計算スキームの負の効果を打ち消すために開発されてきた．

> **注意** ここまでたどり着くことのできた読者は，OpenFOAM に実装された離散
> 化・補間法を学ぶのを複雑にしている二つの点に気づいただろう．一つは非構造化
> メッシュによる複雑化，もう一つは数値計算法の背景知識の必要性である．しかし，
> OpenFOAM はモジュール化されているので，スキームの実装は非常に解読しやす
> く明快である．その結果，関心のあるユーザは，C++プログラミング言語の深い理
> 解がなくても，数値計算法の書籍と併用してスキームを実装することができ，独力で
> スキームを学ぶことができる．

3.3.2 ソルバコントロール (fvSolution)

数学モデルを離散化すると，代数方程式系 $Ax = b$ が得られる．この系は直接また
は反復法によって解かれる．Ferziger & Perić (2002) で指摘されているように，大規
模疎行列を解くときには，直接法の計算コストは非常に大きくなる．そのような行列
方程式を解く過程に関する，また，圧力-速度連成（カップリング）に関するすべて
の設定は，syetem/fvSolution ディクショナリで行われる．使用するソルバによっ
て，ファイルの中身は変化する．以前用いた icoFoam ソルバによるキャビティ流の
チュートリアルに対しては，fvSolution ディクショナリ中で以下のように事前に定
義される．

```
solvers
{
  p
  {
    Solver       PCG;
    preconditioner DIC;
    tolerance     1e-06;
    relTol        0;
  }

  U
  {
    Solver       PBiCG;
    preconditioner DILU;
    tolerance     1e-05;
    relTol        0;
  }
}

PISO
{
  nCorrectors   2;
```

```
    nNonOrthogonalCorrectors 0;
    pRefCell        0;
    pRefValue       0;
}
```

このディクショナリは，二つのおもなサブディクショナリ，すなわち solvers と PISO
を含む．solvers のサブディクショナリは，使用されるさまざまな**行列ソルバ**の選択
とパラメータを含むので，すべてのソルバに対して用意しておく必要がある．行列ソ
ルバと数学モデルを実装するソルバアプリケーションとを区別することは重要である．
2番目のサブディクショナリは，PISO によって圧力‐速度連成のアルゴリズムのため
に必要なパラメータを保存する．OpenFOAM においては，SIMPLE や PIMPLE の
ような，ほかの圧力‐速度連成アルゴリズムがある．それらは，fvSolution に存在
する，特定のアルゴリズム名をもったサブディクショナリを必要とする．

注 意

OpenFOAM には，solver applications と linear solvers の 2 種類のソル
バがある．solver applications は，シミュレーションを実行するエンドユーザによっ
て直接使用されるプログラムである．linear solvers は，シミュレーション過程の一部
として線形代数方程式系を解くために使用されるアルゴリズムである．通常，solver
applications は簡潔に「solvers」と名付けられる．これ以降，このよび名を solver
applications のために使うことにする．

■ Linear Solvers

対称行列や非対称行列のために，さまざまな行列ソルバがある．また，前処理プログ
ラムもあり，それらの動作原理は 1.3.4 項で議論された．上で述べた例では，圧力方程
式を解くために PCG が用いられ，行列は DIS を用いて前処理された．PCG や DIS は対
称行列のために使用できる．一方，運動量方程式のためには，非対称行列用の PBiCG
ソルバが前処理プログラム DILU とともに使用される．

どの行列ソルバに対しても，以下のパラメータが定義される．

tolerance

これは，ソルバの終了判定基準を定義する．もし一つの反復からつぎの反復への変
化がこの閾値を下回る場合，求解のプロセスは十分に収束したと判定され，停止す
る．たとえば，定常問題に対して定常状態シミュレーションを実行する場合，収束
性と正確さを向上させるために，tolerance を極めて小さくすべきである．一方で
非定常問題については，定常解は得られないので，tolerance を小さくしすぎては
ならない．

relTol

これは，ソルバの終了判定基準として，`tolerance` の相対値を定義する．0 以外の値を設定すると，`tolerance` の設定に優先して設定される．`tolerance` が連続する二つの反復間の絶対的変化を定義するのに対し，`relTol` は相対的変化を定義する．値を 0.01 とすると，連続する二つの反復間で，変化が 100% に達するまでソルバは反復を繰り返す．これは，非常に非定常な系のシミュレーションを行う場合や，`tolerance` の設定のために反復回数が非常に大きくなる場合に便利である．

maxIter

これは，オプションパラメータで，デフォルト値が 1000 である．ソルバを停止するまでの最大反復回数を定義する．

■ 圧力 - 速度連成

選択したソルバアプリケーションに応じて，さまざまな圧力 - 速度連成アルゴリズムがソルバに実装される．ソルバアプリケーションは，実装された圧力 - 速度連成アルゴリズムに対応して，`fvSolution` のサブディクショナリを読み込もうとする．

> **ヒント**　さまざまなアルゴリズムに関する詳しい背景情報については，Ferziger & Perić (2002) または Versteeg & Malalaselra (1996) を参照されたい．また，Open-FOAM wiki にも役に立つ情報が豊富にある．

さらに定義しなければならないパラメータがいくつかある．

nNonOrthogonalCorrectors

このパラメータは，メッシュの非直交性を修正するために使われる内部ループサイクルの回数を定義する．このパラメータは，たとえば，4 面体メッシュが使用される場合，または局所ダイナミック適応型メッシュが 6 面体メッシュに応用される場合に必要である．式を離散化するうえでの非直交性の影響の詳細については，Jssak (1996) や Ferziger & Perić (2002) を参照されたい．補正が陽的であるので，内部ループが導入される．各アプリケーションが誤差を減らすとはいえ，完全には除去できないので，内部ループは何度も行われる．

pRefPoint / pRefCell

これらどちらのオプションも，基準圧力が設定される空間位置を定義する．`pRefPoint` はメッシュ座標系でベクトルの形を取り，`pRefCell` は基準圧力が設定されるセルのラベルを与える．混相流については，各点は必ずどちらかの相に存在し，中間に

あってはならない．これらのパラメータは，圧力がどの境界条件でも固定されない
場合には必要である．

pRefValue

これは基準圧力値を定義し，通常ゼロである．

ある種の圧力–速度連成アルゴリズムまたはソルバでは，ほかにもパラメータが必
要になる．ソルバが複雑になるほど，fvSolution の中にはより多くのオプションが
用意されていなければならない．通常，ソルバのチュートリアルには，ケースを実行
するための十分な情報がある．

▌3.4　ソルバ実行とランコントロール

ソルバを実行することは Linux のコマンドを打ち込むのと同じく簡単である．つま
りコマンド名を入力し，エンターキーを押すだけである．大まかにいえば，ソルバと
ほかの OpenFOAM ユーティリティは，ケースディクショナリ内で実行される．ほか
のディクショナリからソルバを実行するには，-case パラメータをソルバに渡し，そ
の後に続けてケースまでのパスをソルバに渡す必要がある．キャビティ流のケースを
icoFoam ソルバでシミュレーションするには，つぎのようなコマンドを入力する．

```
?> icoFoam
```

メッシュの大きさに応じて，このコマンドによってシミュレーションが実行される時
間ステップと全計算時間は，通常の ls や cp コマンドと比べて著しく長くなる．さら
に，端末に出力される情報は膨大で，端末が閉じられるやいなや消えてしまう．した
がって，ソルバを実行するためのコマンドは，以下のように追加される．

```
?> nohup icoFoam > log &
?> tail -f log
```

nohup コマンドは，シェルウィンドウが閉じられる場合，またはユーザがログアウト
する場合でも，ジョブの実行を続けるようにシェルに指示する．画面にすべてを映し
出す代わりに出力は log という名のファイルに書き込まれ，ジョブはバックグラウン
ドで実行される．ジョブがバックグラウンドで実行され，すべてが log ファイルに出
力されるので，log ファイルの末端部分を画面上に映し出すために tail コマンドが
使用される．パラメータとして -f を渡すことによって，ユーザがコマンドを止めるま
で log ファイルは更新（データ追加）される．実行しているジョブの最新の情報を得
るためのほかのオプションは，pyFoamPlotWatcher を使うもので，どんな log ファ

イルも構文解析し，そこから gnuplot ウィンドウを生成する．これらのウィンドウは
自動的に更新され，残差プロットを含むので，シミュレーションをモニタするために
便利である．

　バックグラウンドでソルバを手動で実行し，出力を log ファイルに出すこととは対
照的に，foamJob スクリプトをつぎのようにして使うことができる．

```
?> foamJob icoFoam
```

foamJob スクリプトは，OpenFOAM のジョブをただ一つのコマンドで実行できるの
で，極めて強力である．foamJob のいくつかの特徴についてはつぎの項で説明する．

▍3.4.1　controlDict のコンフィギュレーション

　各ケースは，データに関するすべてのランタイムを定義する system/controlDict
ファイルをもっている．それは，ソルバを停止する時間，時間ステップ幅，ケースディ
レクトリに出力される時間間隔と方法を含む．このディクショナリの内容は，ソルバ
のランタイムの間に自動的に再読され，それによってシミュレーションが実行される
間に変更される．

　パラメータとパラメータの組み合わせについての説明は，OpenFOAM User Guide
(2013) で包括的にされているので，本書では行わない．しかし，以下の二つのパラ
メータについては本書の後半で参照されるので，ここで詳しく説明しておく．

writeControl

　これは，データがいつハードディスクに書き込まれる（保存される）かを示す．最
も一般的なオプションは timeStep, runTime, adjustableRunTime である．実際
の間隔は writeInterval で定義されるが，これはスカラー値のみを取る．簡単の
ために，以降ではこの間隔を n とする．

　timeStep を選ぶと，時間ステップ n 回ごとにディスクに書き込まれ，runTime
を選ぶと，n 秒ごとにケースディレクトリに書き込まれる．一般的に使用される最
後のオプションである adjustableRunTime で，n 秒ごとにディスクに書き込むが，
この間隔を正確に合わせるために時間ステップを調節する．したがって，適切に名
前を付けられた時間ディレクトリがケースフォルダにつくられる．

　デフォルト設定を使用すると，ディスクに書き込まれるデータ量は OpenFOAM
によって制限されない．とくに多くのユーザが同じ記憶装置にアクセスし，多くが
長時間計算を行う場合，ディスクはすぐにいっぱいになる．

purgeWrite

これは，上で言及した過度に記憶装置を使用する問題を回避するために利用される．デフォルトでは 0 で，データをディスクに残す時間ステップ数を制限しない．これを 2 に変えると，データがディスクに書き込まれるたびに，ディスクには最新の二つの時間ステップのデータだけを保存し，ほかの時間ステップのデータは削除するように，OpenFOAM に指示する．このオプションは，adjustableRunTime に設定された writeControl とともに使うことができない．

これらの標準的なパラメータに加えて，controlDict には，ランタイムの間ソルバにリンクし，関数オブジェクトを呼び出すカスタム・ライブラリもある．なお，関数オブジェクトについては第 12 章で述べる．

3.4.2　分割と並列実行

ここまでは，すべてのソルバは一つのプロセッサで実行されていた．CFD アルゴリズムの構造のおかげで，それらすべてのソルバはデータ並列で実行可能にすることができる．つまり，計算領域は多数の部分に分かれ，同じタスクが計算領域の各部分ごとに並列に実行される．それぞれの計算プロセスは隣のプロセスと通信し，関連データを共有する．今日のマルチコアアーキテクチャと HPC クラスタを使い，ワークロードを複数の計算ユニットに分配することにより，実行スピードを上げることができる．計算領域を分割することが，方法の数値的性質，すなわち整合性，有界性，安定性，保存性に影響を与えてはならない．OpenFOAM においては，データ並列化は非常にすっきりした方法で実現され，基礎となる FVM と密接に結びついている．実際に，第 1 章で示された方程式の離散化を工夫するために用いられた境界面は，同時にプロセッサ（プロセス）境界であってもよい．シミュレーションを並列に実行する前に，複数のプロセッサがシミュレーションに使われるように，計算領域を多くの副領域に分割しなければならない．

> ヒント　一つのプロセッサコアでソルバを実行することは，ソルバが「直列で」実行されるので，しばしば「直列実行」と称される．

並列実行の例として，isoFoam ソルバでキャビティ流のシミュレーションケースを，コンピュータの二つのコアに割り当ててジョブを実行することを考える．このためにはコンピュータが少なくとも二つのコアをもつことが前提となっていて，もし単一コアならば，シミュレーションは直列実行よりもかなり時間がかかるだろう．二つのコ

アを利用するために，データはそれら二つのコアに分散して割り当てられなければならない．

> **注意**
> OpenFOAM において，プロセス間通信 (IPC) を行い，非構造化メッシュで FVM を実行することは複雑な問題であるので，本書では取り上げない．

まず，以下のように icoFoam ソルバのキャビティ流のチュートリアルをコピーしてほしい．

```
?> cp -r $FOAM_TUTORIALS/incompressible/icoFoam/cavity $FOAM_RUN/
?> run
?> cd cavity
```

つぎのステップでは，計算領域を分割する方法で選択がなされる．OpenFOAM には，計算領域を分割するためのさまざまな方法がある．スコッチドメイン分割をこのチュートリアルでは使う．このドメイン分割のコンフィギュレーションは，ディクショナリファイル system/decomposeParDict に保存される．しかし，キャビティ流のチュートリアルケースは，デフォルトではこのファイルをもたない．OpenFOAM のチュートリアルのどこかにある任意の decomposeParDict を局所的なキャビティ流のケースのためにコピーするのがよい．

```
?> cp -r $FOAM_TUTORIALS/multiphase/interFoam/ras/damBreak/\
   system/decomposeParDict $FOAM_RUN/pitzDaily/system
```

decmposeParDict で最も重要な行は以下である．

```
numberOfSubdomains 4;
method          simple;
```

最初の行はいくつの副領域（またはプロセッサ）が使われるかを定義し，2 番目の行は領域を分割するために使用すべき方法を選ぶ．SIMPLE 法を利用することは実際のアプリケーションのためにはよい選択とはいえない．なぜなら，この方法では，領域を空間的に等しい面積に分割するからである．これは，プロセッサ間の境界も副領域間のロードバランシング（負荷分散）も最適化しない．片側が非常に密集しており，もう一方が非常に粗いメッシュを考えると，simple 法はそれを半分の体積に切り分け，有限体積を極めて偏った方法で副領域分割を構成する．もちろん，メッシュ中に有限体積のセル数が多いほど，シミュレーションに時間がかかる．プロセス間通信の時間増加は並列計算の能率を著しく下げる．

これを最適化するためのさまざまな自動分割方法がある．たとえば，プロセス間通

信のオーバーヘッドを最小化するようなプロセッサ境界の最適化などである．以下の
ように system/decomposeParDict の行を変更することにより，領域が二つの副領域
に分割され，スコッチ法を使うことができる．

```
numberOfSubdomains 2;
method          scotch;
```

領域分割をする前に，メッシュを生成しなければならない．この例では blockMesh を
利用したメッシュを用いる．一度メッシュが生成されると，decomposePar を使って
領域分割が実行される．

```
?> blockMesh
?> decomposePar
```

すると，二つの新しいディレクトリ processor0 と processor1 がケースディレクト
リに生成される．それぞれが副領域を含んでいて，メッシュ（processor*/ployMesh
ディレクトリ）とフィールド（processor*/0 ディレクトリ）である．並列でシミュ
レーションを開始する実際のコマンドは，MPI を使わないといけないので，直列のコ
マンドよりもいくらか長くなる．

```
?> mpirun -np 2 icoFoam -parallel > log
```

これは，icoFoam を並列で二つのサブプロセッサで実行し，後の評価のために log ファ
イルへ出力するような mpirun の実行である．mpirun の -parallel パラメータは非
常に重要である．なぜなら，それは二つのプロセッサをそれぞれに対応する副領域で
実行させるからである．もしこのパラメータが欠けていれば，二つのプロセッサの実
行は始まるが，両方とも全領域で実行され，それは冗長であるだけでなく，計算能力
の浪費である．

　シミュレーションが終了すると，副領域は一つの領域に再構成される必要がある．こ
のため，reconstructPar ツールは，デフォルトでそれぞれのプロセッサディレクトリ
からすべての時間ステップのデータを取り，それらを再構成する．reconstructPar
が引数 -latestTime で呼び出されると，最後の時間ステップのみが選択され，recon-
structPar に最新時間ステップのみを再構成するように命じる．これは，メッシュが
かなり大きく，再構成に多くの時間とディスク容量を消費する場合に役立つ．

　使用するプロセッサ数で実行時間を計るのがよいと思えるかもしれないが，副領域
に対する総セルの割合を過小評価することは通常よくない．そのプロセスは遅くなり，
利用可能なプロセッサの処理能力ではなく，プロセス間の通信がボトルネックになる
からである．並列シミュレーションの実行の加速率 s は以下で与えられる．

$$s = \frac{t_s}{t_p} \tag{3.26}$$

ここで，t_s と t_p はそれぞれ直列と並列の実行時間である．線形の（理想的な）加速は使用されたプロセッサの数 N_p に等しい．通常，プロセッサ間通信または局所的な副領域（前述した局所的計算）がボトルネックとなるので，加速はプロセッサ数 N_p よりも小さくなる：$s < N_p$．より多数のメッシュを含むシミュレーションでは，N_p と得られた値 s との差はより大きくなる．しかし，シミュレーションが実行されるアルゴリズムとアーキテクチャに特有の理由で，超線形加速 $s > N_p$ が見られる場合もある．

3.5 まとめ

本章では，CFD ワークフローのつぎのステップ，ケース設定とシミュレーションを実行する過程を取り扱った．これは，シミュレーションにおける初期と境界でのフィールド値の設定を伴い，さまざまなユーティリティで行われる．離散化と補間スキームは，OpenFOAM における有限体積法の本質的な要素である．それらは，最初にあるいはシミュレーション中にユーザによって選択される．OpenFOAM には多くの離散化および補間スキームがあるので，そのうちのいくつかしか取り上げておらず，すべてのスキームについての説明は，本書では扱わない．いくつかのスキームの数値計算の基礎に触れたが，そのすっきりとしたソフトウェアデザインのおかげ，関心のあるユーザは C++ プログラミング言語を深く理解しなくてもスキームがどのように動作しているかが理解できるだろう．最後に，いかにしてユーザが直列に，あるいは並列に流れのソルバを実行できるかを示した．

参考文献

[1] Brackbill, J. U., D. B. Kothe, and C. Zemach (1992). "A continuum method for modeling surface tension". *J. Comput. Phys.* 100.2, pp. 335–354.

[2] Ferziger, J. H. and M. Perić (2002). *Computational Methods for Fluid Dynamics*. 3rd rev. ed. Berlin: Springer.

[3] Jasak (1996). "Error Analysis and Estimation for the Finite Volume Method with Applications to Fluid Flows". PhD thesis. Imperial College of Science.

[4] Mavriplis, Dimitri J. (2003). *Revisiting the Least-squares Procedure for Gradient Reconstruction on Unstructured Meshes*. Tech. rep. National Institute of Aerospace, Hampton, Virginia.

[5] *OpenFOAM User Guide* (2013). OpenCFD limited.

[6] Stroustrup, Bjarne (2000). *The C++ Programming Language.* 3rd. Boston, MA, USA: Addison-Wesley Longman Publishing Co., Inc.

[7] Versteeg, H. K. and W. Malalasekra (1996). *An Introduction to Computational Fluid Dynamics: The Finite Volume Method Approach,* Prentice Hall.

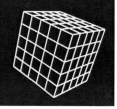

## 第 4 章

後処理，可視化，データ抽出

本章では，後処理，可視化，データ抽出の基本について説明する．OpenFOAM ツールについて議論するだけでなく，ParaView が，プログラム実行時（ランタイム）のデータサンプリングなど，さまざまなタスクで使用されることも述べる．

4.1 後処理

CFD 解析の後処理ステップは，有益な情報を CDF の解から引き出すタスクである．引き出されたデータは，画像，動画（アニメーション），グラフ，統計量などの形式をもっている．幸いにも，OpenFOAM はほとんどのユーザの要望に応える多くの後処理ツールを備えている．それらの後処理ツールのソースコードは，`$FOAM_UTILITIES/postProcessing` ディレクトリのさまざまなサブディレクトリに分類されて保管されている．

```
?> ls $FOAM_UTILITIES/postProcessing
dataConversion     lagrangian      patch    stressField
wall foamCalc      miscellaneous   sampling
turbulence graphics noise    scalarField      velocityField
```

後処理計算によっては現存のユーティリティでは直接に計算できないが，保管されたユーティリティを使った組み合わせて計算をすれば上手くいく．ほかの OpenFOAM ユーティリティと同様に，後処理アプリケーションはデフォルトで，シミュレーションケースの存在するすべての時間ディレクトリに作用する．時間と時間範囲は -time パラメータを渡すことで明確に選択され，計算終了時間は -lastTime パラメータで選択される．ワークフローシナリオの例の詳細を説明する前に，存在するいくつかの後処理ツールについて以下で述べる．すべての後処理ツールを本書で説明することはできないが，多くのユーザに有益ないくつかのアプリケーションについて説明する．

■ formCalc

最初に，`foamCalc` について説明する．これによって，取り扱うさまざまな流れ場に関する計算を実行することができる．全計算結果は対応する時間ディレクトリに新

しいフィールドとして保存される．一般的な構文はつぎのとおりである．

```
?> foamCalc <operation> <field> <arguments>
```

上の構文で，`<operation>` は実行する計算タイプを定義し，`<field>` は作用するフィールドを示し，`<arguments>` は特定の実行コントロールを与える．foamCalc を使用して実行されるさまざまな算術的・離散計算は，Foam::calcTypes のネームスペースの形式の中で定義される．-latestTime や -case のように OpenFOAM ユーティリティの多くに共通する追加的引数は，このユーティリティでも使用することができる．すべての calcTypes はつぎのとおりである．

```
?> ls $FOAM_SRC/postProcessing/foamCalcFunctions
Make            basic           calcType        field
```

この calcTypes によって，以下の算術的計算あるいはフィールド計算を実行する．

addSubtract

これは，既存のフィールドから値もしくは別のフィールドを追加または減算する．追加と減算の 3 例を（フィールドまたは定数を用いて）以下に示す．

```
?> foamCalc addSubtract T add -value 5000
?> foamCalc addSubtract T add -value 5000 -resultName Tnew
?> foamCalc addSubtract T subtract -field T0 -resultName Tnew
```

最初の例では，フィールド T に 5000 を加えていて，このフィールドの以前の値に上書きしている．存在するフィールドに上書きする代わりに新しいフィールドを書くためには，引数 -resultName を用いる．2 番目の例では，希望する新しいフィールド名をパラメータとしている．3 番目の例では，フィールド T からフィールド T0 を減算し，結果を Tnew に保存している．

components

これは，ベクトル場またはテンソル場の成分を別々に体積スカラー場に保存する．たとえば，速度場 U は以下の構文によって，三つの volScalarFields (Ux, Uy, Uz) に分けることができる．

```
?> foamCalc components U
```

div

これは，ベクトル場とテンソル場の発散を計算し，結果を新しいスカラー場またはベクトル場にそれぞれ書き込む．発散演算子の数値スキーム（たとえば div(U)）は，実行するために fvSchemes ディクショナリに存在していなければならない．最も

新しい時間の流れ場 U の発散は，以下によって計算される．

```
?> foamCalc div U
```

この結果は，`divU` という名前の新しい `volScalarField` として特定の時間ステップのディレクトリ内に保存される．

interpolate

これは，面中心にセル中心値を補間し，表面フィールドとしてその値を保存する．実際，これは面の中心フィールドに対しては動作しない．たとえば，`volVectorField` は面に対して補間され，`surfaceVectorField` として保存される．状況はスカラーとテンソルの階数（ランク）フィールドでも同様である．以下のコマンドは，面に対して温度場 T を補間し，`surfaceVectorField` のタイプである `interpolateT` として保存する．

```
?> foamCalc interpolate T
```

mag

これは，フィールドの大きさを計算するために使われる．スカラー値では，絶対値が計算され，ベクトル値では，ベクトルの長さが計算される．計算結果は古いフィールド名の先頭に `mag` のついた新しいフィールドに保存される．たとえば，速度場 U の大きさの計算では，以下のコマンドを実行すればよい．

```
?> foamCalc mag U
```

magGrad と magSqr

これらは，勾配の大きさと，フィールドの大きさの 2 乗を計算する．どちらの操作も計算結果を，`magGrad` または `magSqr` を古いフィールド名の先頭に付けた新しいスカラーフィールドとして書き込む．

```
?> foamCalc magGrad U
?> foamCalc magSqr U
```

randomise

これは，選ばれたフィールドに特定の撹乱の範囲内でランダムな値を加える．ほかの操作とは異なり，`randomise` という calcType は，フィールドのタイプによって選択され，具体的には，`vector`, `sphericalTensor`, `symmTensor`, `tensor` といった場に対して動作する．それぞれの場の各成分にはランダムな値を与える．以下は，速度場 U の各要素に ±10 の範囲内でランダムな撹乱を加える例である．

```
?> foamCalc randomise 10 U
```

■ yPlusRAS と yPlusLES

　乱流モデルを使用するシミュレーションでは，y^+ 値は，壁面近傍が十分に解像されているかどうか，また解像度が乱流モデルにとって正確な範囲になるかを確認するための重要な値である．この値が何を意味し，どのように計算されるかについては第7章で述べる．y^+ の後処理ツールのソースコードは，以下に示す場所に置かれている．

```
?> ls $FOAM_URILITIES/postProcessing/wall
wallGradU        wallHeartFlux      wallShearStress
yPlusLES         yPlusRAS
```

y^+ の値は，シミュレーション終了後に二つのツールのうち一つを使って計算される．一つは RANS を用いたシミュレーションで，もう一つは LES によるシミュレーションのためにある．どちらも -latestTime と -case という OpenFOAM の標準コマンドライン引数をもっている．y^+ の値は，yPlus とよばれる新しい volScalarField に保存される．

```
> yPlusRAS    # Execute for RANS
> yPlusLES    # Execute for LES
```

y^+ フィールドは，境界面でのみ計算され，wall タイプで，セルの中心値を 0 のままにしておかれる．新しく書き込まれたフィールド以外は，どちらの yPlus ツールも重要な情報を画面に出力する．この情報には特定の乱流モデルで用いられた係数，すべての壁境界パッチにおける y^+ の最小値，最大値，平均値が含まれる．

■ patchAverage と patchIntegrate

　これらの後処理ツールは，パッチにわたる平均値，積分値を計算するために用いられる．両ツールのソースコードは postProcessing ユーティリティのパッチサブディレクトリに置かれている．

```
?> ls $FOAM_URILITIES/postProcessing/patch
patchAverage    patchIntegrate
```

patchAverage

　これは，スカラー ϕ の表面の法線ベクトルの大きさ $|\boldsymbol{S}_f|$ で重みを付けた，つぎのような算術平均 $\overline{\phi}_f$ を計算する．

$$\overline{\phi}_f = \frac{\sum_f \phi_f \, |\boldsymbol{S}_f|}{\sum_f |\boldsymbol{S}_f|} \tag{4.1}$$

patchIntegrate

これは，パッチにわたるフィールドの積分値を計算する．この計算のためには，法線ベクトル $\boldsymbol{S}_f$ またはその大きさ $|\boldsymbol{S}_f|$ を用いる二つの異なる方法がある．どちらの結果ともコンソールに出力され，それぞれ，一つのベクトルと一つのスカラーを与える．

`patchAverage` は `volScalarField` のみを扱い，`patchIntegrate` は `surfaceScalarField` を入力として扱う．両方とも，コマンドラインで用いる場合は，以下のように，同じ引数が必要になる．

```
?> patchAverage <field> <patch>
?> patchIntegrate <field> <patch>
```

上のコードで，`<field>` と `<patch>` は，それぞれ作用すべきフィールドとパッチを表している．結果は，ケースディレクトリのどこにも保存されず，ただコンソールに出力されるのみである．結果を log ファイルに保存するためには，特別なユーティリティの出力にパイプ処理するとよい．

```
?> patchAverage <field> <patch> > patchAveResults.txt
?> patchIntegrate <field> <patch> > patchIntegrateResults.txt
```

`patchAverage` の使用を説明するために，以下のように，圧力場 p を pipe と名付けたパッチ上で平均してみよう．出力を最小化するために，計算を最後の時間ステップ，すなわち $t = 50\,\mathrm{s}$ に限定している．以下はコンソールへの出力結果を含む．

```
?> patchAverage -latestTime p pipe
Time = 50
    Reading volScalarField p
    Average of p over patch pipe[2] = 14.3067

End
```

■ vorticity

`vorticity` ユーティリティは，渦度場 $\boldsymbol{\omega}$ を速度場 $\boldsymbol{U}$ を用いて計算し，結果を `vorticity` と名付けられた `volVectorField` に書き込む．速度場の渦は，流れの回転の局所的な大きさと方向を表し，式 (4.2) で定義される．また，この操作は速度場の回

転として知られている．このユーティリティの最終的な出力は，計算された渦度場，渦度の大きさ，およびその領域中の最大値と最小値である．

$$\boldsymbol{\omega} = \left(\frac{\partial U_z}{\partial y} - \frac{\partial U_y}{\partial z}, \; \frac{\partial U_x}{\partial z} - \frac{\partial U_z}{\partial x}, \; \frac{\partial U_y}{\partial x} - \frac{\partial U_x}{\partial y} \right) \tag{4.2}$$

この後処理ユーティリティのソースコードは，`$FOAM_UTILITIES/postProcessing/velocityField/vorticity` に置かれている．

■ probeLocations

後処理中にある場所でフィールドのデータを探索（プローブ）する必要がある場合，`probeLocations` が選択ツールである．これまでに紹介した後処理ツールとは異なり，このツールは，入力ディクショナリ `system/probesDict` が必要である．それは二つのリストをもっていて，一つは探索するためのフィールド名，もう一つはフィールド値を探索するための空間位置である．

$[0, 0, 0]$ と $[1, 1, 1]$ の 2 点で圧力場 p と速度場 U を探索するために，`probesDict` は以下のようにコンフィギュレーションが行われる．

```
fields
(
  p
  U
);

probeLocations
(
  (0 0 0)
  (1 1 1)
);
```

とくに記述のない場合，フィールドは全時間にわたって探索され，出力ファイルはケースディレクトリ内の入れ子状のサブディレクトリ内に置かれる．最初のフォルダは `probes` という名で，サブフォルダ名はデータが最初に探索された時間ステップを示す．たとえば，探索によって集められた全圧力データはファイル `probes/0/p` に置かれる．データは，最初の列に時間が書かれ，つぎの列からフィールド値となるように整理される．このフォーマットは，`gnuplot` または `python/matplotlib` のような描画ソフトを使って処理することができる．以下は，圧力場の探索結果である．

```
#  x    0    1
#  y    0    1
#  z    0    1
```

```
#  Time
   0    0      0
   10   3.2323 2.2242
```

■ Example case studies

後処理ツールの可能な応用例として，2次元の NACA0012 水中翼を見てみよう．水中翼は深く沈み，一様な流入領域内に置かれているとする．レイノルズ数は $Re = 10^6$ である．NACA プロファイルの弦長は $c = 1\,\mathrm{m}$，動粘性係数は $\nu = 10^{-6}\,\mathrm{m^2/s}$，自由流の速度は $v = 1\,\mathrm{m/s}$ である．

このケースは，chapter4/naca のリポジトリにあり，ユーザのディレクトリに以下のようにコピーする．

```
?> cp -r chapter4/naca $FOAM_RUN
?> cd FOAM_RUN/naca
```

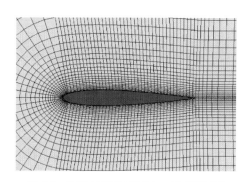

図 4.1　NACA0012 プロファイルの側面図

結果（図 4.1）を生成するために，チュートリアルで提供されている Allrun スクリプトを実行する．シミュレーション終了後に，NACA プロファイルの表面にわたる y^+ の分布が求められる．そのため，yPlusRAS をケースディレクトリで実行し，結果として生じる yPlus フィールドを ParaView を使って面上に可視化する．

yPlusRAS は $y+$ の最大値，最小値，平均値をコンソールに出力するが，平均値は yPlus フィールドを元にして別に再計算しなければならない．つぎのように patchAverage を使用すれば，これを正確に計算できる．

```
?> patchAverage yPlus FOIL
```

出力には出力オーバーヘッドや意味のないテキスト要素が含まれているので，そのままでは可視化に対応していない．grep コマンドを使って行の終わりの浮動小数点数の

みを検索すると，`patchAverage` コマンドの出力から平均が除去される．後の処理の
ために，平均はテキストファイル `yPlusAverage` にパイプ処理される．以下に示され
るコマンドによって，このことが実行される．

```
?> patchAverage yPlus FOIL | \
   grep -o -E '[0-9]*\.[0-9]+$' > yPlusAverage
```

別の実用的な後処理タスクは，x 方向の壁せん断応力の積分値と平均値を計算する
ことである．壁せん断応力そのものは `wallShearStress` により計算され，新しい
`volVectorField` が各時間ステップディレクトリに書き込まれる．それぞれのコマン
ドを単純につなげることで，ParaView を使用しなくても `wallShearStress` の平均
を計算することができる．

```
?> wallShearStress
?> foamCals components wallShearStress
?> patchAverage wallShearStess | \
   grep -o -E '(-|+)?[0-9]* \. [0-9]+$' > stressXAverage
```

▌ 4.2　データ抽出

　後処理ユーティリティ `sample` は，シミュレーションデータを抽出する使いやすい
方法である．魅力的なイメージを生成する可視化アプリケーションは数多くあるが，
`sample` は視覚的には若干魅力がなくても，定量的な解析にはより重要な役割を果た
す点で間違いなく優れている．たとえば，速度の大きさから境界層厚さを視覚的に推
定するのではなく，生の速度データあるいは補間した速度データから境界層厚さを予
測することができる．

　一般的に，`sample` は，データの 1 次元あるいは 2 次元表現を抽出するのに用いられ
る．そのために，さまざまな出力フォーマット，さまざまな幾何的なサンプルのエン
ティティがサポートされている．アプリケーションは `sampleDict` によってコンフィ
ギュレーションが行われ，`sampleDict` の一つの例がアプリケーションのソースコー
ドとともに提供されている．

```
?> ls $FOAM_APP/utilities/postProcessing/sampling/sample
Make sample.C sample.dep sampleDict
```

テキストエディタで `sampleDict` を開くと，`sample` ユーティリティのすべての利用
可能なコンフィギュレーションオプションが見つかる．利用可能なオプションは非常
に多く存在し，提供された `sampleDict` は非常によく記述されている．オプションは
わかりやすい方法で書かれている．`sample` では，フィールド名，出力フォーマット，

メッシュ集合，補間スキーム，表面など，多数のサンプリングパラメータを扱うことができる．

　多様なサンプリングパラメータがあるけれども，sample は，ユーザがどんなパラメータのサブセットを選んでも，常に同じ方法でデータサンプリング過程を処理してくれる．サンプリングされるフィールドは，fields の単語リスト内でフィールド名を与えることで選べる．メッシュのサブセット（サブディクショナリの集合）または幾何的なエンティティ（表面のサブディレクトリ）は，データのサンプリングを行う点の位置を決めるために使われる．データサンプル点がフィールドデータ（たとえば，セル中心あるいは面中心）をもつメッシュ点と一致しない場合，データはさまざまな補間スキーム（interpolationScheme パラメータ）を用いて**補間**される．補間されたデータは，ケースに固有の出力フォーマット (setFormat パラメータ) で保存される．

　1 次元データの抽出の例では，流れ領域と交差する直線を定義し，この直線に沿った速度場を抽出する．これは，通常，キャビティ流のケースで行われたように，たとえば，速度分布を抽出するために使用される．このようにして抽出された分布は，お好みのグラフソフトを用いて，ほかのデータセットと比較することができる．

　別の sample の応用例は，大規模シミュレーションケースで境界場の値を抽出することである．ParaView で全シミュレーションケースを開こうとする代わりに，sample は，問題としている境界パッチの値のみを抽出するのに使われる．sample を使った後処理の局所的なアプローチでは，データセットの大きさに応じて，必要な計算リソースを大幅に減らせる．

　どんなシミュレーションケースを使っても，sample ユーティリティを使ってシミュレーションデータを抽出する方法を確認できる．そのため，参考までに，ケースリポジトリの chapter4/risingBubble2D サブディレクトリにある 2 次元の上昇気泡のテストケースを選ぼう．そのケースで sample を使用するために，以下のように，シミュレーションを実行しなければならない．

```
?> blockMesh
?> setFields
?> interFoam
```

以降の項では，sample を用いる例を扱い，また，sampleDict ディクショナリファイルを操作する．

> **注 意**　例へと進む前に，すべての利用可能な sample のコンフィギュレーションオ
> プションを見るために，適当なテキストエディタで sampleDict を開き，sample の
> ソースコードを調べよ．

4.2.1　直線上の抽出

この例では，2 次元の気泡がシミュレーション領域の上壁に届いた後，気泡の幅を求
める．サンプリング（抽出）を行う直線は，気泡と交差する直線に沿って時間 $t = 7.0\,\mathrm{s}$
で alpha1 フィールドを抽出する．直線に沿って抽出するようにコンフィギュレーショ
ンが行われた sampleDict は，つぎのように示される．

```
setFormat raw;
interpolationScheme cellPoint;
fields
(
    alpha1
    p
    U
);
sets
(
    alpha1Line
    {
        type       uniform;
        axis       distance;
        start      (-0.001 1.88 0.005);
        End        (2.001 1.88 0.005);
        nPoints    250;
    }
);
```

データが抽出直線上で抽出される前に，setFormat オプションはファイルに書き込ま
れたデータのフォーマットを変更し，interpolationScheme オプションはどんなタ
イプの（もしそのタイプがあれば）値の補間が行われるかを規定する．抽出されるすべ
てのフィールドは，field リストに入っていなければいけない．この例では，alpha1
フィールドである．sets サブディレクトリは抽出すべき抽出直線のリストをすべて
含む．

alpha1Line のサブディレクトリのタイプエントリは，抽出されたデータがどのよ
うに抽出直線上に分布するかを決定する．ここでは，一様分布が用いられる．axis パ
ラメータは点の座標の書き方を規定し，distance は抽出直線上で最初の点から直線

に沿った座標点までの距離をパラメータとして出力をする．axis パラメータには，ほかに利用できるオプションがあり，たとえば xyz では，抽出点の絶対位置ベクトルがデータファイルの最初の列に書かれる．つぎに，抽出直線を与えるために，3 次元空間内で始点 start と終点 end を与えなければならない．この設定で nPoint は抽出点の数を決定する．

> **注 意** 抽出直線の位置は境界からいくらか離れるように調節することに注意する．一般に，抽出直線はメッシュ面と同一平面上にあってはならない．なぜなら，その場合，抽出直線がどのセルと交差するのかを決定できないからである．

sampleDict のコンフィギュレーションが行われると，sample は $t = 7\,\mathrm{s}$ で実行される．

```
?> sample -time 7
```

そして，新しいディレクトリがつくられ，その中に以下のファイルがつくられる．

```
?> ls postProcessing/sets/7
alpha1Line_alpha1_p.xy alpha1Line_U.xy
```

スカラーフィールド alpha1 と p は，同じファイルに保存される．一方，抽出されたベクトル速度場は，別のファイルに保存される．alpha1 フィールドの値は，プロットツールを用いて保存されたデータから，図 4.2 のように可視化される．

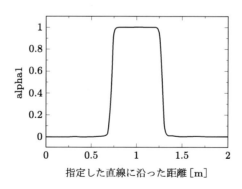

図 4.2 指定した直線に沿った alpha1 フィールドの抽出

> **ヒント** sample を実行する際に -time 7 オプションを省略したならば，すべての時間ステップに対して抽出が行われ，補間された結果は対応する XY データに保存される．

▌ 4.2.2　平面上の抽出

　平面上のデータ抽出は，ネットワーク経由でシミュレーションデータを転送するのに非常に時間がかかるような巨大な 3 次元のケースに対して有益である．平面上でsampleDict をセットアップする過程は，直線上の抽出のセットアップとよく似ている．surfaceFormat エントリのコンフィギュレーションを行い，抽出平面のリストを surfaces のサブディレクトリ内に与える必要がある．直線上の抽出と同様，メッシュ面と同一平面上の抽出は避けなければならない．interpolationScheme の集合があらかじめセル中心の流れのデータを平面上に補間するために用いられる．この種の sampleDict のセットアップは，つぎのようになる．

```
interpolationScheme cellPoint;

fields
(
    alpha1
    p
    U
);

surfaceFormat vtk;

surfaces
(
    // Sampling a plane
    constantPlane
    {
        Type            plane;
        basePoint       (1.0 1.0 0.005);
        normalVector    (0.0 0.0 1.0);
    }
);
```

VTK 出力フォーマットが表面のために選ばれ，表面のタイプは constantPlane サブディレクトリで plane に設定される．その平面は，点 (basePoint) と平面の法線ベクトル (normalVector) を使って定義される．

　可視化ツール (VTK) の平面を生成し，alpha1 データを抽出するために，sampleは chapter4/risingBubble2D ケースの最終時間のディレクトリで実行しなければならない．

```
?> sample -time 7
```

surface/7 サブディレクトリは, postProcessing フォルダでつくられ, 抽出された
データを含む.

```
?> ls postProcessing/surfaces/7
alpha1_fluidInterface.vtk p_fluidInterface.vtk U_fluidInterface.vtk
```

明らかに, フィールドが抽出されるとき, 同じ数の VTK 面が保存される. VTK フォー
マットに保存された面は, Open dialogue（対話的に Open 命令を入力すること）を
通して, ParaView で直接開くことで可視化される. 図 4.3 に, 抽出平面が抽出され
た alpha1 フィールドとともに示される. rising-Bubble2D ケースは 2 次元である
ので, この抽出例の結果は ParaView で cut フィルターを用いたときと同じである.

図 4.3　平面上での alpha1 フィールドの抽出

4.2.3　等値面の生成と等値面への補間

　データ抽出に加えて, sample ユーティリティは, 存在する流れのデータから等値面
を生成することができる. この例において, sample は, 気液境界面を示す等値面を生成
し, 圧力場をその上に補間するために用いられる. isoSurface タイプは, sampleDict
の surfaces サブディレクトリに置かれる.

```
interpolationScheme cellPoint;

fields
(
    alpha1
    p
    U
);

surfaceFormat vtk;
```

```
surfaces
(
    // Sampling an iso-surface
    fluidInterface
    {
        type            isoSurfaces:
        isoField        alpha1;
        isoValue        0.5;
        interpolate     true;
    }
);
```

そして，sample は $t = 7\,\mathrm{s}$ で実行し，等値面を抽出する．

```
?> sample -time 7
```

図 4.4 に，alpha1 $= 0.5$ の等値面を，補間によって求めた気泡にはたらく圧力ととも
に示す．

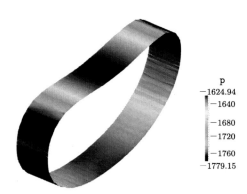

p
−1624.94
−1640
−1680
−1720
−1760
−1779.15

図 4.4　圧力 p によって色付けされた alpha1 $= 0.5$ の等値面

▌4.2.4　境界パッチの抽出

　sample は，平面上の抽出と直線上の抽出を行うだけではない．パッチ全体を抜き出
し，その上に任意の境界の流れ場を射影することもできる．かなり小規模の 2 次元シ
ミュレーションケースでもこの過程を示すために使えるが，パッチの抽出は，流れ領域
全体を取り扱うことが効率的でないような大規模なシミュレーションのケースではよ
り適している．この例では，risingBubble2D の上壁のパッチが抽出され，その上で作
用する圧力場が可視化される．適切にコンフィギュレーションを行った sampleDict
を用いると，以下のようになる．

```
interpolationScheme cellPoint;

fields
(
    alpha1
    p
    U
);

surfaceFormat vtk;

surfaces
(
    // Extracting a patch
    walls_constant
    {
        Type        patch;
        patches     ( top );
    }
);
```

抽出は，`risingBubble2D` の例のシミュレーションケースの最終時間ステップで実行される.

```
?> sample -time 7
```

`sample` ユーティリティは，シミュレーションケースディレクトリで `postProcessing/surfaces/7` サブディレクトリを生成し，その中に以下のファイルを含む.

```
?> ls postProcessing/surfaces/7/
alpha1_topPatch.vtk p_topPatch.vtk U_topPatch.vtk
```

そして，`fields` リストに挙げられた抽出されたフィールドごとに，一つのパッチ VTK ファイルが保存される.

▌4.2.5 複数集合と面の抽出

`sample` ユーティリティによってさまざまな集合と面の抽出が可能なので，`sampleDict` でそのような要素のリストを保存する. 実際に機能する `sampleDict` のコンフィギュレーションファイルが `risingBubble2D` シミュレーションケースのディレクトリに用意されている. これは本節で説明したすべての例のコンフィギュレーションを含んでいる. 付加的な機能が `sample` で必要となったときには，最初にアプリケーションソースコードをもつ `sampleDict` ディクショナリを調べるとよい.

▍4.3　可視化

　シミュレーション結果を可視化するために，可視化アプリケーション ParaView が使用されている．ParaView は，フィールドデータを可視化するために使用される高度なオープンソースアプリケーションであり，paraview.org/Wiki/ParaView に，使用する際に有益な多くの情報が掲載されている．重複を避けるために，本節では，OpenFOAM シミュレーションの結果を可視化するために必要な最低限の情報だけを述べる．

　ParaView によって，ユーザは可視化データの一連のフィルターを実行できる．フィルターにはさまざまな操作が備わっている．例としていくつか名前を挙げるならば，流線の計算，Glyph タイプによるベクトル場の可視化，等値面の計算，などである．また，提供されている OpenFOAM の後処理ツールの中には，複数点や複数直線からのデータ抽出などのように ParaView 内で再現できるものもある．

　バージョン 3.14 より，ParaView は OpenFOAM データをそのままの形で読み込み，データを直接表示するのに利用できるようになった．そのため，paraFoam を使った間接的な方法の必要性はない．OpenFOAM データをそのまま読み込む機能を利用するためには，.foam で終わるファイルがケースディレクトリに存在しなければならない．通常，このファイルはシミュレーションケースディレクトリと同様に名付けられるが，これはあまり重要ではない．

　以下で，ParaView の最も基本的な作動原理を理解するために，interFoam の rising-Bubble2D ケースを見てみる．このケースは chapter4/risingBubble2D の実例リポジトリで見つけられる．可視化データを生成するためには，まず，シミュレーションを実行しなければならない．

```
?> blockMesh
?> setFields
?> interFoam      # wait a little bit
?> touch risingBubbule2D.foam
```

最後の行は本節との関連で重要である．ここで，OpenFOAM のケースデータを ParaView によって開くために必要な，接尾辞 "foam" の付いた空のファイルがつくられる．最後に，ParaView がケースファイルを開くためにバックグラウンドジョブとして開始される．したがって，現ターミナルでコマンドを入力することができる．

```
?> paraview risingBubble2D.foam &
```

一度 ParaView が開始されると，図 4.5 に示されるように，risingBubble2D.foam ファイルが現れる．もしファイルが開かれなかったら，OpenFOAM ケースが，Open dialogue を通して，ParaVew ファイルのブラウザが `risingBubble2D.foam` ファイルを指し示すことによって開かれる．ParaView の GUI の左側で，読み込むべきメッシュの一部と，さまざまなフィールドを選ぶためのオプションが表示される．このウィンドウは Properties という名で，閉じてしまっても，View のドロップダウンメニューを使って再表示できる．Properties ウィンドウは図 4.5 に示される．

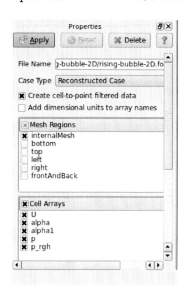

図 4.5　ParaView の Properties ウィンドウ

デフォルトでは，OpenFOAM ケースの内部メッシュとすべてのセル中心フィールドが可視化のために選ばれる．Properties ウィンドウで Apply ボタンをクリックすることによって選択すると，フィールドとメッシュが読み込まれる．可視化するフィールドの選択は，図 4.6 に示されるように，Properties ウィンドウの上部のパネルと Pipeline ブラウザを使用して行う．

図 4.6　ParaView フィールドと選択ディスプレイ形式

最初，メッシュは Solid Color の設定である．図 4.6 に示されるパネルの Solid Color タブをクリックすると，利用可能なフィールドのドロップダウンメニューが現れる．最初の時間ステップの alpha1 フィールドが図 4.7 に示されている．

フィルターを使ったフィールドの操作は，ParaView において非常に直接的な操作

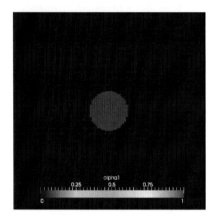

図 4.7 可視化された alpha1 フィールド

である．最もよく使用されるフィルターは，図 4.6 に示されるメインパネルの最下部
にあるボタンで示されている．ほかのフィルターは，メインパネルの Filters のロール
ダウンメニューで利用できる．さまざまなフィルターの使用を説明するドキュメント
は，ParaView コミュニティウィキページ (paraview.org/Wiki/ParaView) と公式ド
キュメントを含め，多くの場所にある．

　頻繁に使用されるフィルターの一つは，異なる二つの流体の境界面を可視化する
Contour フィルターである．Contour フィルターは，スカラーフィールドに基づいて，
指定されたフィールドの等値面を計測する．この場合，スカラーフィールドは alpha1
である．この操作は，実際 4.2 節で述べた isoSurface 抽出ユーティリティにかなり
類似している．このフィルターはメインメニューの Filters | Common | Contour
から選ぶことができる．スカラーフィールド alpha1 は，パラメータ Cotour と等値
面値 0.5 で選ばれなければならない．すべての設定が適切になされた後，Apply をク
リックすると 3 次元ビューの結果が示される．最後に，図 4.8 のように，XY 面上に
境界線が現れる．

　ParaView による可視化の興味深い点は，Selection Inspector を使ってフィー

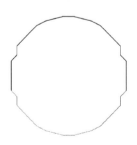

図 4.8 alpha1 フィールドの 0.5 等値面の可視化

ルドデータによってセルと点中心値の一方または両方を列挙できる点である．まず，"rising-bubble-2D.foam" が Pipeline ブラウザで選択されていることを確認する．つぎに，Selection Inspector ウィンドウで View -> Selection Inspector をクリックし，Invert Selection checkbox をチェックする．セルで示される数値が不明瞭になるのを防ぐために，Display Style のサブウィンドウで，不透過度の選択を 0 まで下げる．それぞれのセルで α_1 の値を表示するために，Display Style のサブウィンドウの Cell Label タブを選び，Label Mode のドロップダウンメニューから α_1 を選択する．Cell Label において表示される値のフォーマットが選ばれる．たとえば，"%.1f" は単精度 10 進数浮動小数点表示となる．図 4.9 は，ズームインされた α_1 フィールドをセル中心値とともに表示している．

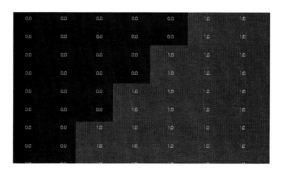

図 4.9 alpha1 フィールドの可視化された値

4.2 節で議論された sample ユーティリティではなく，ParaView を使って最上層のパッチから値を抽出することが可能である．パッチを抽出するために，内部メッシュだけでなく境界メッシュを，ParaView で読み込む必要がある．そのために，図 4.10 で示されるように，Properties ウィンドウの Mesh Regions パートにおいて最上層のパッチを選択する．最上層のパッチは Filter -> Alphabetical -> Extract Block フィルターを使い，Patches ブランチから最上層のパッチを選ぶことによって，残りのケースメッシュからのパイプライン操作によって分離することができる．

補間せずに直接このパッチのデータを描くためには，パイプラインブラウザで抽出されたブロックを選び，Filter -> Data Analysis -> Plot Data を選択する．表示ウィンドウ (View -> Display) で，動圧力 $p_r gh$ を選択し，シミュレーションの最後の時間ステップへジャンプする．結果のグラフを図 4.11 に示す．

本節では，ParaView による可視化アプリケーションのワークフローの最も基本的な内容を説明した．さらなる詳細については，インターネットや公式ドキュメントを参照されたい．

図 4.10　最上層の境界メッシュパッチの読み込み

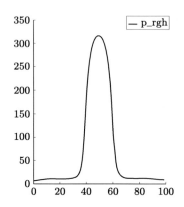

図 4.11　シミュレーション時間 $t = 7\,\mathrm{s}$ での
最上層の境界メッシュパッチの動圧

OpenFOAM によるプログラミング

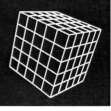

第5章
OpenFOAM ライブラリのデザインの概要

OpenFOAM という名称の FOAM の部分は，Field Operation and Manipulation の頭文字から来ている．前章で述べたように，関連しているフィールドの演算と操作は非常に複雑である．物理的量はテンソルの集合（CFD ではフィールドとよばれる）として表され，計算有限体積メッシュの形を取る流れ領域上に写像表現される．このような離散的なフィールドに対して陽的および陰的計算が実行される．フィールドの変化は PDE（偏微分方程式）によって記述され，その数値解は，通常，大規模で疎な線形代数方程式系に帰着される．PDE は，強連成方程式系である場合もあれば，一対の連成方程式系として単一の方程式を解く場合もある．連成方程式系の場合，圧力 - 速度結合アルゴリズムやブロック行列を解くための操作などの数値アルゴリズムを考慮する必要がある．新しいフィールド値を得るときに線形代数方程式系を解くために，通常は大規模行列に対して反復解法を用いる必要がある．

前述した FVM のすべての内容をソフトウェアのフレームワークに書き換えることが可能であるためには，選択されたプログラミング言語がさまざまな概念の抽象化をサポートしていなければならない．OpenFOAM においては，これらの概念とは，フィールド（場），有限体積メッシュ，アルゴリズム，行列，行列の記憶形式，ディクショナリなどである．この短いリストでさえ，要素がいかにさまざまな**抽象化レベル**を含んでいるかを示している．たとえば，フィールドとメッシュの概念は，ディクショナリデータ構造よりも高い抽象化レベルにある．抽象化のおかげでプログラマは，実装すべき概念に考察を限定できるだけでなく，より強く集中することで，関心のある分野のさまざまな概念の挙動をモデル化するためのソフトウェア要素を効率的に作成できる．このように，プログラマは，ソフトウェアシステム全体を考慮する必要がなく，一方の概念からもう一方の概念に移行するだけでよい．適切にモデル化された概念は，強い統一感をもち，お互いに緩やかに結び付いている．このことによって，それらは容易に拡張可能かつ交換可能であり，ソフトウェアシステムはよりモジュール化されている．たとえば，CFD における重要な概念として，流れ領域を離散化するために用いられる有限体積メッシュがある．

1.3 節と 2.1 節においてすでに説明したように，メッシュはさまざまな幾何学的およびトポロジー的なデータをもっている．さらに，さまざまな（しばしば複雑な）機能

が，そのデータを操作するうえで必要である．OpenFOAM と C++ プログラミング
言語における抽象化の例として，有限体積メッシュのデータとその関連する機能の両
方が，fvMesh クラスの中にカプセル化されている．このおかげで，プログラマはメッ
シュの観点から考えることが可能となり，それを生成するデータ構造や機能などの詳
細すべてを考慮しなくてもよい．そのような高レベルな抽象化の考え方により，メッ
シュ全体を一つの引数として使用するアルゴリズムを書くことができ，アルゴリズム
インターフェースがずっと理解しやすくなる．さもなければ，手続き型プログラミン
グにおいてよくあることだが，メッシュの特定のサブ要素を用いて動作するアルゴリ
ズムでは，数十の引数をもつことになってしまうだろう．抽象化がなければ，非常に
多くのグローバル変数が存在し，それらはさまざまなアルゴリズム（ルーチン）によっ
て操作され，プログラミングの流れの理解が非常に困難となるであろう．

> **注　意**　5.1 節では，OpenFOAM のソフトウェアデザインの概要を取り扱っている．
> 読者は，クラス，パラダイム，関数型プログラミングなどの用語に精通していると仮
> 定している．OpenFOAM は通常のソフトウェアフレームワークであるので，ソフ
> トウェア開発を学ぶことは，OpenFOAM を用いてどのようにプログラミングする
> かを学ぶ際に必要である．

　抽象化の高いレベルのプログラミングは，C++ プログラミング言語によってサポー
トされている．これは，手続き型で，オブジェクト指向で，汎用的で，最近では関数
型プログラミング・パラダイムでさえサポートするマルチパラダイム言語である．そ
のコードは読みやすいが，非常に高いコンピュータ処理効率を維持しており，非常に
多種多様なハードウェアプラットフォームをサポートしている．これらの点により，
C++ 言語は科学およびコンピュータのソフトウェア開発における一般的な選択肢と
なっており，OpenFOAM においても用いられている．

　OpenFOAM のさまざまな部分がどのようにデザインされて，互いに相互作用する
かについて理解するためのよい方法は，ソースコードを閲覧することである．ユーザ
がこれをより容易に行うために，OpenFOAM の公式リリースやアップデート版では，
ハイパーテキスト・マークアップ・ランゲージ (HTML) ドキュメントの作成サポート
が提供されている．HTML ドキュメントの作成は Doxygen ドキュメンテーションシ
ステムによって行われる．

5.1　Doxygen によるローカル・ドキュメントの作成

　本書の第 II 部においては，OpenFOAM の重要なクラスとアルゴリズムについて説明する．さまざまなチュートリアルを参照し，そこで，既存のクラスとアルゴリズムを使って，どのように OpenFOAM フレームワークを拡張するかを述べる．しかし，単一のドキュメント中でこのような大きなソフトウェアフレームワークのすべての部分を説明することは不可能である．生成された Doxygen ドキュメントにより，読者は問題になっているクラスに関する情報を迅速に見つけることができる．Doxygen ドキュメンテーションシステムは，ウェブブラウザを用いて閲覧できる HTML ドキュメントを生成し，これはリンクされた要素によってクラスやその関連ダイヤグラムの図を見るのに便利である．これは，クラスとアルゴリズムの間の相互関係を調べる際にとくに有用となる．HTML ブラウザ上で基底クラスへ向かうリンクをたどることは，テキストエディタを使いソースコードを閲覧するのに比べて，ほとんどの読者にとってはより効率的であるだろう．あるいは，OpenFOAM を用いて作業をする際に，ソースコード閲覧のサポート機能を利用して，**統合開発環境** (Integrated Development Environment, IDE) を使うことも可能である．OpenFOAM を学び始めるために，テキストエディタと Doxygen により生成されたドキュメントを推奨する．ただし，OpenFOAM での作業のために IDE を用意することは，それ自体 OpenFOAM の初級者にとって複雑な作業である．

　Doxgyen ドキュメンテーションシステムのための設定は，以下のコンフィギュレーションファイルにある．

```
$WM_PROJECT_DIR/doc/Doxyfile
```

統一モデリング言語 (Unified Modeling Language, UML) は，ソフトウェアプラットフォームのデザインを記述するためによく用いられる．Doxygen を用いて UML に対応したローカル・ドキュメントを生成するためには，`Doxyfile` において UML 関連タグを有効にする必要がある．UML ドキュメンテーションのコンフィギュレーションによって，プライベート属性，メンバ関数，およびその他の詳細を隠したり表示したりすることができる．

　ドキュメントを生成するために，`Allwmake` をフォルダ

```
$WM_PROJECT_DIR/doc
```

において実行する必要がある．一度 Doxygen がドキュメントを生成し終えたら，

```
$WM_PROJECT_DIR/doc/Doxygen/html/index.html
```

というファイルがウェブブラウザによって閲覧可能である．このページは OpenFOAM
のインストールについてローカルに生成された HTML ヘルプの最初のページである．

> **練 習**　ソースコードのみを用いて，tmp<Type> スマートポインタで使用されるク
> ラスの種類を見つけよ．
> [ヒント] Doxygen の検索ボックスに "tmp" を挿入し，リスト中の tmp で使用され
> る最初のクラスをクリックする．その後，ブラウザのタブで tmp.H を開いたまま，そ
> の基底クラスを調べる．

5.2　シミュレーションで使用する OpenFOAM の部分

この節では，シミュレーション実行中のユーザが遭遇する OpenFOAM のいくつか
の内容について説明する．なお，第 I 部の第 2，3，4 章で，本節のために必要な内容
が述べられている．

初期条件および境界条件の設定では，ユーザが自由に使えるようにかなりの柔軟性
があることは，第 3 章ですでに示している．追加コードをコンパイルすることなく，
シミュレーションケースの境界条件や，さまざまなシミュレーションのコントロール
パラメータを変更することができる．単純な英数字の読み取り可能なパラメータの入
出力操作は，実装するうえで複雑でも，困難でもない．しかし，境界条件の選定はそ
うはいかない．すなわち，特定クラスのオブジェクトが，**実行中にユーザによって定
義された読み込みパラメータ**（境界条件の型）に基づいて選択され，インスタンス化
される（オブジェクトが生成される）．シミュレーションを実行することで，ユーザは
OpenFOAM の以下の部分に直接的あるいは間接的に接触することになる．すなわち，
実行型アプリケーション（ソルバ，前処理ユーティリティ，後処理ユーティリティ），
コンフィギュレーションシステム（ディクショナリファイル），境界条件および数値演
算（離散化スキームの選択）である．

5.2.1　アプリケーション

実行型アプリケーションは，コマンドライン中あるいは GUI 経由でユーザによっ
て実行されるプログラムである．それらは，通常，"クライアントコード" とよばれる
ものに属しており，OpenFOAM のさまざまなライブラリを利用する実行可能なプロ
グラムがそれである．実行型アプリケーション（以降，アプリケーションと略す）は，
図 5.1 に示すようなディレクトリ構造に配置されている．アプリケーションフォルダ

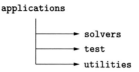

図 5.1　OpenFOAM におけるアプリケーションのカテゴリー

は，エイリアス app をコマンドラインで実行するか，またはアプリケーションディレクトリに切り替えることで，以下のように簡単にアクセスすることができる．

```
?> cd $FOAM_APP
```

　OpenFOAM におけるモジュール化デザインと高レベルの抽象化により，ユーザは容易に数学モデルを構築することができる．連立偏微分方程式系に対するさまざまな解法アルゴリズムも，OpenFOAM の高レベルな DSL を用いて直接的に実装することができる．結果として，ソルバアプリケーションの非常に幅広い選択が時間とともに使用可能となってきた．ソルバアプリケーションは，図 5.2 で示されているようなグループに分類される．

　また，test サブディレクトリの中には，多くのテスト用アプリケーションがある．たとえば，dictionary テストアプリケーションは，dictionary クラスのおもな機能をテストし，parallel および parallel-nonBlocking アプリケーションは，OpenFOAM において並列通信を抽象化するために用いられるコードを実装する．クラス / アルゴリズムがどのように動作するかを理解するのにライブラリソースコードを見るだけでは十分でない場合，テストアプリケーションのソースコードを閲覧することは非常に有益である．

> **ヒント**　テストアプリケーションは，特定のクラスやアルゴリズムに関する情報の非常に有益なリソースである．それらは，クラスやアルゴリズムがどのように使用されるべきかを示している．

5.2.2　コンフィギュレーションシステム

　コンフィギュレーションシステムは，コンフィギュレーション（ディクショナリ）ファイルからなる．ディクショナリファイルは，**ディクショナリ**（hash テーブル）とよばれる連想データ構造を構成するために用いられる分類された入力データからなる．このデータ構造は，(map) **キー**を**値**に関連付けるために，OpenFOAM においてよく用いられている．

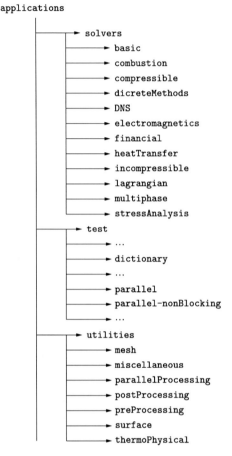

applications

- solvers
  - basic
  - combustion
  - compressible
  - dicreteMethods
  - DNS
  - electromagnetics
  - financial
  - heatTransfer
  - incompressible
  - lagrangian
  - multiphase
  - stressAnalysis
- test
  - ...
  - dictionary
  - ...
  - parallel
  - parallel-nonBlocking
  - ...
- utilities
  - mesh
  - miscellaneous
  - parallelProcessing
  - postProcessing
  - preProcessing
  - surface
  - thermoPhysical

図 5.2　アプリケーションのサブディレクトリ

　シミュレーションケースディレクトリの中で見られるさまざまなディクショナリファイルは，境界条件，補間スキーム，勾配スキーム，数値解法ソルバなど，コンフィギュレーションのためのさまざまなパラメータを含んでいる．さまざまな要素の選択とそれらの適切な初期化は，実行型アプリケーションの起動後に行われる．実行中に型を選択するプロセスはランタイム選択 (RTS) とよばれ，極めて少数のソフトウェアデザインパターンと言語イディオム（慣用的表現）が使用されている．RTS プロセスは非常に複雑であり，その説明はこの章では行わない．この時点では，それは OpenFOAM を**使用する際の柔軟性**のためのおもな構成要素であるということのみを知っておけばよい．

　型の定義とは別に，ディクショナリベースのコンフィギュレーションシステムは，シミュレーションのさまざまな物理的パラメータの設定を可能としている．

> **ヒント** コンフィギュレーションシステム自体は,単一のクラスとして実装されていて,抽象化された形をもっていない.このシステムは,**dictionary** および **IOdictionary** クラス,入出力 (IO) ファイルストリーム,RTS 機構の機能,幾何学的フィールドや **Time** クラスなどのクラスデザインによりサポートされている.

　たとえば,OpenFOAM におけるどのようなユーザ定義クラスも**実行時選択可能**とすることができる.さらに,クラス属性はシミュレーション中に修正することができ,ディクショナリファイルが修正されると同時にファイルは再び読み込まれ,クラス属性は新しい値に設定される.

> **ヒント** ディクショナリ中で定義されたパラメータは,それらが**修正されるのと同時に**は実行型アプリケーションの中で変更されない.通常,修正されたコンフィギュレーションファイルのチェックは **Foam::Time** クラスによって実行されるので,変更はつぎの時間ステップの最初に適用される.

5.2.3　境界条件

　1.3 節で述べたように,境界条件は離散的なフィールドに対して課せられ,独立したクラス階層として実装される.それらはクラスとして実装されるので,RTS 機構により,ユーザは実行時にディクショナリのエントリとして境界条件のタイプとパラメータを設定することが可能となる.境界条件は第 10 章で扱うため,この章ではこれ以上言及しない.

5.2.4　数値演算

　数値演算はソルバによって使用され,シミュレーションの方程式離散化を担当する.さまざまな種類の離散化手法,補間スキーム,あるいは同様のパラメータを選択するために,シミュレーションケースディレクトリの system/fvSchemes ディクショナリファイルを修正する際に,ユーザはそれらを利用することになる.さまざまな数値演算法はそれぞれ異なる特性をもち,それらを選択するには CFD に関する,さらに理想的には,数値計算法に関する理解が必要である.

　FVM の数値演算を担当する OpenFOAM の部分は,コンソールにおいてエイリアス foamfv を実行するか,適切なディレクトリに切り替えることで見つけることができる.

```
?> cd $FOAM_SRC/finiteVolume
```

数値演算は，モデル方程式を離散化するための**離散化微分演算子**で用いられる**補間ス
キーム**で構成される．

　CFD でよく用いられる離散化微分演算子は，発散 ($\nabla \cdot$)，勾配 (∇)，ラプラシアン
($\nabla \cdot \nabla$)，そして回転 ($\nabla \times$) などであり，陽的にまたは陰的に計算される．陽的な演
算結果は新しいフィールドを与える．陰的な演算結果は，**係数行列**を構成するために
用いられ，数学モデル方程式を離散化する．一方で，離散化微分演算子は，関数テン
プレートとして実装され，幾何学的なテンソル場によってパラメータ化される．微分
演算子のこの生成的な実装によって，さまざまな階数のテンソル場を微分するために
同じ関数名を用いて数学モデルを直接的に記述することが可能となる．演算子が関数
として実装されるので，さまざまな数学モデルを構成することは容易であり，異なる
関数呼び出しのシーケンスは異なるモデルとなる．OpenFOAM には同名の陰的およ
び陽的離散化演算子がある．たとえば，陽的発散と陰的発散である．名称の検索過程
でのあいまいさを避けるために，演算子は二つの **C++ ネームスペース**のもとで分類さ
れ，完全に限定された名称（陽的として fvc::，陰的として fvm::）を用いてアクセ
スされる．

　離散化演算子は，結果として生じるテンソルの階数を決定するためのクラス特性シス
テムを用いた，テンソルパラメータに対してテンプレート化された生成アルゴリズムで
ある．OpenFOAM における離散化の標準的な選択は発散定理に基づいており，演算子
による計算は離散化スキームにゆだねられる．自分自身の離散化スキームの開発に興味
のある方は，fvmDiv.C と convectionScheme.C ファイルを分析するとよい．両ファ
イルは，発散項が方程式の離散化においてどのように近似されるかを示す実装部分を含
んでいる．リスト 18 のソースコードは，対流スキームへ発散計算を適用するコードの
実装である．スキームは実行時に選択可能であるが，それらは，convectionScheme.H
で記述されたインターフェースに従わなければならない．そのような柔軟なデザイン
は以下のようにまとめられる．

- 演算子は，スキームに離散化を実行させる．
- スキームは，実行時に選択可能な階層を構成する．
- 新たな対流スキームを記述するためには，convectionScheme に基づいて，さら
  に RTS を追加する．
- 一度対流スキームが実装されたら，**いずれのソルバアプリケーションコードも修
  正する必要はない**.

関数テンプレートとして演算子を実装し，スキームにそれらを結びつけることは，

リスト 18　対流スキームの発散演算

```
return fv::convectionScheme<Type>::New
(
   vf.mesh(),
   flux,
   vf.mesh().divScheme(name)
)().fvmDiv(flux, vf);
```

多くの利点をもっており，既存のコードを修正することなく容易に拡張できるフレームワークを提供する．離散化メカニズムがどのように実装されるかの詳細については，本書の内容を超えているので，省略する．

　別の離散化演算子を実装するソースコードは，ディレクトリ $FOAM_SRC/finite Volume/finiteVolume のサブディレクトリ fvc と fvm の中にある．ディレクトリ fvc には**陽的な離散化演算子**の実装が格納されており，これは**フィールドを計算する**．ディレクトリ fvm には**陰的な離散化演算子**の実装が格納されており，これは**連立代数方程式の係数行列の集合**を生成する．

　実行はソルバアプリケーションによって行われるが，ユーザがソルバを修正して異なる方法で機能させると，ソルバコードとの相互関係が生じる．近年の OpenFOAM の公式リリースでは，ユーザがソルバコードを修正することなしにソルバの修正を考慮できるまでに拡張されている．これらの修正のよい例としては，ユーザがディクショナリファイル経由でコントロールできるアルゴリズムの修正（ブロック連成方程式），またはモデルの修正（保存形－非保存形離散化，ソース項）である．ソルバアプリケーションについて，および新しいソルバをどのようにプログラミングするかについての詳細は，第 9 章で解説する．シミュレーション結果を得るために標準のソルバが使われる場合，コードは，通常，ユーザによって修正されることはない．

> ヒント：コードの中に fvc::（有限体積計算法）演算子がある場合はいつでも，結果はフィールドとなる．fvm:: 演算子の場合には，結果は係数行列となる．

　OpenFOAM における高レベルの抽象化によって，ユーザは迅速に新しいソルバと解法アルゴリズムを書くことができる．OpenFOAM の高い抽象化レベルは，CFD プログラミング言語 (DSL) としてほぼ用いられ，**方程式の模倣**ともよばれる (Jasak, Jemcov & Tuković (2007))．たとえば，スカラー量（属性）T のスカラー輸送に対する数学モデルは，以下のようになる．

$$\frac{\partial T}{\partial t} + \nabla \cdot (T\boldsymbol{U}) - \nabla \cdot (k\nabla T) = S \tag{5.1}$$

式 (5.1) は，速度 U によるパッシブな移流，拡散係数フィールド k による拡散，ソース項 S からなるフィールド T の輸送を表している．関数テンプレートである離散化演算子はさまざまなテンソル場に作用するので，OpenFOAM ではスカラー場に対しては以下のモデル方程式を生成する．

```
ddt(phi) + fvm::div(phi, T)+fvm::laplacian(k, T) = fvc::Sp(T)
```

モデルを記述するコードは，離散化演算子 ddt，div，laplacian および Sp から構成される．

　補間スキームも OpenFOAM における数値演算の一種である．最もよく使われる補間スキームは，面中心値を結果として与える補間を用いて，非構造メッシュの主セル－隣接セルアドレス指定により構築される．これにより，図 5.3 のように示される補間スキームについてクラス階層のようなツリー構造が構築され，その根本の部分が surfaceInterpolationScheme である．

　ソフトウェアデザインの観点からは，補間スキームは，階層を構成するクラス中にカプセル化されている．いくつかのスキームは属性または機能性を共有しているので，クラス階層としてそれらを構成することは有意義である．この種の組織化の結果として，RTS 機構により，ユーザはシミュレーションの起動時（あるいは実行中）にさまざまな離散化 / 補間スキームを選択することが可能である．プログラムコードの再コンパイルは不要である．

5.2.5　後処理

　後処理作業は，シミュレーションの終了後または実行中に行うことができる．シミュレーションの終了後に後処理を行う場合，後処理アプリケーションを実行することになる．OpenFOAM には，**関数オブジェクト**を呼び出すことにより，シミュレーション実行中のデータを後処理するためのもう一つの個性的な方法がある．

　後処理アプリケーションは OpenFOAM とともに配布されるが，ユーザ自身によっても作成することもできる．

> **注 意**　後処理アプリケーションのプログラミングの前に，それがすでに存在しているかどうかを確認すること．OpenFOAM には，非常に多くの選択可能なユーティリティアプリケーションがある．

$FOAM_APP/utilities/postProcessing ディレクトリには，OpenFOAM とともに配布されたすべての後処理アプリケーションが，さまざまなグループに分類され

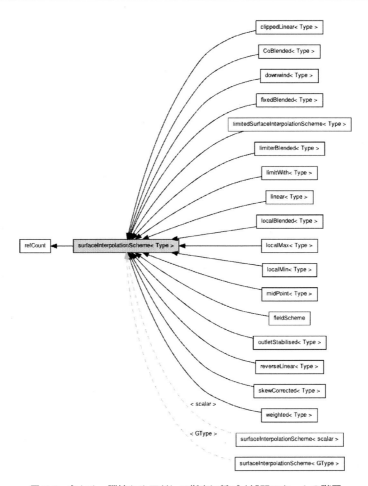

図 5.3 主セル‐隣接セルアドレス指定に基づく補間スキームの階層

て保管されている.

　$FOAM_APP/utilities/postProcessing ディレクトリとそのサブディレクトリ
は,図 5.4 に示すような既存の後処理アプリケーションを探すための出発点である.新
しいアプリケーションが必要ならば,ユーザの要求にぴったりと当てはまるアプリケー
ションが,このディレクトリ中のどこかにすでに存在している可能性が高い.後処理
アプリケーションは,通常,シミュレーション実行中に保存されたフィールドに基づ
く何らかの積分量を計算するために,あるいは流れ領域の特定の部分におけるフィー
ルド値を抽出するために用いられる.

　関数オブジェクトは,後処理アプリケーションと違って,シミュレーション実行中
に呼び出される.関数オブジェクトという用語は,C++言語の用語からきており,呼

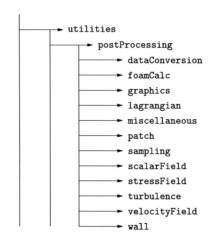

図 5.4　OpenFOAM におけるアプリケーションのカテゴリー

び出し演算子 operator() が実装されるために，**呼び出すことが可能なクラスである**ことを示している．関数オブジェクトは，基本的にクラス中にカプセル化された関数で，たとえば，実行後の状態についての情報を関数が保持する必要があるときに，便利である．

　たとえば，シミュレーションにおいて平均最大圧力を計算する関数オブジェクトは，その圧力の値が規定した値を超えた際に，シミュレーションを停止させることができる．そのような関数は，圧力の最大値にアクセスする必要があり，少なくとも，平均化を実行するためにこれまでに呼び出された回数を保持しておく必要がある．そのために，これら二つの属性は，関数オブジェクトクラスの中にカプセル化されている．OpenFOAM における関数オブジェクトについての詳細は第 12 章で述べる．

5.3　よく使用するクラス

　前節では，ユーザがシミュレーションの実行中に遭遇する OpenFOAM の部分について述べ，いくつかのクラスについて簡単に言及しただけであった．本節では，Open-FOAM において選択され，頻繁に用いられるクラスについてのより詳細な説明と，その最良の実行例について述べる．

5.3.1　ディクショナリ

　dictionary クラスは，おそらく OpenFOAM のユーザが最初に接触するクラスの一つである．ディクショナリクラスインターフェースはそれほど複雑ではないが，い

くつかの点については，初級ユーザには簡単でないかもしれない.

■ ディクショナリからのデータ読み込み

　ディクショナリエントリの値の読み込みは，ディクショナリクラスに関する作業の最も基本的なものである．`dictionary` クラスインターフェースには，データの読み込みのために用いられる複数の手段がある．通常，`lookupOrDefault` メソッドを用いる．その理由は，特定のディクショナリエントリへの読み出しアクセスを提供するだけでなく，エントリが見つからない場合には，そのデフォルト値を定義するからである．これにより，重要度の低い入力値の欠如によって生じる実行時エラーを回避することができる.

```
const dictionary& solution(mesh.time().solutionDict());
const word name(solution.lookupOrDefault<word>("parameter1"));
const vector vector1(solution.lookupOrDefault<vector>("vector1");
```

上記のコードに示されているように，`lookupOrDefault` には読み込みのためのパラメータ名だけでなく，それ以上のものが必要である．すなわち，ディクショナリで調べられるべきデータ型の名前をもつテンプレート引数が必要である.

■ 目次 (Table of Contents) へのアクセス

　目次には，与えられたディクショナリのサブディクショナリの名前が含まれている．以下の例では，`Foam::Time` クラスによって読み込まれた `fvSolution` ディクショナリファイルの目次にアクセスする.

```
const dictionary& fvSolutionDict(mesh.time().solutionDict());
Info<< fvSolutionDict.toc() << endl;
```

`toc()` メソッドについての応用例は，A クラスの任意の数のオブジェクトをインスタンス化することと，それらを List へ格納することである．それぞれのサブディクショナリには，その特定のクラスに対して必要とされる入力パラメータが含まれている．以下の非常に簡単なクラスを考えてみよう.

```
class A
{
  public:
      A(const dictionary& dict);
};
```

A クラスのオブジェクトは複数回構成することができるので，コンストラクタ引数はディクショナリファイル A の内容として保存される．以下の例において，ファイルは

シミュレーションケースの constant ディレクトリに保存される.

```
// Construct the dictionary with a file name argument.
const dictionary dict(fileName("constant/A"));

// Get constant access to it's table of contents.
const wordList& toc(dict.toc());

// Initialize a list of objects of type 'exampleType'
List<exampleType> myList(toc.size());

// Set the list of 'exampleType' objects equal to 'exampleType'
// objects initialized by the 'toc' sub-dictionary parameters.
forAll(myList, lI)
{
    myList[lI] = exampleType(diet[toc[lI]]);
}
```

練 習 上記のコード例において，exampleType 型に対して規定された要求は何か
答えよ.

■ サブディクショナリへのアクセス

ユーザインタフェースの開発に際して，サブディクショナリへのアクセスは，頻繁
に発生する．たとえば，constant ディレクトリ中にあるディクショナリ A が，以下
のデータを含んでいるとする.

```
axis   (1 0 0);
origin (5 10 15);
type   "modelA";

modelA
{
    name    "uniform";
}
```

最も簡単な形で modelA のサブディクショナリにアクセスするためには，以下のコー
ドでよい.

```
const dictionary dict(fileName("constant/A"));
const dictionary& subDict(dict.subDict("modelA"));
```

上の例のように，より便利な実装を提供することは常に望ましいことである．読み込
むディクショナリの名前をハードコーディングするのではなく，これによりユーザが

実行中に決定のできる方法で実行させることが可能となる.

```
const dictionary dict(fileName(constant/A"));
const word& type(dict.lookup("type"));
const dictionary& subDict(diet.subDict(type));
```

5.3.2 次元タイプ

次元タイプは,諸量に単位を付けるために使われる.これは,ほとんどの場合,scalar,vector,tensor 型についてである.それらは,テンソル数値演算に対して次元チェック機能を含めるように拡張されている.たとえば,速度 U と運動量 ρU は,ともにベクトルである.OpenFOAM における次元チェックは,クラステンプレート dimensioned<Type> により実装されている.

dimensioned<Type> は,ラッパー(アダプター)クラスで,テンソル演算処理をラップされたテンソル Type に,次元チェックをラップされた dimensionSet オブジェクトにそれぞれゆだねる.dimensioned<Type> クラステンプレートの算術演算子を調べることで,リスト 19 に示すような += 演算子の実装につながる.これは,二つの算術演算が実行されているように見え,一つは次元(単位)に対して,もう一つはテンソルの数値に対して実行される.dimensionSet クラスの算術演算子は次元チェックのプロセスを担当する.dimensionSet クラスの += 算術演算子のソースコードは,リスト 20 に示されている.これは,次元チェックがどのように実行されるのかを正確に判定するのに十分な情報を与えている.すなわち,互いに等しくない (!=) 次元集合に対して加算演算が実行されると,次元チェックで真が返され,プログラムの実行を中断する致命的エラーを発生させる.dimensionSet クラスは,リスト 21 で示すような物理単位の整数指数の集合としての次元を実装している.

リスト 22 に示すように,次元チェック演算子 != は,等値演算子 (==) によって実装されている.上で述べたチェックプロシージャは,動作している次元セットの次元にわ

リスト 19　dimensioned<Type> の += 算術演算子

```
template<class Type>
void Foam::dimensioned<Type>::operator+=
(
  const dimensioned<Type>& dt
)
{
  dimensions_ += dt.dimensions_;
    value_ += dt.value_;
}
```

リスト 20 dimensionSet の += 算術演算子

```
bool Foam::dimensionSet::operator+=(const dimensionSet& ds) const
{
    if (dimensionSet:: debug && *this != ds)
    {
        FatalErrorIn("dimensionSet::operator+=(
          const dimensionSet&) const")
          << "Different dimensions for +="<< endl
          << "  dimensions : " << *this << " = "
          << ds << endl << abort(FatalError);
    }

    return true;
}
```

リスト 21 dimensionSet の次元指数

```
//– Define an enumeration for the names of the dimension exponents
enum dimensionType
{
    MASS,                   // kilogram      kg
    LENGTH,                 // metre         m
    TIME,                   // second        s
    TEMPERATURE,            // Kelvin        K
    MOLES,                  // mole          mol
    CURRENT,                // Ampere        A
    LUMINOUS_INTENSITY      // Candela       Cd
};
```

リスト 22 dimensionSet の演算子 ==

```
bool Foam::dimensionSet::operator==(const dimensionSet& ds) const
{
    for (int Dimension=0; Dimension < nDimensions; ++Dimension)
    {
        if
        (
          mag(exponents_[Dimension] - ds.exponents_[Dimension])
        > smallExponent
        )
        {
            return false;
        }
    }

    return true;
}
```

たってループされる．このループを通して，次元指数間の差が，集合が等しくないと判断するほどに十分大きい ($>$ smallExponent) かどうかをテストする．smallExponent は，静的なクラス変数である．すなわち，

```
static const scalar smallExponent;
```

であり，これは倍精度スカラー定数 SMALL として 1e-15 の値で初期化される．

次元チェックを有効にするためには，$WM_PROJECT_DIR/etc/controlDict の中の dimensionedSet クラスにおいて，デバッグフラグを "on" に設定する．

```
DebugSwitches
{
    Analytical        0;
    APIdiffCoefFunc   0;
    ...
    dictionary        0;
    dimensionSet      1;
    mappedBase        0;
    ...
```

+= 演算子に対して示された結論は，別の次元化されたテンソル算術演算に対してもまったく同じである．ここで，次元チェックはデフォルトで起動されることに注意されたい．

練習 if ブロックが false と評価される場合，なぜ dimensionSet クラスの算術演算子 += は実際の算術演算を実行しないのか考えよ．

ヒント OpenFOAM における多くのクラステンプレートには，typedef（同義名）がある．C++プログラミング言語において，typedef キーワードを使えば，プログラマはより短く，簡潔な型名の定義が可能である．dimensioned<Type> の場合，名前の長さではなく，コードスタイルに重点が置かれている．dimensionedVector は，OpenFOAM アプリケーションレベルのコードでの型に対して用いられる**キャメルケース**（複合語の先頭を小文字で書き始める）の名前である．

dimensioned<Type> に対して最もよく使われる代替型名は，dimensionedScalar と dimensionedVector であり，それらは以下の例で用いられる．また，次元タイプは，これまでの記述から予想されるものよりもやや複雑な方法で構成されることに注意されたい．次元タイプは，テンソル値と次元集合よりむしろ，追加的パラメータとしての名前を要求する．たとえば，二つの dimensionedVector オブジェクトが以下

の方法で構成されるとしよう.

```
dimensionedVector velocity
(
    "velocity",
    dimLength / dimTime,
    vector(1,0,0)
);

dimensionedVector momentum
(
    "momentum",
    dimMass * (dimLength / dimTime),
    vector(1,0,0)
);
```

velocity および momentum dimensionedVector オブジェクトを初期化するために,あらかじめ定義された dimensionedSet オブジェクトがあることに注意されたい. すなわち, dimLength, dimTime, dimMass である. これらは定数のグローバルオブジェクトであり, ソースファイル dimensionedSets.C の中にある.

```
const dimensionSet dimless(0, 0, 0, 0, 0, 0, 0);
const dimensionSet dimMass(1, 0, 0, 0, 0, 0, 0);
const dimensionSet dimLength(0, 1, 0, 0, 0, 0, 0);
const dimensionSet dimTime(0, 0, 1, 0, 0, 0, 0);
const dimensionSet dimTemperature(0, 0, 0, 1, 0, 0, 0);
const dimensionSet dimMoles(0, 0, 0, 0, 1, 0, 0);
const dimensionSet dimCurrent(0, 0, 0, 0, 0, 1, 0);
const dimensionSet dimLuminousIntensity(0, 0, 0, 0, 0, 0, 1);
```

> **ヒント** 基本的な物理次元単位を使って複雑な単位(たとえば N = kg·m/s^2)を構成することになるので, コードの可読性を高めるためにユーザ自身の次元集合を定義する際は, 定義済みのグローバルな dimenisionSet オブジェクトを用いること.

次元タイプの計算に移り, つぎのように momentum に velocity を加算する.

```
momentum += velocity;
```

これは, プログラムの実行時に以下のようなエラーを生じることになる.

```
--> FOAM FATAL ERROR:
Different dimensions for +=
dimensions : [1 1 -1 0 0 0 0] = [0 1 -1 0 0 0 0]
```

```
From function dimensionSet::operator+=(const dimensionSet&) const
in file dimensionSet/dimensionSet.C at line 179.

FOAM aborting
```

> **ヒント** OpenFOAMにおける次元チェックのプロセスは実行時に行われる．結果として，次元の操作においてエラーを含むコードは，コンパイルされるが，動作しない．（OpenFOAMでの新たな数学モデルを開発する）読者のプログラムにおいて次元チェックが重要な役割を果たすならば，何度もプログラムを実行しテストすること．

> **練習** 上で述べたデバッグフラグを用いて次元チェックをオフにし，運動量と速度に対して加算を行え．

5.3.3　スマートポインタ

ポインタは，オブジェクトのメモリアドレスを記憶する特別な種類の変数であり，オブジェクトを効率よく参照するために用いられる．ポインタが引数として関数に渡される場合，あるいは結果として関数から返される場合，それらの操作は通常より実行時間が短くなる．C++では，**値**あるいは**参照**によってオブジェクトを渡すことが可能であるが，大きなオブジェクトに対しては参照のほうがより高速になる．参照ではデータがコピーされないので，メモリ使用の観点から，これはより速いだけでなく，より控えめでもある．大きなオブジェクトを値として返したり，関数の引数として渡したりすることは，ポインタのみで処理するのに比べて，計算コストが非常に高くなる．OpenFOAMにおけるポインタの応用についてのよい例は，補間アルゴリズムを実装した関数である．補間はフィールドに関して演算され，CFDではフィールドはCPUコアあたり数十万の成分をもつことがよくある．もし補間アルゴリズムを関数として実装するならば，この関数は二つの方法で必要とされるフィールドの結果を与えることになる．すなわち，オブジェクトとして結果を返す方法，

```
result = function(input)
```

あるいは，関数に非定数の参照として渡された結果の引数を修正する方法

```
function(result, input)
```

である．

　最初の選択肢は，離散化アルゴリズム（演算子）に対しては，それらがしばしば数学
モデルを構築するための演算式で構成されているので，好ましい．たとえば，以下のよ
うな interFoam ソルバから抜き出した運動量保存式のコードについて考えてみよう．

```
fvVectorMatrix UEqn
(
    fvm::ddt(rho, U)
  + fvm::div(rhoPhi, U)
  + turbulence->divDevRhoReff(rho, U)
);
```

フィールド rho，U，rhoPhi に作用する演算子の総和である結果は，係数行列 (fvVector-
Matrix) となる．結果として，上記コードから以下の点が満足されなければならない．

- fvVectorMatrix は，オブジェクトのコピーが可能である必要がある
- すべての演算子は，fvVectorMatrix を返さなければならない．
- fvVectorMatrix の加算演算子は，fvVectorMatrix を返さなければならない．

　もし演算子 ddt と div が修正可能なパラメータを取る関数として実装されている
ならば，数学モデルを記述すること（通常，**方程式の模倣**とよばれる）は容易ではな
い．関数によって返される行列は非常に大型であるので，値としてそれを返すことは，
一時的なオブジェクトを作成するというペナルティを導入することになる．ネイティ
ブに実装された OpenFOAM **スマートポインタ**を用いることで，OpenFOAM では，
コンパイラの最適化に依存しない陽的な方法により，不要なコピー操作が生じるこ
とを回避している．スマートポインタは補間関数の中で初期化され，値として返され
る．同様のことは，対流スキームなどの方程式の離散化に関係するほかの操作にも当
てはまる．たとえば，ガウスの対流スキームの fvmDiv 発散演算子がスマートポイン
タ (tmp<fvMatrix<Type>>) を初期化する様子を，リスト 23 に示す．その後，リス
ト 24 のように，係数行列内の要素を定義する計算を実行する．関数の最初で初期化さ
れた**スマートポインタ**は，以下のように値が返される．

```
return tfvm;
```

　有限体積行列 (tfvm) へスマートポインタを値として返すことで，**スマートポインタ
のコピー操作**をすることになる．しかしながら，スマートポインタのコピーと行列オ
ブジェクト全体のコピーとの間には顕著な差がある．すなわち，ポインタの値は，行
列全体そのものではなく，行列のアドレスにすぎない．このアプローチは，実装の効
率を大幅に高める．

リスト23 ガウス対流スキーム div 演算子で用いられるスマートポインタ

```
tmp<fvMatrix<Type> > tfvm
(
   new fvMatrix<Type>
   (
      vf,
      faceFlux.dimensions()*vf.dimensions()
   )
);
```

リスト24 ガウス対流スキームによる行列係数の演算

```
fvm.lower() = -weights.internalField()*faceFlux.internalField();
fvm.upper() = fvm.lower() + faceFlux.internalField();
fvm.negSumDiag();

forAll(vf.boundaryField(), patchI)
{
   const fvPatchField<Type>& psf =
     vf.boundaryField()[patchI];
   const fvsPatchScalarField& patchFlux =
     faceFlux.boundaryField()[patchI];
   const fvsPatchScalarField& pw =
     weights.boundaryField()[patchI];

   fvm.internalCoeffs()[patchI] =
     patchFlux*psf.valueInternalCoeffs(pw);
   fvm.boundaryCoeffs()[patchI] =
     -patchFlux*psf.valueBoundaryCoeffs(pw);
}

if (tinterpScheme_().corrected())
{
   fvm += fvc::surfaceIntegrate
         (
              faceFlux*tinterpScheme_().correction(vf)
         );
}
```

ヒント 不要なコピー操作の回避について，一般的に用いられる短い名称として，copy elision がある．copy elision は，C++プログラミング言語においてさまざまな方法で実行することができる．コンパイラの最適化（RVOと名付けられた戻り値最適化（Return Value Optimization）），表現テンプレート（ET），あるいは C++11 言語標準により提供された右辺値参照とムーブセマンティクス（プログラムとしての意味のある値を移動させる）を使う方法である．

　一般に，ポインタを使用する際，ポインタは，演算子 new を用いてヒープ（短期記憶領域）上に作成されたオブジェクトを指し示す．

```
someType* ptr = new someType(arguments...);
```

C++プログラミング言語では，自動的ガベージコレクション[†] が意図的にサポートされていないので，プログラマにリソースの解放の責任がゆだねられている．

　したがって，new 演算子のそれぞれの呼び出しには，対応する適切な delete 演算子の呼び出しが続く必要がある．もちろん，delete 演算子の呼び出しは，クラスデストラクタなどの適切な位置に配置されなければならない．これは，プログラマが単にポインタの削除を忘れてしまう可能性を広げることになり，結果としてメモリリークを生じることになる．別のエラー原因として，すでに削除されたポインタによって参照されるメモリ領域へのアクセスが，定義されない動作につながる．両方の問題は実行時に生じ，発見とデバッグが困難な悪名高い例である，よくあるエラー原因である．両方の問題を回避するために，生のポインタを直接取り扱うことは避けるべきである．C++においては，生のポインタの取り扱いは，リソースの取得と初期化 (Resource Acquisition Is Initialization, RAII) とよばれるイディオム（独特の表現）により置き換えられる．

　RAII イディオムでは，生のポインタはクラスの中にカプセル化される必要があり，そのデストラクタはコード中の適切な場所でポインタ削除とリソース解放を行う．そのようなクラスに生のポインタを適合させ，適合させた生のポインタにさまざまな機能を与えることが，いわゆる**スマートポインタ**の開発につながった．さまざまなスマートポインタが存在し，さまざまな機能をもっている．OpenFOAM は，そのようなスマートポインタとして，autoPtr と tmp の二つを実装している．

　例題のコードリポジトリの etc/bashrc コンフィギュレーションスクリプトの実行により環境変数を設定することで，$PRIMER_EXAMPLES_SRC/applications/test/ フォルダにおいて例題のアプリケーションコードが使用可能となる．次項において段階的に説明するチュートリアルを進めることに興味がある読者は，新しい実行型アプリケーション testSmartPointers を作成する必要がある．アプリケーションのためのスケルトン（骨格）ディレクトリを生成することが可能であるので，OpenFOAM において新しいアプリケーションを作成することは容易である．新しいアプリケーションを作成するためには，アプリケーションコードが置かれているディレクトリを選択し，以下のコマンドを実行すればよい．

　[†] ガベージコレクションとは，ヒープ領域に割り当てられたオブジェクトを削除することである．

```
mkdir testSmartPointers
cd testSmartPointers
foamNew source App testSmartPointers
sed -i 's/FOAM_APPBIN/FOAM_USER_APPBIN/g' Make/options
```

最終行は，アプリケーションのバイナリファイルを設置するディレクトリを，プラットフォームのディレクトリからユーザのアプリケーションバイナリディレクトリに書き換えている.

> **ヒント** 読者自身のアプリケーションを $FOAM_USER_APPBIN の中にビルド (build) することはよい練習であり，これには Make/options ビルドコンフィギュレーションファイルで指定すればよい.

> **注 意** この項では gcc コンパイラを用いている．テキスト中の特定のコンパイラフラグについて読むときにはこの点に注意すること.

■ autoPtr スマートポインタの使用

autoPtr がどのように使われるかを説明するために，新しいクラスを使用例について定義する必要がある．このクラスでは，そのコンストラクタとデストラクタが呼び出されるたびにユーザに通知するようにする．この例のために，このクラスは，基本フィールドクラステンプレート Field<Type> を継承し，infoField と名付けられる．コンパイラにより実施されるコピー操作について最適化はオブジェクトのサイズに依存しないので，ほかのどのようなクラスでも使用できる.

はじめに，infoField クラステンプレートは，リスト 25 のように定義される．クラステンプレートは，Field<Type> を継承し，以下が使用される.

- 空のコンストラクタ
- コピーコンストラクタ
- デストラクタ
- 代入演算子

これらの関数が使用されるたびに，Info ステートメントは標準出力ストリームへの特別の呼び出しを行う．これは，単にどの関数が実行されているかについての情報を得るために行われる.

リスト 25　クラステンプレート infoField

```
template<typename Type>
class infoField
:
    public Field<Type>
{
    public:

        infoField()
            :
                Field<Type>()
        {
            Info << "empty constructor" << endl;
        }

        infoField(const infoField& other)
            :
                Field<Type>(other)
        {
            Info << "copy constructor" << endl;
        }

        infoField (int size, Type value)
            :
                Field<Type>(size, value)
        {
            Info << "size, value constructor" << endl;
        }

        ~infoField()
        {
            Info << "destructor" << endl;
        }

    void operator=(const infoField& other)
    {
        if (this != &other)
        {
            Field<Type>::operator=(other);
            Info << "assignment operator" << endl;
        }
    }
};
```

例題を続けるためには，値をオブジェクトへ返すように，関数テンプレートを以下のように定義する必要がある．

```
template<typename Type>
Type valueReturn(Type const & t)
    {
    // One copy construction for the temporary.
    Type temp = t;

    // ... operations (e.g. interpolation) on the temporary variable.
    return temp;
    }
```

不要なタイピングを減らすために，例題において使われる型の名前を，以下のように短縮しておく．

```
// Shorten the type name.
typedef infoField<scalar> infoScalarField;
```

メイン関数において，以下の行が実装される．

```
Info << "Value construction : ";
infoScalarField valueConstructed(1e07, 5);

Info << "Empty construction : ";
infoScalarField assignedTo;

Info << "Function call" << endl;
assignedTo = valueReturn(valueConstructed);
Info << "Function exit" << endl;
```

Debug あるいは Opt オプションのどちらかを用いてアプリケーションをコンパイルし，実行すると，まったく同じ結果を示すことになるが，Debug オプションの場合はコンパイラの最適化が無効になる．この項の最初で述べたように，コンパイラは，一時的なオブジェクトが代入後に廃棄されるためだけに返されるという事実を認識する点で，非常に優れている．幾何学的なフィールドを用いないもう一つの利点は，この小さな例題アプリケーションを OpenFOAM のシミュレーションケースディレクトリの中で実行する必要がないことである．すなわち，コードを保存しているディレクトリで直接呼び出すことができる．アプリケーションを実行すると，以下のような結果が出力される．

```
?> testSmartPointers

Value construction : size, value constructor
```

```
Empty construction : empty constructor
Function call
copy constructor
assignment operator
destructor
Function exit
destructor
destructor
```

出力の各行を個別に調べ，valueReturn 関数コードと比較すると，興味深いことに**一時的な戻り値変数はまったく構築されなかった**ということが明らかとなる．関数は戻り値を**値として返す**ので，コピーコンストラクタには関数の return ステートメントが存在せず，対応するデストラクタの呼び出しも存在しない．この種の挙動は，コンパイラによって自動的に実行される copy elision 最適化によるものであり，これは Debug モードの場合でさえ存在する．この最適化を行わないためには，追加のコンパイラフラグを以下のように Make/options に追加すればよい．

```
EXE_INC = \
    -I$(LIB_SRC)/finiteVolume/lnInclude \
    -fno-elide-constructors

EXE_LIBS = \
    -lfiniteVolume
```

gcc コンパイラのフラグ -fno-elide-constructors は，コンパイラに対し，value-Return のような関数に対して重要となる最適化の実行を無効化させる．

> **注 意**
> wmake を実行する前に，wclean の実行を忘れないこと．wmake ビルドシステムは，Make/options ファイルへの修正を，再コンパイルが必要となるソースコードへの修正としては認識しない．

　上記のように定義された options ファイルを用いてアプリケーションをコンパイルし，実行すると，以下のような結果が出力される[†]．

```
?> testSmartPointers
  Value construction : size, value constructor
  Empty construction : empty constructor
  Function call
  copy constructor    # Copy construct tmp
  copy constructor    # Copy construct the temporary object
```

---

† #で始まるコメントは，著者らによって追記されたものである．

```
destructor        # Destruct the tmp - exiting function scope
assignment operator    # Assign the temporary object to assignedTo
destructor        # Destruct the temporary object
Function exit
destructor
destructor
```

この出力では，一時的なオブジェクトの不必要な作成と削除が示されている．関数か
ら戻って来た時点で，決まった場所で (inplace) オブジェクト生成を実行することに
より，一時的なオブジェクトのコピーが省略されるが，これはコンパイラの標準オプ
ションとなっている．Debug モードにおいてコンパイラフラグによって最適化を抑制
したときでさえ，この機能は無効化されないのが通常である．

```
-O0 -DFULLDEBUG
```

コンストラクタのコピーが最適化を省略することを無効にするためには，コンパイラ
フラグ -fno-elide-constructors を，Make/options 中で陽的に渡す必要がある．
　これまでの段落では，autoPtr がいつ，どのように使われるべきでないかについて
説明したのに対し，以下では，autoPtr の本来のいくつかのアプリケーションについ
て説明する．
　autoPtr の有効な使用法についての最も顕著な例のいくつかは，RTS を採用した
モデルの中にある．特定のクラスは，ディクショナリの中で指定されたキーワードに
よって，インスタンス化される．それらのモデルには，ソルバアプリケーションコー
ドにおける乱流モデルなどがある．RTS は非常に幅広く網羅されているが，簡単にい
えば，クラスのユーザに対し，クラス階層中の特定のクラスのオブジェクトを実行時
にインスタンス化することを可能としている．そのようにしてオブジェクトをインス
タンス化することで，基底クラスのポインタあるいは参照を経由して派生クラスのオ
ブジェクトにアクセスする C++の機能が有効化される．これは，通常，**動的多態性**と
よばれる．

> **ヒント**　上記の例は，一つの主要な目的を果たしている．それを示すために，名前付き
> の一時的なオブジェクトがとにかく返されるような表式中で，autoPtr スマートポイ
> ンタを使用する必要はない．現在のコンパイラでは，デバッグモード（OpenFOAM
> に対しては，これは $WM_COMPILE_OPTION を Debug に設定することを意味する）に
> おいてコンパイルするときでさえ，この最適化はデフォルトで有効化されている．

> **注　意**　本書の中で OpenFOAM により用いられる標準 C++言語のすべての詳細
> を取り扱うことは不可能である．見覚えのない C++の構成概念に遭遇したときはい
> つでも，それをインターネット上で調べることを薦める．

　乱流モデルは，通常，特定のソルバの `createFields.H` でインスタンス化され，
`createFields.H` は時間ループが開始される前にインクルードされる．それに関係す
る行は，以下のとおりである．

```
autoPtr<incompressible::RASModel> turbulence
(
    incompressible::RASModel::New(U, phi, laminarTransport)
);
```

明らかに `autoPtr` は乱流モデルを保存するために使われている．RASModel オブジェ
クトにアクセスするために生のポインタを用いたとすると，ソルバコードには生のポ
インタを削除するための別の行が必要となる．`autoPtr` はスマートポインタであるの
で，その削除は `autoPtr` デストラクタ中で実行される．生のポインタを使った方法に
ついてのコードを示すと，以下のようになる．

```
incompressible::RASModel* turbulence =
    incompressible::RASModel::New(U, phi, laminarTransport)
```

ソルバコードの最後では，以下のような行が必要となる．

```
delete turbulence;
turbulence = NULL;
```

もちろん，単一のポインタであるので，リソースを解放するための行を追加することは
問題ではないかもしれない．しかし，RTS は，輸送モデル，境界条件，離散化スキー
ム，補間スキーム，勾配スキームなどに使用される．それらのオブジェクトはどれも，
フィールドやメッシュのようなものに比べれば小規模であるので，値として返すとし
てもよいだろうか．効率の観点からは，その答えは Yes であり，とくに，戻り値の最
適化 (Return Value Optimization, RVO) を考慮することは現在のすべてのコンパイ
ラで実装されている．しかし，柔軟性の観点からは，動的多態性はポインタあるいは
参照経由でのアクセスに依存しているので，それを行う機会はない．実行時の高い柔
軟性を維持することは，ポインタあるいは参照に依存することを意味している．

ヒント 実行時のオブジェクト選択のために RTS を用いる場合には, autoPtr あるいは tmp を使用する必要がある.

以下の例において, autoPtr インターフェースと, コピーセマンティクスに基づく厄介な所有権について検討する. autoPtr は, それが指し示すオブジェクトをもっている. これは予想されることであり, スマートポインタがリソースの解放を担当することを RAII は要求しており, それゆえプログラマはそれを行う必要がない. その結果として, autoPtr のコピーの作成は複雑になる. autoPtr をコピーするには, オリジナルの autoPtr を無効にし, オブジェクトの所有権をコピー側に移さなければならない. これがどのように動作するかを見るために, 以下のコードの小部分のメイン関数について検討してほしい.

```cpp
int main()
{
    // Construct the infoField pointer
    autoPtr<infoScalarField> ifPtr (new infoScalarField(1e06, 0));

    // Output the pointer data by accessing the reference -
    // using the operator T const & autoPtr<T> :: operator()
    Info << ifPtr0 << endl;

    // Create a copy of the ifPtr and transfer the object ownership

    // to ifPtrCopy.
    autoPtr<infoScalarField> ifPtrCopy (ifPtr);

    Info << ifPtrCopy() << endl;

    // Segmentation fault - accessing a deleted -pointer.
    Info << ifPtr() << endl;

    return 0;
}
```

一度 autoPtr オブジェクトがコピーされると, 指し示されていたオブジェクトの所有権が移動することに気づくことが重要である. セグメンテーション違反が生じる行をコメントアウトすると, そのアプリケーションの出力結果は, 以下のようになる.

```
?> testSmartPointers
  size, value constructor
  1000000{0}
  1000000{0}
  destructor
```

autoPtr オブジェクトは値によって渡されているが，明らかに infoScalarField クラスの一組のコンストラクタとデストラクタのみが呼び出される．それゆえ，autoPtr は不必要なコピー操作を省くために使用することができる．

■ tmp スマートポインタの使用

tmp スマートポインタは，参照カウンタを用いることでオブジェクトの不要なコピーを防止する．参照カウンタは，同じオブジェクトが順に渡される推移を表す．これはスマートポインタによってラップされており，このオブジェクトへの参照数は，スマートポインタのコピーまたは割り当てが行われるたびに増加する．

RAII に準拠すると，tmp ポインタのデストラクタはラップされたオブジェクトを破棄する．デストラクタは，現在のスコープ（範囲）においてオブジェクトがもっている参照数をチェックする．この数がゼロより大きい場合，デストラクタはそれを 1 減らし，その結果，オブジェクトは存続することができる．ラップされたオブジェクトへの参照数がゼロに到達すると，デストラクタが呼び出され，ただちにデストラクタはオブジェクトを削除する．

tmp スマートポインタを使用するときに落とし穴がある．それは，ポインタクラステンプレートが参照を数える責任を負わないことである．参照の数え上げは，ラップタイプから予想される．これは，リスト 26 に示したクラスのデストラクタを調べることで，容易に確認できる．

リスト 26　tmp クラステンプレートのデストラクタ

```
template<class T>
inline Foam::tmp<T>::~tmp()
{
   if (isTmp_ && ptr_)
   {
      if (ptr_->okToDelete())
      {
         delete ptr_;
         ptr_ = 0;
      }
      else
      {
         ptr_->operator--();
      }
   }
}
```

ptr_ 変数は, 型 T のオブジェクトを指し示すラップされた生のポインタであり, デストラクタは以下の二つのメンバ関数へのアクセスを試みている.

- T::okToDelete()
- T::operator--()

結果として, ラップされたオブジェクトは, 特定のインターフェースを順守する必要がある. この落とし穴をテストするもう一つの方法は, つぎのように定義されたトリビアルなクラスを用いて tmp を使用してみることである.

```
class testClass {};
```

つぎに, このクラスを tmp スマートポインタの中にラップすることを試みる.

```
tmp<testClass> t1(new testClass());
```

上記のコードでは, 以下のエラーが生じる.

```
tmpI.H:108:9: error: 'class testClass'
has no member named 'okToDelete' if (ptr_->okToDelete())

tmpI.H:115:13: error: 'class testClass'
has no member named 'Operator--' ptr_->operator--();
```

このエラーでは, コンパイラは, 上記のメンバ関数が testClass に実装されていないという事実を訴えている.

OpenFOAM では, オブジェクトに参照カウンタを実行させるために, そのようなオブジェクトの継承元として, refCount とよばれるクラスの中に参照カウンタをカプセル化している. refCount クラスには, 参照カウンタおよび関連するメンバ関数が実装されている.

testClass が refCount を継承するように修正すると, 以下のようになる.

```
class testClass : public refCount{};
```

これにより, これを tmp でラップすることができる. どのように参照カウンタが動作し, どのようにオブジェクトの不要な構築が避けられるのかを見るために, autoPtr に

ついての例で使われた infoScalarField クラスに対して tmp を使用する. refCount
クラスでは, ユーザはメンバ関数 refCount::count() を用いることで, 以下の例で
使われているように, 現在の参照数に関する情報を入手できる. tmp オブジェクトの
存続期間を短縮し, そのデストラクタが呼び出されるようにするために, 作為的なス
コープが使われる. これは, 入れ子状の関数呼び出しまたはループが存在する場合, 通
常のプログラムコードでも生じる. 以下に例となるコードを示す.

```
tmp<infoScalarField> t1(new infoScalarField(1e06, 0));
Info <<"reference count = "<< t1->count() << endl;
{
    tmp<infoScalarField> t2 (t1);
    Info <<"reference count = " << t1->count() << endl;
    {
        tmp<infoScalarField> t3 (t2);
        Info <<"reference count = " << t1->count() << endl;
    }    // t3 destructor called

    Info << "reference count = " << t1->count() << endl;
}    // t2 destructor called
Info << "reference count = " << t1->count() << endl;
```

すると, コンソール上に以下の出力結果が得られる.

```
>? testSmartPointers
size, value constructor
reference count = 0
reference count = 1
reference count = 2
reference count = 1
reference count = 0
destructor
```

単一のコンストラクタと対応するデストラクタの infoField クラスからの出力は, tmp
オブジェクトが関数の引数として値を渡されたとしても, ただ一組のコンストラクショ
ン(構築)とデストラクション(破棄)のみが実行されるこを示す.

▌5.3.4　ボリュームフィールド

　この項では, ボリュームフィールドのための, クラスインターフェースの簡単な説
明を述べる. 境界フィールドや境界条件とその背景にある理論の網羅的な説明は, 第
10 章で取り扱われる.

　ボリュームフィールドは, 一般に, セル中心に写像されたフィールド値を格納する

ために使用される．フィールドによって保存された属性に応じて，`volScalarField`，
`volVectorField` または `volTensorField` のいずれかを使用する．

面と点に基づくフィールドもあり，これらはそれぞれ面中心と点においてフィールド値を保存する．ここで述べたすべてのフィールドは，それらのタイプとは無関係に，同様に構築されることに注意されたい．

フィールドクラスインターフェースの類似性の理由は，OpenFOAM においてメッシュに値を写像するフィールドが `GeometricField` クラステンプレートによって実装されているからである．そのため，ボリューム（体積）フィールド，サーフェス（面）フィールド，およびほかの同様なフィールドなどの個別のフィールドは，個別のテンプレート引数を用いて `GeometricField` クラステンプレートをインスタンス化することで，具象クラスの形で生成される．次元タイプの項で述べたように，OpenFOAM においてフィールドに対して用いられるタイプ名は，利便性のために，`typedef` キーワードを使用して短縮される．

> **ヒント**
> `volScalarField` などのフィールドクラスを使ったコードのコンパイルにおいて問題が生じた場合，テンプレートのエラーが発生する．その場合，フィールドは `GeometricField` テンプレートのインスタンス化であるので，`GeometricField` クラステンプレートのソースコードを分析すべきである．

フィールドオブジェクトを機能させるためには，まずそれを構築する必要がある．クラスインターフェースには，状況に応じて便利になるように，いくつかのコンストラクタが用意されている．簡単なコンストラクタとして，つぎのような**コピーコンストラクタ**がある．

```
//Assuming that the volScalarField p exists
const volScalarField p01d(p);
```

名前が示すように，これは同じタイプのオリジナルのコピーを構築する．しかし，このコンストラクタを使用するためには，そもそも `volScalarField` が存在していなければならない．このために，二つの方法が使用できる．すなわち，ファイルからフィールドデータを読み取るか，一から生成するかのいずれかである．入力ファイルに基づいたフィールドの初期化はかなり直接的であり，OpenFOAM パッケージのほぼすべてのソルバで可能である．この目的のために，`IOobject` はそのファイルにアクセスし，`volScalarField T` を構築するのに用いられる．

```
volScalarField T
(
```

```
    IOobject
    (
        "T",
        runTime.timeName(),
        mesh,
        IOobject::MUST_READ,
        IOobject::AUTO_WRITE
    ),
    mesh
);
```

上記のコードでは，存在する T ファイルの内容に基づいて volScalarField を初期化している．もし T ファイルが存在しなかったら，IOobject::MUST_READ 命令によってコードの実行が停止する．個別の必要に応じて，ほかの命令も選択することができる．

　状況によっては，ファイルからデータを読み取ることなくフィールド（場）を構築する必要がある．流束場はそのよい例である．

```
    surfaceScalarField phi
    (
        IOobject
        (
            "phi",
            runTime.timeName(),
            mesh,
            IOobject::READ_IF_PRESENT,
            IOobject::AUTO_WRITE
        ),
        linearInterpolate(rho*U) & mesh.Sf()
    );
```

ここでは，ファイルが存在する場合，フィールドデータ自身から phi フィールドを構築している．そうでない場合には，流束場は速度場から直接計算される．

■ 特定セルへのアクセス

　特定のセルへのアドレス指定は，個別のフィールドに関する [] 演算子を呼び出し，望むセルのラベルを引数として渡すことで行われる．どのようなフィールドに対して数値演算を実行するときでも，セル間ベースでこれを実行することは推奨できない．その代わりに，フィールドの演算子を使用するべきである．結論として，計算のためにセルの部分集合を用いるのが必要な場合にのみ，この特定セルの選択法が使われるべきである．以下のコードでは，圧力と速度場のセルがどのように選択されるかの例を示している．

```
labelList cells(3);
cells[0] = 1;
cells[1] = 42;
cells[2] = 39220;

forAll(cells, cI)
{
    Info<< U[cells[cI]] << tab << p[cells[cI]] << endl;
}
```

> **ヒント** アプリケーションレベルのプログラムコードにおいて，フィールドに対する
> ループを使用することは，コードの可読性を低下させ，計算効率の大幅な低下を引き
> 起こす可能性がある．

■ 境界フィールドへのアクセス

第1章で取り扱ったように，内部フィールド値と境界フィールド値とは区別されている．そのようなセル中心値と境界（面中心）値の論理的な区別は，FVM をサポートする数値補間の原理により定義される．

境界フィールドを区別することは，OpenFOAM におけるアルゴリズムの並列化の方法に重大な影響を与える．OpenFOAM では，領域を副領域に分割し，分割されたそれぞれの副領域において数値演算を実行する．データ並列化処理を用いて数値演算が並列化される．結果として，分割（プロセッサ）境界を越えての相互通信を必要とする複数のプロセスが実行される．境界条件としてプロセス境界をモデル化することで，OpenFOAM における主セル-隣接セルアドレス指定に基づいたすべての数値演算に対して，コードが自動的に並列化されるという結果が得られる．コードの自動並列化は，OpenFOAM プラットフォーム全体にわたる注目すべき特徴である．

以下の例では，境界パッチ output に対して，どのように体積スカラー場 pressure の境界フィールド値にアクセスするかを示している．出口境界上の境界フィールドは，境界メッシュパッチ（境界メッシュの部分集合）の名前に写像された ID に基づいて，つぎのように見つけることができる．

```
label outletID = mesh.boundaryMesh().findPatchID("outlet");
```

そして，境界フィールドは，GeometricField::boundaryField メンバ関数を使用して，つぎのようにアクセスできる．

```
const scalarField& outletPressure =
    pressure.boundaryField()[outletID];
```

体積場 pressure は，境界フィールドへのポインタのリストを返すメンバ関数 boundary-
Field をもっている．このポインタリスト内の outlet 境界フィールドの位置は，out-
letID ラベル（インデックス）によって定義されている．上記のコードの小部分では，定
数の参照 outletPressure として境界フィールドを設定している．一方，境界フィー
ルドへの非定数のアクセスはメンバ関数によって得られる．これは，GeometricField
クラステンプレートの宣言文を見ることによって確認できる．

```
//- Return reference to GeometricBoundaryField
GeometricBoundaryField& boundaryField();
```

　GeometricBoundaryField は，GeometricField と同じパラメータでパラメータ化
されたクラステンプレートであり，このクラステンプレートの定義は，GeometricField
クラスインターフェースのパブリック部分（public part）に置かれている．

> 練 習　fixedValue 境界フィールドを修正するために，境界フィールドへの非定数
> の参照を使用せよ．
> [ヒント] この課題では，OpenFOAM の新しいアプリケーションおよび境界条件の
> プログラミングについての理解が必要である．両トピックについては，第 8 章と第
> 10 章で説明する．

参考文献

[1] Jasak, Hrvoje, Aleksandar Jemcov, and Željko Tuković (2007). "OpenFOAM: A C++ Library for Complex Physics Simulations".

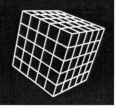

第6章
OpenFOAMによるプロダクティブプログラミング

大規模なソフトウェアプロジェクトの場合，独立作業であろうが共同作業であろうが，ある程度の組織化が求められる．ディレクトリ編成からバージョン管理システム (VCS) まで，適切なシステム化や標準化を必要とするコード開発に関する多数の注意点が存在する．これらの組織的な構成は生産性向上を促進し，同時に，コードの共有と維持を容易にする．

CFD アプリケーションの開発では，大規模なデータ量と数値シミュレーションに関連する膨大な計算操作のため，計算効率が非常に重視される．単純なアルゴリズムでさえ慎重に検討しなければ，致命的なボトルネックが生じてしまう．実行時エラー（バグ）や計算のボトルネックなどのコード内での問題は，適切なツールを利用することで，一般的に，より速くかつより簡単に解決することができる．

高性能計算 (HPC) クラスタ上で並列モードでのシミュレーションを実行するためには，ユーザは最初にクラスタ上に OpenFOAM をインストールしなければならない．クラスタ上に OpenFOAM を完全にインストールできる状態であったとしても，この問題の背景知識をもっていることで，ユーザは，発生し得るインストール上の問題をより正確に評価し，クラスタ管理者にその問題を報告することが容易となる．

本章では，OpenFOAM フレームワークでプログラミングする際と，HPC クラスタへの OpenFOAM をインストールする際の生産性を向上させる手助けとして，組織的かつ分析的なさまざまな方法について解説する．

6.1 コードの作成

本節では，OpenFOAM のソースの構築とそれに関連するワークフローについて述べる．それは，本書と対応させて提供されている例題コードリポジトリと関係している．適切なリポジトリコードを眺めながら以下のテキストを読むことで，ここで扱われているトピックがよりよく理解できるであろう．コード開発を行うに際して，コードは，ライブラリコードとアプリケーションコードの2種類（層，階層）に分けられる．ライブラリコードには，再利用可能なさまざまな計算を実装した単一あるいは複数のライブラリが含まれている．ライブラリ層のコードは，アプリケーションロジッ

クともよばれる．ライブラリコードは，そのデザインの思想から，単一のアプリケーションによる使用に限定されておらず，このコード層は多数の実行型アプリケーションによって何度も利用される．ライブラリには，関数やクラスの宣言とそれらの実装が含まれている．ライブラリは，通常，コンパイル時間を節約するために，「オブジェクトコード」とよばれるものにコンパイルされている．コンパイルされたライブラリコードは，リンクプログラムによって，アプリケーションコードとリンクされる．なお，ライブラリコードはコンパイルされているが，実行型アプリケーションプログラムのようにコマンドラインで実行することはできないことに注意されたい．

　一方，アプリケーションコードでは，より高いレベルの機能を組み込むために，ライブラリコードを使用している．数値ソルバはこのよい例であり，ディスク I/O，メッシュ解析，および行列組立のような概念的に異なるタスクを扱うために，別々のライブラリが組み合わされている．

　ソースコードがアプリケーション層とライブラリ層とに整理されている場合，一般的にその拡張はより簡単であり，ほかのユーザとの共有がより手軽にできるようになる．OpenFOAM はこの構造に従っているので，トップレベルのディレクトリ $WM_PROJECT_DIR は，applications と src の二つのサブディレクトリをもっている．src フォルダにはさまざまなライブラリが保存されており，applications フォルダにはそれらのライブラリを利用する実行型アプリケーションが保存されている．

　OpenFOAM についてのコード開発過程において，プログラマは，コード構築を行ううえでの二つの主要な方法の選択を迫られる．それは，OpenFOAM ファイルの構造内でのプログラミングか，あるいは別々のファイル構造内でのプログラミングかである．類似のコードがディレクトリツリー内のすぐ近くにあることが理にかなっているので，メインライブラリ内でのプログラミングは適切であるように思われる．残念ながら，このプログラム開発のための「メインファイル構造」アプローチでは，バージョン管理システムを用いる共同作業や共有作業の場合にはただちに問題が生じる．バージョン管理システムは，共同で行うプログラミング活動に関与しているどんな人にも，ほぼ間違いなく必要不可欠である．また，個人での使用においても，開発プロセスのスピードアップにつながる点で大きなメリットがある．しかし，バージョン管理システムを適切に用いたとしても，メインの OpenFOAM リポジトリ内に置かれたカスタムコードを他者と共有することは，以下の理由で問題となる恐れがある．

- プロジェクトファイルについての明確な概要がない．
- チュートリアルとテストケースが付属のコードから離れた場所にある．
- OpenFOAM で配布されていない付属のライブラリを置くことで問題となり得る．
- 他者との共同作業を行ううえで，完成された OpenFOAM のリリース全体にアク

セスする必要がある.

かなり小さなカスタムプロジェクトにおいて共同作業を行う目的でリリースリポジトリ全体のクローンを作成するためには，OpenFOAM プラットフォーム全体をコピーしなければならないので，最後の項目は共同作業の実施を困難にする要因となる．これらの項目は，プログラマが，OpenFOAM を扱っている公式のコミュニティとの共同作業をすることで簡単に対処することができるかもしれない．現在，OpenFOAM の公式リリースあるいは foam-extend プロジェクトに関与している二つのコミュニティがある．しかし，開始時点から一般には公開・共有しないプロジェクトもある．また，OpenFOAM リリースの開発と共同作業する前に，まず，自身のプロジェクトについての実現可能性（精度，効率，予測される開発期間）を調べることは有益である．

プロジェクトを OpenFOAM リリースと共同作業で進めない場合，ライブラリおよびアプリケーションコードを単一の独立したリポジトリにまとめることで直接コンパイルでき，個人での開発や共同開発が非常に簡単になる．後者については，プロジェクトが高品質であると認められれば，OpenFOAM リリースプロジェクトの一つとして統合されるとよい．最近では，VCS (Version Control System) をサポートしている複数の VCS ホスティングサービスがある．これらのサービスでは高度なウェブインターフェースが提供されており，バグのトラッキング（バグの追跡）や，各プロジェクトに関する wiki サイトの提供，プロジェクトに関する作業をより簡単にするその他のツールをユーザが使用できるようになっている．最も有名なサービスとして github とbitbucket の二つがあり，両者には bitbucket が無制限で無料のプライベートリポジトリをサポートしているという点で異なっている．最初は一般に公開せず，共同作業者による限られたグループ内でのみコードを共有するためには，これはよい選択である．

6.1.1 ディレクトリ編成

OpenFOAM プラットフォームで利用されているものと同じディレクトリ編成の構造を，カスタム OpenFOAM プロジェクトに適用することには大きな利点がある．これにはプラットフォーム内でのコードの簡潔な統合を内包しており，共同作業をより簡単にしてくれる．このようにしてコードが編成されれば，とくに OpenFOAM のディレクトリ構造に精通しているプログラマにとっては，ディレクトリ構造がより見通しよく直観的に理解できる．統一されたディレクトリ構造を維持することは，コードを間接的に文書化する（直接的な説明をしない）ための基本的な方法でもある．

例題のディレクトリ編成について検討するために，本書の例題コードリポジトリについて考察し，それがどのように構成されているかを考察されたい．

　図 6.1 に示されているように，applications ディレクトリにはアプリケーション
が保存されている．applications ディレクトリの内部には，OpenFOAM の編成と
同様に，solvers，test，utilities のサブディレクトリがある．etc ディレクトリ
は，コードの自動コンパイルのコンフィギュレーションに使用される．src フォルダ
の構成は，一般的にライブラリの目的に依存するが，合理的でなければならない．ク
ラスが異なる抽象概念間の共通する動作を抽出し，カプセル化するのと同様に，階層化
されたコード編成によって，さまざまなクラス実装の集合は，別々のリンク可能なライ
ブラリに分類される．ライブラリのカテゴリーを編成し，分類することで，コンパイル
後のアプリケーションコードのサイズは小さくなり，コンパイル過程は高速化される．

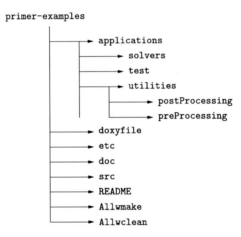

図 6.1　例題コードリポジトリのディレクトリ構造

　通常，コードリポジトリのトップディレクトリにある README ファイルは，ユー
ザが新しいコードの作業を始めるときに最初に読む，役に立つファイルである．そこ
には，通常，プロジェクトの背景，最も重要なアプリケーションについての一般的な説
明，および，外部ドキュメントの情報源やフォーラムへの最新のリンクについての説
明がある．コードについてのローカルドキュメントは，Doxygen ドキュメンテーショ
ンシステムを用いて生成することができ，doxyfile を用いて，対象とするファイル，生
成される HTML ドキュメントのルック・アンド・フィールなどの詳細を指定する．

▌6.1.2　自動インストール

　自己充足的な構造としてコードが構成されている場合，通常，そのパッケージを使え
ば，簡単にビルド過程を自動的に実行できると期待される．OpenFOAM には wmake
とよばれる独自のビルドシステムがあり，それを使えば，さまざまな環境変数を用いてラ

イブラリやアプリケーションコードのコンパイルとリンクを自動的に行える．同様の方法は，カスタムコードリポジトリにも適用され，ここで提供された例題コードリポジトリについて実装されている．リスト 27 に，例題コードリポジトリのための単純な bashrc コンフィギュレーションスクリプトを示す．このスクリプトは，$PRIMER_EXAMPLES という名のコードリポジトリのメインフォルダへのパス名（パス変数）でコンフィギュレーションを行っている．例題コードリポジトリでは，src/scripts に OpenFOAM のスクリプトが置かれているので，これに合わせてパス名を更新する必要がある．そうしないと，これらのスクリプトはファイルシステム内のどこからも呼び出すことができない．これは，リポジトリのディレクトリ構造を OpenFOAM のディレクトリ構造と類似させることに関するもう一つの要点である．すなわち，リポジトリのディレクトリの骨格構造は，コンフィギュレーションスクリプトとコンパイルスクリプトとともに保存される．その結果，リポジトリのパス名を変更することによって，別のリポジトリに対して簡単に再利用することができる．コードリポジトリのアプリケーションとライブラリは，コンパイルに先立ってインクルードされるヘッダファイルが置かれているディレクトリを見つけるための変数 $PRIMER_EXAMPLES に依存している．

リスト 27　例題コードリポジトリのための etc/bashrc コンフィギュレーションスクリプト

```sh
#!/bin/sh

DIR="$( cd "$( dirname "${BASH_SOURCE[0]}" )" && pwd )"

export PRIMER_EXAMPLES=${DIR%%/etc*}

export PRIMER_EXAMPLES_SRC=$PRIMER_EXAMPLES/src

export PATH=$PRIMER_EXAMPLES_SRC/scripts:$PATH
```

通常のコンパイルスクリプト Allwmake と Allwclean は，ベースディレクトリ，src と applications サブディレクトリにある．src ディレクトリ内の，ライブラリをビルドするための Allwmake スクリプトの内容例を，リスト 28 に示す．wmakeLnInclude スクリプトは，現在のディレクトリを再帰的に検索して，OpenFOAM のすべてのソースファイルを見つけ出し，これらのファイルへのシンボリックリンクを src/lnInclude ディレクトリ内に作成する．これにより，ビルド過程のコンフィギュレーションは大幅に簡単になる．リポジトリフォルダの絶対パス（etc/bashrc スクリプトで定義される $PRIMER_EXAMPLES 変数）が定義されると，クラス宣言が記載されているヘッダファイルは，src/lnInclude ディレクトリに保存されているすべてのソースファイルへのシンボリックリンクを通してインクルードされる．コンパイルされるライブラリの

名前 (exampleLibrary) は，動的リンク可能なライブラリを生成するビルド過程を確実に実行するための libso オプションとともに wmake ツールに引数として渡される.

リスト 28　ライブラリコードのための Allwmake ビルドスクリプト *

```sh
#!/bin/sh
cd ${0%/*} || exit 1    # run from this directory

wmakeLnInclude -f .
wmake libso exampleLibrary
```

> **注 意**　OpenFOAM の公式リリースの 2.2.x 以降のバージョンでは，ライブラリのコンパイルにおいて libso オプションはもはや不必要である．しかし，例題コードが過去にリリースされたバージョンの OpenFOAM でコンパイルされた場合には，ここで示したようになる.

OpenFOAM のアプリケーションコードは，通常，アプリケーションと同じ名前のディレクトリに保存される．例題アプリケーションディレクトリの内容を，図 6.2 に示す．applicationName.C は，アプリケーションのソースファイルである．files と options の両ファイルは，アプリケーションコードをコンパイルするために wmake ビルドシステムによって使用される．files と options ファイルの例をそれぞれ，リスト 29 と 30 に示す．カスタムアプリケーションによってオリジナルな Open-FOAM システムのアプリケーションディレクトリが侵蝕されないように，アプリケーションのインストール先ディレクトリは，$FOAM_USER_APPBIN に設定されている．options ファイルは，カスタムアプリケーション applicationName がリポジトリ変数 $PRIMER_EXAMPLES_SRC と，必要なヘッダファイルを置くために OpenFOAM によって生成された lnInclude ディレクトリとに依存していることを示している．さらに，アプリケーションはライブラリ exampleLibrary とリンクされ，そこに含まれている必要な機能を使用する.

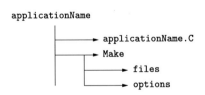

図 6.2　アプリケーションディレクトリの構造

---

* （訳者注）2017 年 10 月の時点では，リスト 28 と入手できるファイルの中身には一部差異がある.

リスト29　Make/files ファイル

```
applicationName.C

EXE = $(FOAM_USER_APPBIN)/applicationName
```

リスト30　Make/options ファイル

```
EXE_INC = \
    -I$(LIB_SRC)/finiteVolume/lnInclude \
    -I$(PRIMER_EXAMPLES_SRC)/lnInclude

EXE_LIBS = \
    -L$(FOAM_USER_LIBBIN) \
    -lfiniteVoluine \
    -lexampleLibrary
```

> **ヒント**　カスタムプロジェクトのディレクトリ構造を構築するための重要なステップは，bashrc コンフィギュレーションスクリプトを準備することである．このスクリプトで設定された変数によってカスタムプロジェクトのヘッダファイルやライブラリを置く場所を指定することにより，カスタムプロジェクトを OpenFOAM プラットフォームから分離することができる．

> **ヒント**　例題リポジトリのライブラリをユーザのディレクトリ上にコンパイルすれば，OpenFOAM システムのディレクトリを侵蝕しないことに注意すること．カスタムコードは $FOAM_APPBIN/$FOAM_LIBBIN 上にコンパイルしてはならない．

この種類のコンフィギュレーションは，カスタムコードを用いた作業およびプログラミングの簡単な方法である．以下のリストは，上述のワークフローにおけるステップの要約である．

- シェル端末に対して $PRIMER_EXAMPLES 変数を設定するために，./etc/bashrc を記入する．
- **恒久的に環境変数を設定する場合**には，シェルの起動スクリプトに source /path /to/code/directory/etc/bashrc を追記する．
- すべてのライブラリとアプリケーションをコンパイルするために，一番上のコードディレクトリで ./Allwmake を実行する．
- バイナリファイルを消去するために，一番上のコードディレクトリ中で ./Allwclean を実行する．

- リポジトリに，たとえば `libraryName` などのライブラリを追加する場合には，`src/Allwmake` を編集して，コンパイル用の `wmake libso libraryName` を追加し，また新しいライブラリコードのためのバイナリファイル消去用に，`src/All-wclean` 中に `wclean libraryName` を追加する.
- もしユーザ自身のアプリケーションのために例題コードリポジトリ中で標準のディレクトリを使用するならば，コンパイルや消去のスクリプトの編集をしなくても，コンパイルされ消去される.

　例題コードリポジトリは日々改良されていくので，コードを取得する方法，リポジトリのコンフィギュレーションを行う方法，ライブラリとアプリケーションをコンパイルする方法についての最新の説明は，配布される README ファイルを見てほしい.

6.1.3　Doxygen によるドキュメント作成コード

　Doxygen は，クラス，それらの属性，メンバ関数，上下関係と相互（同等）関係を示すダイヤグラムを記述する相互リンクされた HTML ファイル一式を作成することのできる自動ドキュメント生成システムである. Doxygen に関する詳細は，プロジェクトウェブサイト www.stack.nl/~dimitri/doxygen/で見ることができる.

　例題コードリポジトリには doxygen コンフィギュレーションファイル (`doxyfile`) があり，これは，リポジトリのディレクトリ構造を検索し，OpenFOAM のソースファイルを見つけるように設定されている. クラスの文書化に UML が使用されており，標準的な Doxygen のグラフィカルなクラス記述よりも詳細に記述されている.

　文書を生成するには，例題コードリポジトリのメインフォルダにおいて，引数として `doxyfile` を用いて `doxygen` コマンドを実行すればよい.

```
?> doxygen doxyfile
```

生成された文書は，`doc` フォルダに保存され，任意のブラウザで `doc/html/index.html` を選択することにより閲覧することができる. Doxygen は，ソースコード内のコメントを拾い上げ，それらをコードについての説明や有用な情報を生成するために使用する. これを行うには，コメントを特定の方法で書式化しておく必要があるが，それについては Doxigen の公式ウェブサイト上の詳細な説明を確認してほしい.

6.2 デバッグとコードの性能解析（プロファイリング）

デバッグは，どのプログラマにとっても一般的な作業であり，どのような開発プロジェクトにおいても必要である．デバッグの最も簡単で初歩的な方法は，コードの実行が中断された部分を絞り込むために Info ステートメントを追加することである．近年，より洗練されたアプローチとして，たとえば，gdb のような専用のデバッグプログラムを使用する方法がある．しかし，高速化とメモリ使用量の削減を目的とするコードの性能解析の過程は，通常，エラーを出さずに動作するプログラムに対してのみ有効である．

6.2.1 GNU デバッガ (gdb) によるデバッグ

GNU デバッガ (gdb) を用いたコードのデバッグは，いかなる最適化もなしに Open-FOAM をコンパイルする場合には，より効果的となる．最適化はコンパイラによって実施され，コンパイルされたコードに対して生成されるデバッグ情報は，一般的にこの最適化による影響を受けることはない．しかしながら，コンパイラによる最適化をしていないコードに対してコードの性能解析や検査を行うことにより，隠れた計算上のボトルネックに関するより多くの知見を得ることができる．

OpenFOAM に対して使用されるコンパイラのフラグは，コンフィギュレーションのターゲットに応じて入れ替えることができるオプションのグループにまとめられている．コンパイラオプションは，`$WM_PROJECT_DIR/etc/bashrc` のグローバルコンフィギュレーションスクリプトにある（リスト 31）．

リスト 31　コンパイラ・コンフィギュレーションでのフラグオプション

```
#- Optimised, debug, profiling:
# WM_COMPILE_OPTION = Opt | Debug | Prof
export WM_COMPILE_OPTION =Opt
```

---

gdb を用いたデバッグモードでの OpenFOAM に対する作業を有効にするには，`$WM_COMPILE_OPTION` 変数を以下のように設定する必要がある．

```
export WM_COMPILE_OPTION=Debug
```

この変更を有効にするために，OpenFOAM を再コンパイルする必要がある．また，再コンパイルは，デバッグを必要とするすべてのカスタムライブラリとアプリケーションに対しても必要である．なお，デバッグオプションを有効にしてコンパイルされたコードは，実行時間が大幅に長くなることを覚えておいていただきたい．

> **ヒント**　gdb を用いたデバッグは非常に直接的である．公式ウェブサイト www.gnu.
> org/software/gdb/では，gdb を用いた作業に関する多くの情報が得られる．

セグメンテーションフォールト（不正なメモリアドレスへのアクセス）や浮動小数点例外（ゼロ除算）のようなバグに対するコードのデバッグは，しばしば容易である．コードの実行中に発生するこれらのエラーは，SIGFPE（浮動小数点例外シグナル）や SIGSEV（セグメンテーション侵害信号）のようなシステムシグナルを引き起こし，デバッガによって発見される．その結果，デバッガによって，ユーザはコードを見ながら，エラーの発見，ブレークポイントの検出，変数値の調査，およびその他のことを行うことができるようになる．

　作動中の gdb を示すために，本項では，gdb を用いたデバッグの例について述べる．このチュートリアルは，primer-examples/applications/test/testDebugging[*1]ディレクトリ内の例題コードリポジトリにある．このチュートリアルは，シミュレーションの全時間ステップにわたって，指定されたフィールドの調和平均の計算を行う関数テンプレートを含んだテストアプリケーションで構成されている．調和平均は，xをフィールド値とすると，$1/x$ の計算が必要であるので，ゼロの値を含むフィールドに関してこのコードを実行すると，浮動小数点例外 (SIGFPE) が発生する．関数テンプレートは，fvc::ネームスペースで定義され，OpenFOAM のほかの動作と同様に振る舞うが，わずかに機能が劣っている．このために，関数テンプレートの定義と宣言は，標準的な慣例とは異なる（そして，決してそうあるべきではない）テストアプリケーションと同梱されている．

　この例で使用されるチュートリアルシミュレーションケースは，primer-example-cases/chapter4/rising-bubble-2D[*2] のケースである．risingBubble-2D ケースディレクトリ内で，引数 -field alpha1 を用いて testDebugging アプリケーションを実行すると，以下のエラーが生じることになる．

```
?> testDebugging -field alpha1
(snipped header output)
Time = 0
#0 Foam::error::printStack(Foam::Ostream&) at
/OpenFOAM-2.2.x/src/OSspecific/POSIX/printStack.C:221
#1 Foam::sigFpe::sigHandler(int) at
/OpenFOAM-2.2.x/src/OSspecific/POSIX/signals/sigFpe.C:117
#2 in "/usr/lib/libc.so.6"
```

---

*1　（訳者注）2017 年 10 月の時点では，primer-code/applications/test/testDebugging にある．

*2　（訳者注）2017 年 10 月の時点では，primer-examples/chapter4/rising-bubble-2D にある．

```
#3
at
/primer-examples/applications/ \
test/testDebugging/testDebugging.C:79
(discriminator 1)
#4
at /primer-examples/applications/ \
test/testDebngging/testDebugging.C:217
(discriminator 1)
#5 __libc_start_main in "/usr/lib/libc.so.6"
#6
at ??:?
Floating point exception (core dumped)
```

この問題をデバッグするための最初のステップは，testDebugging と組み合わせて gdb を起動することである．testDebugging のすべてのコンポーネントをデバッグモードでコンパイルする必要があり，これには，OpenFOAM プラットフォームだけでなく，関係するすべてのライブラリも含まれる．

```
?> gdb testDebugging
```

これにより，gdb のコンソールバージョンが以下のように起動し，デバッグを必要とする任意のプログラムを実行するために使用される．

```
(gdb)
```

この gdb のデバッグコンソールにおいて，run コマンドを先頭に付加することで，任意のコマンドをデバッグのために実行することができる．testDebugging アプリケーションに対しては，alpha1 フィールドを追加の引数として渡さなければならない．

```
(gdb) run -field alpha1
```

上記のコマンドを実行すると，SIGFPE エラーが再び現れるが，より多くの詳細な情報も表示される．

```
Program received signal SIGFPE, Arithmetic exception.
0x0000000000414706 in Foam::fvc::harmonicMean<double>
(inputField=...) at testDebugging.C:79
79               resultField[I] = (1. / resultField[I]);
(gdb)
```

OpenFOAM とアプリケーションをデバッグモードでコンパイルしたことによって，gdb は SIGFPE の原因となるソースコードの行を直接指し示す．

> **ヒント**　デバッグモードでのプログラミングやデバッガの使用によって，プログラマは，出力ステートメントを使用する場合に比べて，はるかに素早くプログラム内のエラーを発見することができるようになる．

testDebugging アプリケーションの非常に基本的な例に対しては，ソースコードを手動で解析すると同じ分析結果が得られるであろう．しかし，アルゴリズムがより複雑になると，バグの手動による探索はかなり成功しにくくなる．Info ステートメントの挿入は，手動によるデバッグ過程を助ける一般的な方法であるが，これは非常に時間のかかる作業となりがちである．それに対して，デバッガでは，関数に入る際にメモリスタックに格納された情報の利用，反復ループの逐次実行，変数値の変更，実行中でのブレークポイントの配置，変数値に基づくブレークポイントの調整，およびデバッガの説明文中にある多数の高度なオプションの使用が可能である．

gdb を用いた基本的なワークフローについて概観するために，前述のエラーが入り組んだコードベース内部で発生していると仮定する．このコードは，数百行に及ぶ肥大化したインターフェースやメンバ関数と強く結び付いた，まとまりのないクラスとともにライブラリ内に置かれているとする．このような状況において，プログラマは，実行時の状況を把握するために，シグナルの発生した行の上下の行について調べる必要がある．デバッガは，シグナルが辿った経路を表示することができる．すなわち，テストアプリケーションのトップレベルの呼び出しから，このエラーが発生した低レベルのコンテナ（クラス，構造体などを入れることのできる「入れ物」）までのすべての経路である．この情報は，gdb 内で取得でき，gdb のコンソールにおいて frame を実行することにより取得できる．

```
Program received signal SIGFPE, Arithmetic exception.
0x0000000000414706 in Foam::fvc::harmonicMean<double>
(inputField=...) at testDebugging.C:79
79              resultField[I]=(1. / resultField[I]);
(gdb) frame
#0 0x0000000000414706 in Foam::fvc::harmonicMean<double>
(inputField=...) at testDebugging.C:79
79              resultField[I]=(1. / resultField[I]);
```

testDebugging の例は main 関数のみで構成されているので，関数オブジェクトのコードに関する情報が保存されている単一のスタックフレームが得られる．複数の関数呼び出しが行われると，複数のフレームが得られることになる．SIGSEV シグナルの最下位のフレームは，通常，基礎の OpenFOAM コンテナ UList のどこかにつながっている．しかし，UList によってエラーが生じることはほとんどなく，カスタム

コードによって生じる可能性のほうが非常に高い．この場合，（UList を継承した）コンテナ内のアドレス指定エラーが，エラーの原因である．

フレーム0を選択し，list コマンドでソースコードを打ち出し，エラーの位置を絞り込む．

```
(gdb) frame 0
(gdb) list
75 volumeField& resultField = resultTmp();
76
77 forAll (resultField, I)
78 {
79   // SIGFPE.
80   resultField[I] = (1. / resultField [I]);
```

したがって，SIGFPE シグナルに対する問題の原因は 80 行目にあることがわかる．80 行目にブレークポイントを設定するために，break コマンドを実行し，testDebugging を再度実行する．

```
(gdb) break 80
Breakpoint 1 at 0x4146cd: file testDebugging.C, line 80.
(gdb) run
The program being debugged has been started already.
Breakpoint 1, Foam::fvc::harmonicMean<double> (inputField=...) at
testDebugging.C:80
80                resultField[I] = (1. / resultField[I]);
```

80 行目にブレークポイントを配置したことで，変数 I をこの位置で評価することができる．

```
(gdb) print I
$1 = 0
```

resultField[I] を表示することで，その値が 0 であるということが示される．resultField[I] のいろいろな値の影響を確認するためには，gdb を用いて手動でそれを設定すればよい．

```
(gdb) set resultField[I]=1
(gdb) c
Continuing.

Breakpoint 1,
Foam::fvc::harmonicMean<double> (inputField=...)
at testDebugging.C:80
80 resultField[I] = (1. / resultField[I]);
(gdb) c
```

```
Continuing.

Program received signal SIGFPE, Arithmetic exception.
0x0000000000414706 in
Foam::fvc::harmonicMean<double> (inputField=...)
at testDebugging.C:80
80 resultField[I] = (1. / resultField[I]);
(gdb) print I
$2 = 1
(gdb)
```

この単純な例では，少なくとも二つの I の値に対して resultField が 0 になること
は明らかである．定義上，フィールド resultField は 0 になってはならないので，つ
ぎのステップは，フィールドが適切に前処理されているかどうかを調べることである．

> **注意** 例題コードリポジトリのコードは，時間の経過とともに変化する可能性があ
> るので，デバッガ出力での実際の行番号は，本書で示されているものといくらか異な
> る可能性がある．

> **ヒント** 問題の解決策は，この例のソースにすでに含まれており，印が付けられた行
> のコメントを解除することで，アプリケーションは正常に実行できるようになる．

▍6.2.2　valgrind による性能解析（プロファイリング）

　valgrind プロファイリングアプリケーションを用いてコードの性能解析[†] をするこ
とは比較的直接的である．valgrind によって，開発者は，コード内の計算上のボト
ルネックを発見でき，グラフや同様のダイヤグラムを用いてそれらを視覚的に表示す
ることができる．そして，この情報は，コードの計算効率を最適化する際に，より効
果的に労力を集中させるために用いることができる．一般に，90 対 10 あるいは 80 対
20 の推定ルールに従って性能は配分され，これは，通常，計算の 90%（80%）は，10%
（20%）の部分のコードによって実行されることを意味している．
　gdb を用いたデバッグについての前項と同様に，Debug コンパイルオプションを用
いてコードをコンパイルする必要がある．高レベルの最適化は，アルゴリズムとデー

[†] ウィキペディア (en.wikipedia.org/wiki/Code_profiling) によると，「プロファイリングは，たとえば，
　 プログラムの（メモリ）空間や計算時間，特定の命令の使用量，あるいは関数呼び出しの頻度や実行時間
　 を計測するための動的プログラム解析である．」

タ構造の適切な選択などのソフトウェアデザインに直接関係している．アルゴリズムとデータ構造が効率的に選択されれば，低レベルの最適化（たとえば，ループの展開）とよばれるものを実施することができる．

複雑性（complexity）は，アルゴリズムとデータ構造の効率性を測るために用いられるパラメータであり，n を演算回数として，大文字の "O"（オーダーの意味）を用いて，たとえば $O(n \log n)$ と表される．それほど複雑でない別のアルゴリズムが利用可能であるならば，低レベルの最適化にこだわることは一般に賢明ではない．同様のことがデータ構造の選択にも当てはまり，データ構造の選択を慎重に行うことが絶対に必要である．コンテナ構造の詳細は，標準テンプレートライブラリ（STL）に含まれている C++データ構造の解説で知ることができる（詳細は Josuttis (1999) を参照）．OpenFOAM のコンテナは STL ベースではないが（それらのいくつかは STL に準拠した反復子のインターフェースを提供するが），たとえば，それらがどのように機能するかという点で非常によく似ている．

DynamicList

これは，`std::vector` と類似している．コンテナのサイズがその容量よりも小さい場合，どちらも $O(1)$ の複雑性をもった要素への直接アクセスと，$O(1)$ の複雑性をもったコンテナ末端への挿入の機能を有している．挿入操作の結果のサイズが現在の容量よりも大きくなる場合，挿入複雑性は $O(n)$ に比例する．

DLList

これは，`std::list` と類似している．（コンテナ内の任意の場所での）挿入複雑性は $O(1)$ であり，アクセス複雑性は $O(n)$ である．

OpenFOAM 内のアルゴリズムに関する多くの作業は，非構造有限体積メッシュの特定の主セル–隣接セルアドレス指定と関連しており，アルゴリズムコードの自動並列化という利点をもっている．標準の OpenFOAM ライブラリコードに対して，以下の四つの主要なコンテナファミリーからデータ構造を選択することになる．

1. List
2. DynamicList
3. 連結リスト *LList
4. HashTable として実装された連想マップ

特定のアルゴリズムに対するコンテナを選択する前に，コンテナのインターフェースをあらかじめ調べることが重要である．そうしないと，選択したコンテナがアルゴリズムの要求に適さず，実行時間の長時間化につながる可能性がある．

　この点を明らかにするために，例題アプリケーション testProfiling を，非常に簡単な例を用いた DynamicField コンテナに対して使用する．読者のシステム上の任意の場所で性能解析テストアプリケーションの実行を試みるとよい（これは，OpenFOAM のシミュレーションケースディレクトリ内で実行する必要はない）．

```
?> testProfiling -containerSize 1000000
```

testProfiling テストアプリケーションに渡された -containerSize オプションは，二つの異なる DynamicField オブジェクトに追加される要素数を指定する．最初のオブジェクトは null で初期化され，二つ目はアプリケーションに渡された整数値に対応するサイズを用いて初期化される．DynamicField の末尾に要素を追加するアプリケーションのコードに，時間を計るコードが追加されている．読者は，コンテナサイズに対応するさまざまな値が与えられたアプリケーションを実行して，初期化されたコンテナと初期化時にサイズを指定されたコンテナとで実行時間がどのように異なるかを確認することができる．DynamicList コンテナとしての DynamicField では，**挿入後のコンテナサイズが初期のコンテナ容量よりも小さい場合**，コンテナ末尾への要素の挿入についての複雑性は一定である．そうでないならば，末尾への挿入（追加）操作の複雑性は，コンテナサイズの 1 次関数となる．コンテナサイズが大きい場合，またさらに，コンテナ末尾への追加されたすべての要素についての $n-1$ 個の不要な構築という追加的な負担が強いられる複雑なオブジェクトをコンテナが保存している場合，これは，コードの計算効率に大きな影響を与えることを意味している．

　一度，**デバッグモード**でサンプルコードリポジトリをビルドすると，以下のように valgrind を用いて testProfiling を性能評価することができる．

```
?> valgrind --tool=callgrind testProfiling -containerSize 1000000
```

valgrind は，キャッシュミスの発見，メモリリークに対するプログラムのチェックなどのさまざまなツールを利用できるが，これは本書の範囲外である．これらのトピックの詳細情報については，valgrind の公式文書を参照していただきたい．

　上記のコマンドを実行すると，call-grind.out.ID という出力ファイルが生成される．ここで，ID はプロセス識別番号である．出力ファイルは，valgrind の出力を可視化するために用いられるオープンソースのアプリケーションである kcachegrind で開くことができる．testProfiling アプリケーションにより生成される出力のタイミングで気づくだろうが，初期化されていない DynamicField オブジェクトに要素を追加するために全実行時間の約 62% が費やされ，あらかじめ初期化された DynamicField への要素の追加には約 14% が費やされることが valgrind によって示される．

これにより，`DynamicList` と `DynamicField` は動的であるが，コンテナ容量を超過すると，コンテナ末尾への要素追加に計算時間を要するという結論が得られる．アルゴリズムが要素への直接アクセスを必要としない場合，また，各要素間を次々にループする（渡る）場合には，ヒープベースの連結リストの使用がよりよい選択であるかもしれない．しかし，不連続なメモリブロックの割り当てとポインタの間接参照は，CPU サイクルの時間を浪費し，前もってコンテナの適切な選択をすることが困難となる．この問題に対する解決策としては，包括的なプログラミング，（いつも可能というわけではないが）慎重によく考えた方法でのコンテナからのアルゴリズムの分離，コードの性能評価が考えられる．

6.3　git による OpenFOAM プロジェクトのトラッキング

git は，オープンソースコミュニティにおいて非常によく知られている分散型 VCS である．この開発は，Linus Torvalds によって，Linux カーネルのソースコードのトラッキングを行うために開始されたが，それは既存の（mercurial は含まれないが）すべてのツールでこの作業を適切に行うことができないことが判明したためである．git を使用する利点は，それが分散型システムであるという点で，中央サーバを必要としないことを意味する．ファイルシステムの任意のディレクトリにリポジトリを作成することが可能である．既存のリポジトリのクローンを（たとえば，github から）作成すると，最新のスナップショットだけでなく，その履歴も含めたリポジトリ全体が得られる．すべての操作は一般的にローカルで実行され，使用するためにリモートリポジトリを必要とせず，インターネットに接続せずに作業をする場合には非常に便利である．

git の詳細を述べることは本書の範囲を超えるので，git についての詳細は git の説明文書[†1] を参照してほしい．以降の章では，git について十分に理解していることを想定している．巨大な分岐モデルを `envie.com`[†2] で見つけることができる．以下で，OpenFOAM での作業において git がよく役立ついくつかのケースについて概説する．

■ OpenFOAM 最新版の入手方法

OpenFOAM の安定版リリース（たとえば，ver.2.2）は，OpenFOAM のウェブサイト[†3] から tar 書庫として入手できるが，それらはバージョン管理下にはない．

---

†1　http://git-scm.com/book

†2　http://nvie.com/posts/a-successful-git-branching-model

†3　http://www.openfoam.com/

OpenFOAM の最新バージョンについてのバグ修正，機能強化および新機能は，git リポジトリ経由で提供される．この "ローリング" バージョンは，そのバージョン番号 (2.2) とそれに続く任意のサブバージョンを示す ".x" で名付けられる．このバージョンは，以下のコマンドによって，github.com/OpenFOAM/OpenFOAM-2.2.x から現在のワーキングディレクトリ内にダウンロードすることができる．

```
?> git clone git@github.com/openfoam/openfoam-2.2.x.git
```

コマンドが終了した後，ユーザのローカルマシン上で全履歴を見ることができるようになり，リリース履歴を調べることができる．履歴またはログでは，誰が，何を，いつ，変更したかということについて簡単な概要が得られる．

```
?> git log
```

この新しくクローン作成されたリポジトリは，安定版リリースで行うのと同様の方法でコンパイルすることができる．

■ バージョン管理下でのカスタムソースの配置

カスタム開発のために git を使用する最も一般的な方法は，メインリリースとは無関係の**独立した**リポジトリで各ユーザのプロジェクトをトラッキングすることである．これにより，コードの共有が簡単になり，コードとともに OpenFOAM のリリース全体を提供する必要がなくなる．たとえば，**projectA**，**projectB**，**projectC** の三つのプロジェクトをバージョン管理下に置くとする．これら三つのプロジェクトのディレクトリは，それぞれ個別に入れられ，それぞれについて git リポジトリを初期化する必要がある．

```
?> cd projectA
?> git init
```

これらの各リポジトリはローカルであり，空である．ファイルは手動でリポジトリに追加しなければならない．コンパイル時に生成される .deb ファイルや lnInclude ディレクトリがリポジトリを侵蝕するのを防ぐために，.gitignore ファイルを追加して，それらがリポジトリ内に現れないようにするべきである．この方法により，OpenFOAM の異なるバージョン間でより簡単なコードの共有や移植が可能となる．

■ メインリポジトリでの開発

OpenFOAM リポジトリで直接開発を行うことは，少し奇妙に見えるかもしれないが，別々のリポジトリでの開発に比べていくつかの利点がある．HPC クラスタを管理

し，カスタム開発を使用する全ユーザに対してグローバルバージョンの OpenFOAM
をインストールする場合，この方法は役に立つかもしれない．master ブランチからブ
ランチを分岐させ，このブランチのみに変更を加えることは，OpenFOAM リポジト
リにカスタム開発を融合させるためのかなり安全な方法である．その後，このブラン
チは HPC クラスタへ展開される．master ブランチはメインリポジトリの master と
同等であるべきであり，最新の状態に保つために，master へのすべての上流での変
更はローカルな開発ブランチに合流させる必要がある．展開そのものは git フックを
用いてさらに自動化することができる．しかし，あるメジャーリリースからつぎのメ
ジャーリリースへ開発を移動させるのは，分離や独立をしたリポジトリを用いた場合
より，若干扱いにくいことになるかもしれない．

■ケースのトラッキング（追跡）

git は任意のテキストファイルを追跡することができるので，ソースコードのみに
限定されるものではなく，OpenFOAM のケースを扱うこともできる．これを適切に
実行するには，`controlDict` 内の `writeFormat` を `ascii` と設定し，ケース内の選ば
れたファイルのみを追跡する必要がある．timestep と processor ディレクトリなどの
いくつかのファイルとディレクトリは，git により追跡すべきではなく，ゆえに，適切
な `.gitignore` ファイルにより除外しなければならない．この選択は github.com [†] の
`gitignore` プロジェクトによってすでに行われており，そして，ケースのセットアッ
プに直接関係のないメッシュやほかの多数のファイルやディレクトリが無視される．

ケーストラッキングのよい応用例は，シミュレーションにおけるさまざまなパラメー
タの影響の調査である．これにより，同じケースのコピーを何回も実行するようなこ
とがなくなる．そして，ケースのさまざまなバージョンが，git タグを用いて強調さ
れる．

▍6.4　HPC クラスタへの OpenFOAM のインストール

本節では，HPC (high performance computing) クラスタ上で OpenFOAM のイ
ンストールを試みる際のいくつかのトピックについて述べる．リモートクラスタ上で
作業する場合，異なるハードウェア，ソフトウェアライブラリ，コンパイラのバージョ
ンで構成されるまったく新しいシステムを想定する必要がある．これらの違いのため，
すべてのシステムは異なっていて，インストールするうえで特別な工夫が必要となる．

[†] https://github.com/github/gitignore

そのため，本節では，システムの詳細を述べる代わりに，特定のシステムで発生する可能性のある，より包括的な問題についてのいくつかを概説する．読者は，コンパイラの実行，そのコンフィギュレーションの設定，Linux システムの環境変数の使用の経験があることを前提として話を進める．これには，include フォルダやライブラリのバイナリをコンパイルと関連付けることも含んでいる．

6.4.1 分散メモリ計算機システム

分散メモリ計算機システムは，現在，大規模科学技術計算やエンジニアリングに使用される最も一般的な HPC システムである．このシステムは，相互接続された計算ノードの集積によって構成されている．各ノードは，通常，複数の CPU を搭載したメインボードで構成されており，各 CPU は RAM メモリへのアクセスをノード内で共有している．現在，一般的な計算ノードは，4〜16 個の独立したプロセッサコアで構成されている．各ノードは，高速なインターコネクトによる複雑なネットワークを介して相互接続されている．これらのインターコネクトのデータ転送速度と形式は幅広いが，現在の業界標準 Infiniband 光ファイバー相互接続システムが用いられ，これは計算ノード間を 50 GByte/s 以上の速度で通信することができる．

ノード間およびノード内のプロセッサ間でのデータ通信は，通常，MPI プログラミング標準の実装によって処理される．これらの実装は，OpenMPI のようなオープンソースの場合もあれば，商用ソースの場合もある．いずれにせよ，クラスタ自身でサポートされた MPI の実装が設定されているシステムの使用が望ましい．OpenFOAM とともにパッケージ化された ThirdParty フォルダ内に含まれている OpenMPI ライブラリについてコンパイルする場合，ソルバはそれでも動作するだろうが，多数の並列最適化やインターコネクトのサポートは得られないであろう．これは，並列処理の速度とスケーリングを大幅に悪化させる可能性があり，推奨されない．

完全に機能する MPI のコンパイルなしには，OpenFOAM の Pstream ライブラリは正しくコンパイルされない．Pstream ライブラリは，CFD ライブラリと生の MPI 関数との間のインターフェースとして動作し，それはすべての並列計算に対して必要である．

6.4.2 コンパイラ・コンフィギュレーション

それぞれのクラスタは，通常，そのシステム上で使用するために，公式にサポートされたコンパイラをもっている．これは，Gcc のようなオープンソースのコンパイラの場合もあれば，インテル社が提供する Icc のようなあらかじめ設定された商用 C++ コンパイラの

場合もある．OpenFOAM のコンパイルシステム wmake で使用するコンパイラを選択す
るには，メインのコンフィギュレーションファイル（$WM_PROJECT_DIR/etc/bashrc）
を変更しなければならない．コンパイラの選択に関連するファイルの部分を，リス
ト 32 に示す．最初のオプション Compiler location は，コンパイル処理において
wmake がシステムのコンパイラを使用するか，OpenFOAM とともにパッケージ化さ
れた ThirdParty ディレクトリ内のコンパイラを使用するかを指示する．HPC への
インストールの場合，システムのコンパイラを常に使用すべきである．もう一つのオ
プションは，どのコンパイラを使用するかを設定する．使用可能なオプションが多数
あるが，対象とするシステムにそれらがすべてインストールされているとは限らない．
たとえば，Linux ベースのクラスタ計算機の多くは，システムのどこかに Gcc がイン
ストールされているが，推奨されるコンパイラは，高度に最適化され調整されたバー
ジョンの Icc である．この場合，コンパイラは以下のように定義される．

```
#- Compiler;
#  WM_COMPILER = Gcc | Gcc43 | Gcc44 | Gcc45 | Gcc46 | Clang | Icc
export WM_COMPILER=Icc
```

リスト 32　コンパイラを変更する場合の $WM_PROJECT_DIR/etc/bashrc の修正

```
#- Compiler location:
#  foamCompiler= system | ThirdParty (OpenFOAM)
foamCompiler=system

#- Compiler:
#  WM_COMPILER = Gcc | Gcc43 | Gcc44 | Gcc45 | Gcc46 | Clang | Icc
export WM_COMPILER=Gcc
```

6.4.3　MPI コンフィギュレーション

　コンパイラと同様に，wmake は，特定の HPC システムに対してサポートされた MPI
実装に対してビルドするようにコンフィギュレーションを行う必要がある．これは，
コンパイラの選択と同じ bashrc ファイル内で行われる（リスト 33）．

リスト 33　MPI コンフィギュレーションを変更する場合の $WM_PROJECT_DIR/etc/bashrc
の修正

```
#- MPI implementation:
#    WM_MPLIB = SYSTEMOPENMPI | OPENMPI | MPICH | MPICH-GM | HPMPI
#           | GAMMA | MPI | QSMPI | SGIMPI
export WM_MPLIB=OPENMPI
```

選択した実装に応じて，OpenFOAM は `MPI_ARCH_PATH` と `MPI_HOME` に対して
ターゲットの場所を設定し，これらは，mpi 実行ファイル，ライブラリ，ヘッダファ
イルの存在するクラスタのファイルシステム上の場所を示している．HPC でのイン
ストールにおいて最も起こり得る問題の一つは，このディレクトリが正しく設定され
ておらず，MPI ライブラリとヘッダが見つからないために，Pstream ライブラリが正
しくコンパイルされないことである．

この場合，`WM_MPILIB＝OPENMPI` の設定は，wmake に対して，ThirdParty ディレ
クトリにパッケージ化された OpenMPI バージョンを使用するよう指示する．一方，
`SYSTEMOPENMPI` が設定されている場合には，スクリプトは，システムに OpenMPI ラ
イブラリを読み込ませるようにする．選択に応じてこれらの環境変数を定義するスク
リプトは，Communications library サブセクション中の `$WM_PROJECT_DIR/etc/`
`config/settings.sh` にある．

そこで，`MPI_ARCH_PATH` と `MPI_HOME` の環境変数が設定される．残念なことに，変
数の設定の仕方が，特定クラスタの設定に対して適切ではない可能性がある．たとえ
ば，MPI ライブラリとして HPMPI を選択すると，スクリプトは（463 行目付近で）特
定のディレクトリを読み込もうとする．

```
HPMPI)
export FOAM_MPI=hpmpi
export MPI_HOME=/opt/hpmpi
export MPI_ARCH_PATH=$MPI_HOME

_foamAddPath $MPI_ARCH_PATH/bin
```

hpmpi フォルダの場所が正確に/opt/hpmpi でない場合，`MPI_HOME` は正しく設定さ
れず，スクリプトの至る所でエラーが発生し，最終的にコンパイルは中断される．幸
いにも，システムディレクトリツリー内でターゲットの MPI 実装の位置がわかれば，
これらの変数を手動で設定するのは非常に簡単である．

> **注 意**　クラスタ上で OpenFOAM のコンパイルに問題が発生した場合には，クラ
> スタのシステム管理者にまず連絡すること．

仮にこのクラスタが，スーパースケーリング MPI，略して ssmpi とよばれる特定
の**架空**の MPI 実装をサポートしているとする．この架空ライブラリ，バージョン 1.3
は，ディレクトリツリー/opt/apps/ssmpi/1.3 内で見つけられる．スクリプトでは
これとリンクするためにどのように wmake のコンフィギュレーションを行ったらよ
いかわからないので，`$HOME/.bashrc` の中に手動で mpi 環境変数を定義する必要が

ある（リスト 34）．誤って入力された変数を確実に上書きするために，OpenFOAM
の bashrc を実行した後，変数を適切に設定する．MPI のコンパイラフラグの設定に
ついての wmake のルールを見ると，これらの環境変数の重要性は明らかである（リス
ト 35）．

リスト 34 $HOME/.bashrc でのカスタム MPI バージョンの定義

```
source ~/OpenFOAM/OpenFOAM-2.2.0/etc/bashrc
export MPI_ARCH_PATH=/opt/apps/ssmpi/1.3
export MPI_HOME=/opt/apps/ssmpi/1.3
```

リスト 35   wmake に対するルール

```
?> cat $WM_PROJECT_DIR/wmake/General/mplibOPENMPI

PFLAGS = -DOMPI_SKIP_MPICXX
PINC   = -I$(MPI_ARCH_PATH)/include
PLIBS  = -L$(MPI_ARCH_PATH)/lib$(WM_COMPILER_LIB_ARCH)
         -L$(MPI_ARCH_PATH)/lib  -lmpi
```

OpenMPI を用いたコンパイルのためのコンフィギュレーションファイルの中で，こ
れらの変数はヘッダとバイナリの場所へのパスを設定するために用いられる．架空の
SSMPI コードを用いたインストールの場合は，命名規則に従った新しいコンフィギュ
レーションファイルを作成し，ファイルへの適切なパスを追加する．最後に，このセット
アップのすべてによって，Pstream ライブラリが正しくコンパイルされ，ローカルの MPI
実装にリンクされていることが確認される．$WM_PROJECT_DIR/src/Pstream/mpi/
Make/options 中にある Pstream のコンパイルオプションには，PFLAGS, PINC, PLIBS
があり，これらは -I と -L を介してコンパイラフラグに直接入力される．これは，ヘッ
ダとライブラリのリンクのためのコンパイル時に使用される．MPI ライブラリと連動
しない場合，OpenFOAM は大部分が自己完結型であり，ほかの外部ライブラリとの
依存関係はほとんどない．コンパイル時に重大な問題が発生した場合には，MPI ライ
ブラリのコンフィギュレーション中あるいはコンパイラの設定中に発生した可能性が
高い．

　残念なことに，どのようなシステム上でも，コンパイル中に多数の問題やエラーが
発生するだろう．多くの場合，コンパイルの成功まで到達するには，ユーザは，コン
パイラの使用から得た個人的な経験や，さまざまなオペレーティングシステム環境下
での作業経験を活かす必要がある．幸いなことに，OpenFOAM の利用の増加に伴い，
あらかじめインストールされコンフィギュレーションが行われたローカルバージョン
を用いた新しいシステムが多数現れている．ユーザがコンパイラの使用経験が比較的

少なく，HPC クラスタで OpenFOAM を使用する必要があるならば，設定済みのパッケージを搭載したシステムに着目するほうがよいかもしれない．

▎参考文献

[1] Josuttis, Nicolai M. (1999). *The C++ standard library: a tutorial and reference*, Boston, MA, USA: Addison-Wesley Longman Publishing Co., Inc.

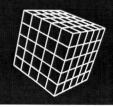

## 第 7 章

乱流モデル

本章では，OpenFOAM の乱流モデルを説明するが，物理的・数学的モデル化の詳細については最低限にとどめる．その理由は，乱流モデルそれ自体が大きなテーマで，本書のカバーする範囲を超えているからである．乱流モデルのある程度詳細な説明は，Lesieur (2008)，Pope (2000)，Pozrikidis (2011)，Wilcox (1998) を参照していただきたい．

7.1 導入部

一般に，乱流モデル化とその効果については，4 通りのモデル化法がある．乱流モデルのおもな目的は，運動方程式の未知量であるレイノルズ応力を決定することである（第 1 章を参照）．

乱流モデルには，そのタイプにより，レイノルズ応力の計算方法が非常に簡単なものから非常に複雑なものまであり，それに従って，必要な計算負荷と計算格子は，さまざまとなる．図 7.1 に，これらのモデルの簡単な説明を示す．

> **ヒント** レイノルズ応力は，**単位面積当たりの平均運動量輸送量**で，**せん断応力に対応する量**であるが (Baehr & Stephan (2011))，流れの方程式中の新たな未知量である．これは，ナビエ−ストークス方程式の非線形性のために，**クロージャー問題**（未知量を求めるのに必要なだけの方程式を与える問題）が引き起こされるからで，平均化ナビエ−ストークス方程式からレイノルズ方程式が得られる（詳細は Lesieur (2008) を参照）．この問題を解くためにはもっと多くの情報が必要で，何はともあれレイノルズ応力はモデル化しないといけない．そのため，乱流モデルが必要とされる (Pope (2000) を参照)．

乱流モデルの最も基本的なカテゴリーは RANS であり，この種類のモデルはすべて，平均量の**時間変動**に対して，**レイノルズ平均**の形で作用する (Lesieur (2008)，Reynolds (1895) を参照)．この種類のモデルは，乱流変動を空間的に解像できないがモデル化することはでき，比較的粗い格子でもよく機能する．しかし，実際には，この種類のモデルは，定常シミュレーションに対してのみ有効で，真の乱流変動を捉え

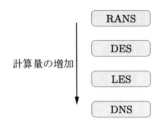

図 7.1　いろいろな乱流モデルと直接
数値計算の相対的な計算量

ることはできない. RANS の代表的な例は, k-ε モデル (Jones & Launder (1972),
Launder & Sharma (1974)) と, k-ω-SST モデル (Menter (1993, 1994)) である. こ
れらのモデルを OpenFOAM へ組み込む方法は, レイノルズ平均シミュレーションモ
デルのライブラリ (RAS) にある.

このつぎのカテゴリーのモデルは, LES とよばれ, 小さなスケールの渦だけをモデ
ル化する RANS と異なっている. 大きなスケールの渦は, RANS よりも空間的にか
なり細かい計算格子によって解像される. 図 7.1 に示すように, 計算負荷と効率に関
しては, LES は, RANS と直接数値計算 (DNS) の中間にある. Pope (2000) が述べ
ているように, **LES は, 大きなスケールの非定常性が重要な流れに対しては, レイノ
ルズ応力モデルよりも正確で信頼性が高い.**

DNS は, ナビエ - ストークス方程式をすべてのスケールにわたってモデル化なしで
解く. この方法は, 数値計算の手法としては最も簡単であるが, 計算負荷は非常に大
きい.

OpenFOAM における乱流モデルは包括的で, それぞれのソルバに対してどのモデ
ルも適用可能で, ほとんどのソルバが乱流モデルをサポートしている. 乱流モデルを包
括的に装着できることは, 乱流モデルと組み合わせて Run-time type selection (RTS)
を利用でき, 異なる乱流モデルを使う場合でもソルバを再コンパイルする必要がない
という大きな利点がある. すべての乱流モデルは $FOAM_SRC/turbulenceModels に
あり, その装着法は, 圧縮性, 非圧縮性, LES 型のモデルでそれぞれ異なっている. 以
下では, RANS のごくわずかな部分だけについて述べ, LES, DES (Detached Eddy
Simulation), DNS には触れないことにする.

▌7.1.1　壁関数

高レイノルズ数では, 境界層の粘性底層は非常に薄いので, 解像できるほどの格子
点を確保するのは困難である (Ferziger & Perić (2002) を参照). 壁関数は, 壁面乱

流の一般則に従っており，ほとんどすべての乱流において，壁付近の速度分布は相似的である．

壁関数の適応可能性を調べるために最も適切なパラメータは，無次元壁変数 y^+ で，Schlichting & Gersten (2001) により以下のように定義された．

$$y^+ = \frac{y u_\tau}{\nu} \tag{7.1}$$

ここで，y は壁からの距離で，u_τ と ν はそれぞれ摩擦速度と動粘性係数である．

Pope (2000) は，壁関数の重要性に関する深い洞察を示した．壁付近では速度分布が急峻となるので，乱流モデルはそれを考慮しないといけない．これが，最初 Launder & Spalding (1972) によって壁関数が重要であると考えられた点である．アイデアは，壁からある距離で，対数法則を満足するように追加の境界条件を置くことである．したがって，乱流モデルによって導入された追加の方程式は，壁近傍までは解かない．乱流モデルに応じて，異なる壁関数がその乱流モデルのそれぞれの場に対して適用される．つまり，k-ε モデルに対する壁関数は，k-ω モデルの壁関数とは異なっている．

> **注 意** とくに流れが剥離するとき，RANS は剥離を適切に捉えることができない．したがって，RANS を用いるとき，そのような流れは注意して取り扱わなければいけない (Ferziger & Perić (2002)，Pope (2000)，Wilcox (1988) を参照)．

乱流モデルによって，また対応する壁関数によって，必要な壁変数 y^+ の値が異なり，壁近傍の解像度は変化する．読者は，壁近傍で計算格子に必要な y^+ の値については，それぞれの文献を参照していただきたい．もし対数領域が格子により解像できれば，壁関数は必要ではない．シミュレーションのタイプによっては，メッシュ分割の過程で得るのが極めて困難なほど小さな y^+ の値が必要である場合があるが，それは望ましくない．なぜなら，そのようにすると，時間ステップを極めて小さくしなければならないからである．

OpenFOAM において，壁関数は通常の境界条件に代わるものに過ぎず，通常の壁パッチに代わって，type wall の境界パッチに適用される．壁関数に対する唯一の制限は，境界において以下で述べる条件を満足することである．もしこの条件が満足されなかったら，ソルバは実行中にエラーメッセージを出すことになる．壁関数は，実行的には壁での境界条件と非常に類似しているので，本章では，その構成法については議論しない．境界条件については，第 10 章で詳細に取り扱う．

7.2　前・後処理と境界条件

　乱流モデルの選択によって，シミュレーションで解く必要のある新しい場が現れる．簡単のために，k-ω モデルを考えてみる．基本的に二つの型の境界条件が，たとえば計算領域の流入部において，乱流モデルのパラメータをモデル化するのに用いられる．

標準境界条件

　流入値が知られていたら，`fixedValue` または `inletOutlet` 境界条件が用いられる．乱流運動エネルギー k と比散逸率（単位質量当たりの散逸率）ω は，乱流強度 I または混合距離 L から，以下のようにして計算される（Fluent (2005) を参照）．

$$k = \frac{3}{2}\big(|\boldsymbol{U}_{\mathrm{in}}|I\big)^2 \tag{7.2}$$

$$\omega = \rho \frac{k}{\mu}\left(\frac{\mu_t}{\mu}\right)^{-1} \tag{7.3}$$

$$\omega = \frac{\sqrt{k}}{C_\mu^{\frac{1}{4}} L} \tag{7.4}$$

乱流強度 I は，区間 $[0.01; 0.1]$ の中から選ばれ，自由乱流では $I = 0.05$ が一般的な値である．流入条件における乱流粘性比 μ_t/μ は，非常に小さく仮定され，Fluent (2005) で議論されているように，通常，$1 \le \mu_t/\mu \le 10$ である．混合距離が知られているときは，式 (7.4) が一般的に用いられるが，そうでない場合は，式 (7.3) が直接的な形で用いられる．これらの値が決定されれば，境界条件に用いられる．なお，これらの値は上式によって計算される．

乱流特定境界条件

　式 (7.2)〜(7.4) を内包し，流入条件の初期化に用いられるいくつかの場合がある．特定境界条件の一つ目は，`turbulentIntensityKineticEnergyInlet` であって，式 (7.2) によって k を初期化する．境界 INLET にこの境界条件を適用するためには，リスト 36 のコードが必要である．

　さらに，混合距離に基づく ω（式 (7.4)）の流入条件の初期化は，`turbulentMixingLengthFrequencyInletFvPatchScalarField` において行われる．この境界条件を与えるためには `turbulentIntensityKineticEnergyInlet` と同様，いくつかの追加のパラメータが必要で，それを用いて式 (7.4) から ω を決定する．境界条件のために必要なディクショナリは INLET で，それをリスト 37 に示す．ここで，C_μ は，選択した乱流モデルから直接読み込まれ，再定義してはならない．

リスト 36 turbulentIntensityKineticEnergyInlet の例

```
INLET
{
   type    turbulentIntensityKineticEnergyInlet;
   intensity    0.06
}
```

リスト 37 turbulentMixingLengthFrequencyInlet の例

```
INLET
{
   type    turbulentMixingLengthFrequencyInletFvPatchScalarField ;
   mixingLength    0.005
}
```

ほかの乱流モデルによって導入されるほかのフィールドについては，対応する境界条件が OpenFOAM フレームワークに含まれている．

7.2.1 前処理

boxTurb と applyBoundaryLayer でも，これ以外のいくつかの前処理が行われる．boxTurb は，非一様で乱流的な速度場の初期化に用いられ，顕著な乱流効果がシミュレーションの最初から存在する場合に有用である．結果として得られる速度場は，連続条件を満足し，非発散である．

壁近傍での流れの発達は，applyBoundaryLayer によって簡単化され，収束が向上する．そこでは，1/7 べき乗法則に基づいて境界層を計算し（Chant (2005)，Fluent (2005) を参照），速度場がそれに基づいて調節される．

本ツールによって，yb1 と Cb1 の二つの設定可能なコマンドラインパラメータが与えられる．境界層厚さは，yb1 によって直接に設定され，Cb1 によってその引数と壁からの平均距離との積として与えられる．オプションで，乱流動粘性係数 ν_t が保存されるが，乱流モデルの計算には必要ではない．

7.2.2 後処理

前項で述べられた前処理ツールと同様に，OpenFOAM にはいくつもの後処理ツールがある．乱流モデルを用いたシミュレーションの後，y^+ の値を調べる必要がある．このために，yPlusRAS と yPlusLES が存在し，それぞれ RANS と LES シミュレーションに対応している．そこでの計算原理は式 (7.1) とまったく同様なので，ここで

は議論しない．それぞれの場合に y^+ の値を計算するために，用いられたシミュレーションの場合に対応して，コマンドが存在している．デフォルトでは，y^+ の値はシミュレーションにおいて，ケースの各時間ディレクトリで計算される．これは適当な引数をもつ -times パラメータを入れることによって，特定の時間へと制限をかけることができる．あるいは -latestTime オプションではさらに簡単に処理できる．以下に，簡略化された出力を示す．

```
?> yPlusRAS -latestTime
Calculating wall distance

Writing wall distance

Patch 2 named wall y+ : min: 130.38 max: 134277 average: 8344.93

Writing yPlus to field yPlus
```

これからわかるように，wall タイプのパッチに対する y^+ の最小値，最大値，平均値が画面上に表示される．また，壁からの距離 y と y^+ はケースディレクトリに書きこまれ，後から判定できる．これは大変便利である．LES を用いた場合，yPlusLES が使用され，yPlusRAS と同様のはたらきをするが，直接に参照されることはない．

ときには後処理のために，レイノルズ応力 R を計算し，場に書き入れなければならない．コマンドラインツール R は，追加パラメータなしでこれを実行するために用いられる．

7.3　クラスデザイン

乱流モデルのデザイン（設定）は，輸送モデルのデザインとよく似ているので，ここでは説明しない．輸送モデルについては第11章で説明する．個々の乱流モデルに直接アクセスするのではなく，乱流モデルはサブカテゴリーにまとめられている．したがって，乱流モデルのサブカテゴリーは，個々の乱流モデルと同様，Runtime Selection (RTS) によって選ぶことができる．これにより，RASModel と LESModel のサブカテゴリーへたどり着くことができ，それらの中に，多くの乱流モデルが含まれている．

参考文献

[1] Bachr, H. D. and K. Stephan (2011). *Heat and Mass Transfer*. Springer.
[2] Chant, Lawrence J. De (2005). "The venerable 1/7th power law turbulent velocity profile: a classical nonlinear boundary value problem solution and its

relationship to stochastic processes". In: *Applied Mathematics and Computation* 161.2, pp.463–474.

[3] Ferziger, J. H. and M. Perić (2002). *Computational Methods for Fluid Dynamics*. 3rd rev. ed. Berlin: Springer.

[4] Fluent (2005). *Fluent 6.2 User Guide*. Fluent Inc. Centerra Resource Park, 10 Cavendish Court, Lebanon, NH 03766, USA.

[5] Jones, W. P. and B. E. Launder (1972). "The prediction of laminalization with a two-equation model of turbulence". In: *International Journal of Heat and Mass Transfer* 15.2, pp.301–314.

[6] Launder, B. E. and B. I. Sharma (1974). "Application of the energy-dissipation model of turbulence to the calculation of flow near a spinning disc". In *Letters in Heat and Mass Transfer* 1.2, pp.131–137.

[7] Launder, B. E. and D. B. Spalding (1972). *Mathematical Models of Turbulence*. Academic Press.

[8] Lesieur, M. (2008). *Turbulence in Fluids*. Fluid Mechanics and Its Applications. Springer.

[9] Menter, F. R. (1993). "Zonal two-equation k-ω turbulence models for aerodynamic flows". In: *AIAA Journal*, p.2906.

[10] — (1994). "Two-equation eddy-viscosity turbulence models for engineering applications". In: *AIAA Journal* 32.8, pp.1598–1605.

[11] Pope, S. (2000). *Turbulent Flows*. Cambridge University Press.

[12] Pozrikidis, C. (2011). *Introduction to Theoretical and Computational Fluid Dynamics*. 2nd ed. Oxford University Press.

[13] Reynolds, O. (1895). "On the Dynamical Theory of Incompressible Viscous Fluids and the Determination of the Criterion". In: *Philosophical Transactions of the Royal Society of London*. A 186, pp.123–164.

[14] Schlichting, Hermann and Klaus Gersten (2001). *Boundary-Layer Theory*. 8th rev. ed. Berlin: Springer.

[15] Wilcox, D. C. (1988). "Re-assessment of the scale-determining equation for advanced turbulence models". In: *American Institute of Aeronautics and Astronautics Journal* 26.

[16] — (1998). *Turbulence Modeling for CFD*. D C W Industries.

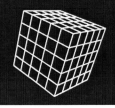

第8章

前・後処理アプリケーションの記述

OpenFOAM によって配布されている前・後処理アプリケーションは多数あるが，プログラミングや新しいアルゴリズムを用いるだけでなく特定のシミュレーションを実行するためには，新しいアプリケーションを開発する必要がある．そのため，ある特定の目的にのみ用いられる個別のアプリケーションがよく作られる．

新しい前・後処理アプリケーション開発を検討する前に，別の同様なアプリケーションが OpenFOAM によって配布されていないことを確認すべきである．これによって，無駄なプログラミング労力を払わずに当面の課題を解決することができるかもしれない．

たとえば，処理アプリケーションには，Berndhard Gschaider がプロジェクト swak4Foam の一部として開発した funkySetFields がある．このアプリケーションは，OpenFOAM フィールドに対して，代数型 exfunkySetFields 処理を実装する．この処理は，ユーザ定義式からフィールド上に算術処理や微分演算を導き，OpenFOAM の数値ライブラリを用いて実行される．汎用目的の場の計算のために新しいアプリケーションを始めから開発することは望ましくない．必要な機能がない場合，新規にプログラム開発するよりも，funkySetFields を拡張するほうがおそらく簡単であろう．

適切なアプリケーションが見当たらない場合，新規にアプリケーションを開発しなければならない．この場合，類似の機能を有する既存のアプリケーションを見つけ，必要な機能に修正するのがよい方法である．第6章に記述したように，新しいアプリケーションを開発する OpenFOAM には，Doxygen 型 HTML ドキュメントが役立つ．

8.1 コード生成スクリプト

OpenFOAM には，アプリケーション，クラス，クラステンプレート，(wmake ビルドシステムにより用いられる) ビルドファイルのスケルトンコードのフィールド作成のために，一連の Linux シェルスクリプトが用意されている．簡単な前・後処理アプリケーションを作成するときには，単一のソースコード（たとえば，applicationName.C）が一般的に用いられる．OpenFOAM の命名規約によれば，そのアプリケーションは同様の方法で命名されたディレクトリに保存される．

　新しいアプリケーションのプログラミングを始めるために，アプリケーションと同
じ方法で命名された新しいディレクトリを作成する．その後，リスト 38 に示してある
ように，そのディレクトリ内で foamNew スクリプトを実行する．

リスト 38　新しいアプリケーションの初期化

```
?> mkdir applicationName
?> cd applicationName
?> foamNew source App applicationName
  foamNewSource: Creating new interface file applicationName.C
  wmakeFilesAndOptions: Creating Make/files
  wmakeFilesAndOptions: Creating Make/options
```

注意　コード生成スクリプトは，公式 OpenFOAM ソースのヘッダファイルを生
成し，OpenFOAM 財団へ著作権を付与する．著作権の表記はプログラマによって
修正できる．

　Make/files ファイルで変数名 $FOAM_APPBIN を $FOAM_USER_APPBIN に変更して
おくのが望ましい．さもなくば，インストール処理によって，コンパイルしたバイナ
リファイルを OpenFOAM のアプリケーションディレクトリにコピーすることにな
る．OpenFOAM のバイナリフォルダを増大化することは，アプリケーションディレ
クトリを乱雑にするため，望ましくない．そのためのコンパイルが必要になることが
ある．たとえば，管理者権限で保護されたディレクトリに OpenFOAM がインストー
ルされたシステムを用いれば，すべてのユーザがアプリケーションを利用することが
できる．新しいアプリケーションを動作させるためには，applicationName.C ファ
イルを編集した後，applicationName ディレクトリ内で OpenFOAM ビルドスクリ
プト wmake によってコンパイルすればよい．

```
?> wmake
```

　Make/options ファイルは，型宣言を記録したディレクトリのリストを保存し，さら
に定義の場合にもクラスや関数のテンプレートを使うことになる．wmake ビルドシス
テムによって検索されるディレクトリは，-I オプションによって指定される．

```
-I $(LIB_SRC)/finiteVolume/lnInclude
```

　-I オプションが絶対パスを使わない場合，上記の例にある $(LIB_SRC) のような環境
変数が用いられる．さらに，アプリケーションにリンクされたコンパイル前の動的ラ
イブラリを保存するディレクトリのリストも定義される．そのライブラリを含むディ

レクトリは，-L オプションによってビルドオプションに付け加えられる.

```
-L $(LIBRARY_VARIABLE)/lib
```

この場合，`LIBRARY_VARIABLE` は，パッケージ `lib` フォルダへのパスを記録する環境変数である．これは，ロード可能なライブラリバイナリファイルが保存された場所である．アプリケーションが付随するライブラリで構成される場合，`Make/options` ファイルは，再びリンクされたライブラリを検索する必要がある.

```
-lusedLibrary
```

ここで，`usedLibrary` ライブラリは，実行時にコンパイルされたアプリケーションと再びリンクされる.

　ここまでの記述は特定のアプリケーションに関するものであり，次節ではもっと詳しく述べることにする．ライブラリ，リンク，およびビルド過程に関するもっと多くの情報は，Linux 環境についてのプログラミング解説書やインターネットサイトを参照されたい.

▌ 8.2　前処理アプリケーションのカスタマイズ

　既存の前処理アプリケーションは広範囲にわたる機能を有するので，独自に Open-FOAM アプリケーションを作成する必要は滅多にない．非常に多数の処理が実行され，さまざまなアプリケーションが，シェルもしくは Python スクリプトを用いて自動的に実行される．OpenFOAM の慣例では，この種のスクリプトは `Allrun` という名でシミュレーションケースのディレクトリ内に保存される.

　この節では，複雑な例を紹介する．一例として，既存の前処理アプリケーションでは，簡単なシェルスクリプトで実行型 OpenFOAM プログラムを呼び出す．別の例では，PyFoam ライブラリでパラメータを検査する．PyFoam プロジェクトは最初 Bernhard Gschaider によって開発され，Python 言語で記述されたライブラリと実行可能プログラムで構成されている．OpenFOAM シミュレーションの容易なパラメータ化と結果解析が，PyFoam プロジェクトのおもな目的である．PyFoam の詳しい情報は foam-extend Wiki ページに掲載されている.

▌ 8.2.1　分割化および並列処理の開始

　高性能コンピュータを用いて多数のシミュレーションを開始する状況を想定しよう．このために，すべてのシミュレーションは異なる小領域に分割され，`simulations` 名

のディレクトリに保存される．simulations ディレクトリは，$FOAM_RUN サブディ
レクトリに置き換えることができる．各シミュレーションを手動で開始するのではな
く，できる限り自動的に開始できることが望ましい．この目的のため，シェルスクリ
プトは，つぎのステップに沿って作成される．

1. controlDict からソルバ名を読み出す
2. decomposeParDict から領域の数を読み出す
3. 正確な個数のプロセッサによって mpirun 命令を実行する

つぎの例では，スクリプトは Allparrun と名付けられ，simulations ディレクト
リに保存される．第 1 ステップとして，スクリプトの先頭に数行が書き加えられる．
同様の記述が OpenFOAM のチュートリアルにも見られる．

```
#!/bin/bash
cd ${0%/*} || exit 1

source $WM_PROJECT_DIR/bin/tools/RunFunctions
application=`getApplication`
```

ここで，getApplication 関数は，OpenFOAM の既存 bash 関数で，この例ではア
プリケーション名がこのケースのソルバ名となるよう修正されている．

つぎに，simulations ディレクトリ内には，すべてのケースサブディレクトリが
存在しなければならない．それらのディレクトリはすべて適切な OpenFOAM シミュ
レーションケースと仮定されている．結果として，OpenFOAM シミュレーションは，
simulations ディレクトリの各サブディレクトリで開始されることになる．find 命
令は，$FOAM_RUN/simulations（リスト 39 を参照）の中にある特定のディレクトリ
を探すために用いられる．上記の行は $FOAM_RUN ディレクトリにあるすべてのディ
レクトリを探索し，その後，すべてのシミュレーションにおいて同じ動作を実行する
ことができるようになる．find 命令は，たとえばワイルドカード文字を使って特定の
ディレクトリ名をフィルタリングするだけで，容易に強化できるが，この例では簡単
にするために，simulations ディレクトリだけが OpenFOAM ケースを含んでいる
と仮定する．

リスト 39　bash 言語を用いた OpenFOAM ケースのループ化

```
for d in "find $FOAM_RUN/simulations -type d -maxdepth 1"
do
    # This part will be programmed at a later point in this section.
done
```

つぎの段階では，system/controlDict から小領域の個数を読み出し，変数に保存する．このために，Allparrun スクリプトに，小領域の個数を与える nProcs とよばれるつぎの新しい関数を導入する．

```
function nProcs
{
  n=`grep "numberOfSubdomains" system/decomposeParDict \
    | sed "s/ numberOfSubdomains\s//g" \
    | sed "s/;//g"\
  echo $n
}
```

この関数は，numberOfSubdomains を含む system/decomposeParDict の行を検索する grep プログラムを呼び出す．上記の文では，文字列 numberOfSubdomains は削除され，この文字列と実際の数値の間の空白は除去され，末尾のセミコロンも削除される．この一連の命令の結果は bash 変数 n に記録される．その値を返すために，echo が用いられている．

OpenFOAM ソルバあるいはユーティリティは，並列して mpirun コマンドで実行される．このためには，オプション引数としてソルバ名とプロセッサ数の 2 変数を mpirun に与える必要がある．完成した Allparrun スクリプトをリスト 40 に示す．

> **注 意**
> mpirun 呼び出しはすべての処理を個別処理として開始することに注意してほしい．HPC クラスタを初期化し，その計算ノードを使うためには，特定のクラスタ構成に依存した別の設定を必要とする．

処理待ちや処理転送ができない最も簡単な場合には，マシンファイルを mpirun へ提供するだけである．マシンファイルは，HPC クラスタのネットワーク上にある計算ノードの IP アドレスかホスト名を含んでいる．この話題に関する詳しい情報については，HPC クラスタの管理者が提供する個別のユーザマニュアルを参照されたい．

8.2.2 PyFoam によるパラメータ変更

ここでは，2 次元翼 NACA0012 まわりのシミュレーションを例として説明する．メッシュ生成は blockMesh と mirrorMesh を用いて実行される．揚力と抗力に及ぼす迎え角パラメータ α の影響を検討している．迎え角を $\alpha = 0°$ から $15°$ まで変えて，全部で 15 回のシミュレーションが行われている．最初の 15 回を計算した後，揚力ピークをより厳密に分析するために新しいシミュレーションが行われている．自動化されていない場合，CFD 計算のパラメータ変化は苦労の多い好ましくない作業にな

リスト 40　複数のシミュレーションを自動実行する Allparrun スクリプト

```bash
#!/bin/bash
cd ${0%/*} || exit 1

source $WM_PROJECT_DIR/bin/tools/RunFunctions

function nProcs
{
   n=`grep "numberOfSubdomains" system/decomposeParDict \
      | sed "s/ numberOfSubdomains\s//g" \
      | sed "s/;//g"`
   echo $n
}


PWD=`pwd`

for d in "find $FOAM_RUN/simulations -type d -maxdepth 1"
do
   # Jump into the current case directory
   cd $d
   n=`nProcs`
   application=`getApplication`

   runApplication decomposePar

   # Depending on the conviroment of your HPC, this must be
   # adjusted accordingly. Remember to provide a proper
   # machine file, otherwise all jobs will be started on the
   # master mode, which is undesirable in any way.
   mpirun -np $n $application -parallel > log &

   # Jump back
   cd $PWD
done
```

ることが多い.

　OpenFOAM のモジュール性は，おもなデータフォーマットとして，異なる単一ア
プリケーションとテキスト型入力ファイルに基づいている．結果として，OpenFOAM
は GUI 型 CFD よりも自動化に適している．非 GUI 型インターフェースでは，ユー
ザが独自に計算やパラメータ変化を実装できる．自動化のシェルスクリプトを用いる
ことは可能であるが，ユーザが bash コードを学習して使わねばならないこともある.
bash コードの代わりに，Python 言語を使うこともよくある．さらに，補間，方程式
の解，データ処理および可視化などの数値シミュレーションを行える機能をもった,
多くの Python 言語ライブラリがすでに存在している．これによって，OpenFOAM

シミュレーションを自動的にパラメータ化したり，その計算結果を解析するための労力を大幅に軽減できる．幸い，Bernhard Gschaider は，Python 言語と OpenFOAM プログラムとの間でさまざまな動作や通信を行うすべての Python ライブラリ，すなわち PyFoam を開発してきた.

> **ヒント**　PyFoam は，設定ファイルと出力ファイルを操作することによってのみ Open-FOAM を実行する．すなわち，OpenFOAM の修正は不要である.

PyFoam 内には，コマンドラインからの実行文が多数ある．一例は，以前計算した OpenFOAM ケースディレクトリをクリアする `pyFoamClearCase.py` である．その実行型プログラムは PyFoam ライブラリに基づいて作成される．Python スクリプトに PyFoam ライブラリを用いると，その構造を変えたり，ディクショナリを参照したり，作業したりするなど，OpenFOAM ケースディレクトリを操作することが可能となる．さらに，Python 内で直接 OpenFOAM を実行することが可能となる.

ここでは，Python の背景知識や PyFoam が適切にインストールされたマシンをもっていることを仮定する.

PyFoam は OpenFOAM を修正しない Python ライブラリであるので，容易にインストールできる．とくに，大規模な CFD シミュレーションの結果として生成される大規模データの扱いに関して，PyFoam にはいくつかの制限がある.

> **注 意**　PyFoam のインストールや構成の方法について多くの情報が，OpenFOAM-extend Wiki に掲載されている．この節の例題を扱う前に，Python 言語の基礎を学習しておくことを推奨する.

C++を用いる OpenFOAM の複雑さを軽減し，Python を用いる OpenFOAM による作業を簡便にするための，pythonFlu とよばれる別の Python ライブラリもある．pythonFlu[†] ライブラリは，OpenFOAM インターフェースによって簡便に動作する包括的なプログラム生成に依存している．pythonFlu の詳しい情報は，Python プロジェクトのウェブサイトに掲載されている.

この節で記述している方法に関連して，ディレクトリには，パラメータ変化を処理する Python スクリプトと，シミュレーションケースのテンプレートを準備しておく必要がある．たとえば，Python スクリプトは `parametricStudy.py` と名付けられ，テンプレートケースは単純に `template` とよばれる.

---

† http://pythonflu.wikidot.com/

> **注 意** パラメータ化されたケースを生成できるように，テンプレートケースは，適切に実行され，設定される必要がある.

　スクリプトについての詳細な説明の前に，シミュレーションについて必要な背景情報を示しておく．対称メッシュが，図 8.1 に示す 3 ブロックで構成された blockMesh を用いて生成される．ブロック 1 から 2 と，ブロック 2 から 3 では，セルのサイズに大きな変化がないように，ブロックは調整される．翼面に沿う粘性境界層を解析するために，かなり小さいセルが NACA 翼近くに生成されている.

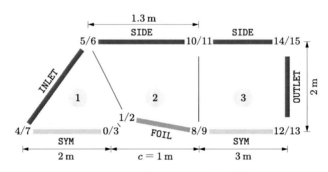

図 8.1　NACA 翼のメッシュ配置の全体図

　図 8.1 のラベル付けに基づいて，すべてのパッチが命名されている．頂点番号は斜線で分割された二つの数字で示されている．図の法線方向を向いていない FOIL パッチの端は，2 桁台の NACA 翼を定義する関数によって，算出される位置を有する blockMesh の polyLine を用いて形成される．INLET パッチの頂点についても同様であるが，2 桁の NACA の多項式よりも 1/4 円が用いられている．これによってメッシュはより明瞭になり，INLET パッチと SIDE パッチの間の境界条件の問題が取り除かれる.

　NACA 翼だけでなく計算領域の寸法は図 8.1 から得られる．採用されたソルバは simpleFoam であり，連続して実行される．境界条件とその他のデータについての詳しい情報は，primer-examples リポジトリのケースを参考にしてほしい.

> **注 意** 準備されたケースは例示のためのものであり，要求時間内に収まるよう修正されている.

　ここで，Python 言語のプログラミングは，リスト 41 に示すように，必要なモジュールを導入することから始める．最初の 3 行は PyFoam ライブラリの重要要素を導入している.

- SolutionDirectory は，すべてのケースを扱い，別のディレクトリにケースをコピーするだけでなく，そのデータへ容易にアクセスする．

- ParsedParameterFile は，Python ディクショナリやリスト，タプルを使って，すべての OpenFOAM ディクショナリを読み取り，Python 的な方法でアクセスを与える．

- Vector は，ベクトル性の記述を簡単化する．

リスト 41　導入されたパッケージ

```
import PyFoam.RunDictionary as RunDict
from RunDict.SolutionDirectory import SolutionDirectory
from RunDict.ParsedParameterFile import ParsedParameterFile
form PyFoam.Basics.DataStructures import Vector
from numpy import linspace,sin,cos, narray
from os import path, getcwd
```

　PyFoam ライブラリの導入後，コードを簡単化するために，OS パッケージと同様に numpy モジュールの要素を導入する．その導入は，以下の自由流速や迎え角のように記述される．

```
U = narray([1.0,0,0])
alpha = linspace(0,15,15)
```

スクリプトのはじめに，template ケースを SolutionDirectory として読み込み，各迎え角ごとに複製する．SolutionDirectory の構成には，つぎのように記述されたパスを要求するだけでよい．

```
template = SolutionDirectory(path.join(getcwd(), "template"))
```

これで各迎え角に対して template ケースを複製する準備ができる．cloneCase メソッドは複製ケースを示す新しい SolutionDrectory を返す．そのため，後処理オプションの変数が割り当てられる．

```
for alphaI in alpha:
    name = "alpha%.2f" % alphaI
    currentCase = template.cloneCase(path.join(getcwd(),name))
```

> **注　意**　以降のコードはループの一部で，その後に複製過程が続く．

　つぎのステップは，リスト 42 のように，特定の alphaI に応じて，速度の境界条件を読み込み，流入速度を記述することである．最初の 3 行は，現在の迎え角に対

して速度ベクトルを回転させている．その後，`SolutionDirectory.name` を介して
アクセスできる現在のディレクトリへのパスを用いて，速度の境界条件 U に対して
`ParsedParameterFile` を構築する．続く行で示すように，ディレクトリの変数はか
なり直接的に設定される．入れ子になった OpenFOAM ディクショナリは，Python
ディクショナリとして使われ，個々の名前でアクセスできる．`setUniform` を用いて
一様な値を初期値に設定する．シミュレーションは 3 次元なので，速度の y 成分を 0
と設定しなければならない．これが PyFoam を用いるパラメータ計算の必須条件であ
る．PyFoam の `BasicRunner` かシェルスクリプトのどちらかを用いて，各ケースの
計算は実行される．

リスト 42　python による境界条件の修正

```
uI = U
uI[0] = U*cos(alphaI)
uI[1] = U*sin(alphaI)
uFilePath = path.join(currentCase.name, "0","U")
uFile = ParsedParameterFile(uFilePath)
movingWallU = uFile["boundaryField"]["movingWall"]["value"]
movingWallU.setUniform(Vector(uI[0], 0, uI[1]))
uFile.writerFile()
```

8.3　後処理アプリケーションのカスタマイズ

　要求された計算を実行できるアプリケーションが見当たらない場合，独自の後処理
アプリケーションを開発しなければならない．要求された計算が非常に特有な場合に
は，たいていそうしなければならない．この節では，体積割合から算出された等値面
を用いて上昇する気泡の速度を計算する後処理アプリケーションを示す．

> **注 意**　この計算を実行する方法はほかにもある．しかし，等値面を使うことで，新
> しいクラスや既存のクラスの再使用をプログラミングする方法や，新しい後処理アプ
> リケーションの新しいクラスライブラリを利用する方法がわかる．

　OpenFOAM では，等値面は三角要素で構成されている表面メッシュとして表され
る．この例では，三角形の表面メッシュのジオメトリは，各時間ステップにおける気
泡の位置を計算するために用いられる．気泡の面積だけでなく気泡の速度も算出でき
るので，計算の検証に役立てることができる．

この例で用いられている上昇する気泡のシミュレーション (rising-bubble-2D) は，primer-examples リポジトリに収納されている．その例題アプリケーションは，isoSurfaceBubbleCalculator と名付けられ，primer-code リポジトリで利用できる．primer-code リポジトリを適正に設定しているならば，アプリケーションのソースコードは isoSurfaceBubbleCalculator ディレクトリで見つけられ，以下のフォルダに置かれる[*1]．

$PRIMER_EXAMPLES/applications/utilities/postProcessing/

そのライブラリは bubbleCalc と名付けられ，そのソースコードは同名のディレクトリに置かれている[*2]．

$PRIMER_EXAMPLES_SRC/bubbleCalc

つぎのテキストでは，bubbleCalc ライブラリの実装について記述されている．さらに，ソースコードを用いて，isoSurfaceBubbleCalculator の後処理アプリケーションについて解析される．

> **注意**　ソースコードのリストはクラスやアプリケーションの断片を示すだけで，実装の完全な全体像を見るためには，ライブラリのソースファイルをテキストエディタで開かなければならない．

気泡は等値面の三角メッシュによって記述されるので，isoSurface クラスは実装の開始点になる．isoSurface クラスは，locate シェルコマンドを用いて，$FOAM_SRC ディレクトリの isoSurface.H ファイルで実装される．クラス宣言は，Doxygen によって生成される HTML 検索枠を使って，クラス名を検索することによって見つけられる．Doxygen によるソースコードの HTML 検索枠に関する情報は，第 6 章に紹介してある．リスト 43 に示すように，isoSurface クラスのインタフェースは，等値面の三角メッシュによる複雑な構造がクラスコンストラクタに置かれているということを示している．

等値面メッシュの構成アルゴリズムはコンストラクタに置かれ，またメンバ関数ではなく，クラスには空白のコンストラクタは存在しない．等値面を再構成する唯一の方法は，コンストラクタに適切な引数を与えることである．また，等値面の再構成には新しい isoSurface クラスオブジェクトを生成する必要がある．これら両者の計算

[*1] （訳者注）2017 年 10 月の時点では，$PRIMER_CODE/applications/utilities/postProcessing/に変更されている．

[*2] （訳者注）2017 年 10 月の時点では，$PRIMER_CODE_SRC/bubbleCalc に変更されている．

リスト 43　isoSurface クラスのコンストラクタ宣言

```
// Construct from cell values and point values. Uses boundaruField
// for boundary values. Holds reference to cellIsoVals and
// pointIsoVals.
isoSurface
(
    const volScalarField& cellIsoVals,
    const scalarField& pointValas,
    const scalar iso,
    const bool regulatises,
    const sacalar mergeTol = 1E-6      // fraction of bounding box
);
```

は，気泡の新しい位置を計算するために各時間ステップで気泡の表面メッシュを毎回
容易に再構成できる．

　isoSurface.H ファイルのヘッダに記述されているように，等値面の再構成アルゴ
リズムにはいくつかの問題点があるが，ここではそれらを無視することにする．もち
ろん，そのアルゴリズムを改良する方法がわかれば，第 6 章に記述されているリポジ
トリとともにその方法を活用することはできる．

　isoSurface コンストラクタの引数リストには，つぎの二つのフィールドの変数が
必要である．

- セル中心フィールド (cellIsoVals)
- メッシュ点フィールド (pointIsoVals)

セル中心フィールドは OpenFOAM のアルゴリズムの従属変数であるので，点フィー
ルドはセル中心フィールドから計算されなければならない．

　ここで，気泡の速度や面積を計算するための等値面アプローチについて，以下に特
徴をまとめておく．

- isoSurface コンストラクタは，追加の点フィールドの計算を要求する．
- isoSurface クラスは，気泡面積の計算を実装しない．
- isoSurface クラスは，気泡速度の計算を実装しない．

したがって，isoSurface クラスで利用できる内容に比べ，追加のデータや機能が要
求されることになる．この種の計算をグローバル関数やデータに実装することは可能
であるが，OOD から離れることになる．その結果，複数の気泡について計算を再使
用することや，グローバル変数が定義されるアプリケーションの目的でない範囲にま
でそれらを再使用することも不可能となる．

　したがって，等値面の計算は，isoBubble と名付けられた新しいクラスに含まれ，

コンパイルされて動的にロード可能な共有ライブラリ bubbleCalc となる. このように，複数の気泡オブジェクトは，異なるアプリケーションで容易にインスタンス化できる. また，気泡や気泡のような存在を扱う別のアルゴリズム開発につながるであろう. この例は，最寄りの表面メッシュを計算することによって気泡間の距離を求めるものである.

isoBubble クラスの生成方法を理解する最も簡便な方法は，リポジトリで利用できるソースコードを検査することである. この節では，コードで実行された計算の詳細な記述だけでなく，ソースコードを用いて実装の興味深い部分について解説していく. リスト 44 に isoBubble のプライベートインターフェースを示す.

リスト 44　プライベート isoBubble クラスのインターフェース

```cpp
class isoBubble
  :
     public regIOobject
{
  // Computed point iso-field.
  scalarField isoPointField_;

  // Bubble geometry described with an iso-surface mesh.
  autoPtr<isoSurface> bubblePtr_;

  // Number of zeros that are prepended to the timeIndex()
  // for written VTK files.
  label timeIndexPad_;

  // Output format.
  word outputFormat_;

  virtual void computeIsoPointField(const volScalarField& isoField);

  fileName PadWithZeros(const filename& input) const;

public:

  // Constructors
```

クラス宣言から始まり，isoBubble は regIOobject クラスを継承することに注意してほしい. OpenFOAM は，regIOobject クラスのオブジェクトに対して IO 操作をカプセル化し，**オブジェクトレジストリ**に登録する. オブジェクトレジストリは，アプリケーションで書き込み操作を実行するときの，オブジェクトの書き出しメンバ関数を呼び出すクラスのことである. すべてのオブジェクに書き出し要求を命令するこ

ともプログラムのグローバルオブジェクトである．この種のデザインは，"Observer Pattern" (Gamma, Helm, Johnson & Vlissides (1995)) とよばれる共通の OOD パターンを表し，以下の理由から CFD ソルバと非常によく適合している．

- オブジェクト指向の CFD アプリケーションは，多数のオブジェクトを使っている．
- オブジェクトは時間ステップごとに書き出す必要はなく，書き出す周期はディクショナリファイルからの読み込みやレジストリによって適用されたユーザ規約に従う．

ソルバ（object.write() のようなもの）において複数の書き出しを行う代わりに，Foam::Time クラスは，**オブザーバ**あるいは**オブジェクトレジストリ**として作用し，すべてのサブジェクト（登録されたオブジェクト）に対して書き出しを命令することになる．

　時間ステップを進めて解が得られると，runTime.write() の呼び出しは，Foam::Time レジストリがポインタリストを登録されたオブジェクト（Observer パターンの "サブジェクト"）に繰り返させ，登録された各オブジェクトに書き出しを進めることになる．時間ステップが出力へ向かって進むならば，実際に書き出しが起こることになる．たとえば，ユーザは，N ステップごとに書き出し出力を命令することができる．

　OpenFOAM で利用できる書き出し制御（たとえば，5 時間ステップごと，あるいは 0.01 秒ごとの制御）を用いて isoBubble オブジェクトを書き出すために，isoBubble クラスは regIOobject クラスを継承する．isoBubble の padWithZeros プライベートメンバ関数がファイル名を伝達し，それらは ParaView 可視化アプリケーションによって定期的に読み取られる．その後，その出力は，VTK フォーマットで isoBubble から isoSurface クラスへ委譲（デリゲート）される．そのファイルは，IOobject コンストラクタ引数のサブ引数として与えられた名前をもつ**インスタンス**ディレクトリに書き込まれる．

　isoBubble クラスのプライベート属性は，isoSurface のインターフェースによって定義されている．利用できる isoSurface クラスのコンストラクタには，以下の二つの重要な特徴がある．

- デフォルトコンストラクタは利用できない．
- 利用可能なコンストラクタには，メッシュ点で定義された追加フィールドが必要である．

点フィールドは OpenFOAM シミュレーションのデフォルトでは利用できず，数学モデルの従属変数としてセル中心フィールドを使うことになる．存在しないデフォルトコンストラクタや引数のフィールドとなるコンストラクタは，isoSurface を継承しない．

isoSurface は親クラス (triSurface::triSurface()) からゼロ引数のコンストラクタを隠すので，多重継承の使用や isoSurface からの継承は不可能である．

　この継承はすぐには利用できないので，構成を試みる．追加の点フィールドはコンストラクタの引数として必要とされるので，isoSurface はオブジェクトとしては構成することができない．気泡を再構成するセル中心フィールドに対応して点フィールドを導入できるが，このためにユーザは新しい気泡を再構成するたびにソルバコードを 2 点修正しなければならないことになる．第 1 の修正はグローバル変数として点フィールドを導入することで，第 2 の修正はソルバコードに新しい気泡オブジェクトを導入することである．triSurface から isoSurface によって継承された空白のコンストラクタは，利用可能な isoSurface コンストラクタによって上書きされる．代替案としては，isoSurface オブジェクトのポインタを使うことができる．それはまた，ゼロ初期化される．この生のポインタを使うためにはプログラマは非常に注意深くメモリ管理をする必要があるので，この方法は，OpenFOAM や C++プログラマの初心者にとっては isoSurface を構成するための適切な方法ではない．

C++言語で生のポインタを使うことは，処理しているコードのどの部分がメモリを使っているのかわからないという問題を引き起こす．多くの場合，最良の選択は，生のポインタをまったく使わないことである．

　ある理由のために，生のポインタが存在することに注意しておこう．生のポインタはそれ自身では悪くないが，最大の注意をもって使われるべきである．OpenFOAM のスマートポインタの使い方を示すために，isoSurface オブジェクトは OpenFOAM のスマートポインタに含まれる．スマートポインタは，以下の処理を容易に行うポインタで，コンストラクタ，割り当てオペレータ，有効なメモリの割り当てを解除するスマートポインタ型のデストラクタである．スマートポインタについては，C++解説本やオンラインに記載されている．OpenFOAM（tmp や autoPtr）のスマートポインタについては，第 5 章で詳しく述べている．

　スマートポインタによるメモリ管理では，スマートポインタは生の C++ポインタを含み，特別な意味を与える．いくつかのスマートポインタは，別のオブジェクトを参照するだけのオブジェクト動作を実装する．ポインタの参照数がなくなると，オブジェクトは消去される．参照の動作によってプログラムは大きなオブジェクトをコピーしなくてもよくなる．そのようなスマートポインタの例として，OpenFOAM の tmp ポインタがある．別のスマートポインタは RAII とよばれる C++イディオムを強化し，

このイディオムは複雑な方法でポインタを含み，オブジェクトが範囲外へ行くときには
デストラクタによってポインタを消去する．そのポインタの例として，OpenFOAM
の autoPtr があり，それは isoSurface オブジェクトへ転送する isoBubble に用い
られる．このようにスマートポインタを使うと，プログラマはメモリ管理を気にしな
くてもよくなる．

　この例では，当該のクラスにおいてオブジェクトがコピーと割り当てを操作できる
ならば，スマートポインタ autoPtr は別の問題を引き起こすことになる．このため，
isoBubble のスマートポインタを扱うコピーと割り当て操作では注意深くプログラミ
ングする必要がある．さもなくば，割り当て操作とコピー操作にかかわるオブジェク
トの間で偶発的な所有権移転が発生するかもしれない．

　autoPtr スマートポインタは転送オブジェクトの所有権を想定している．isoBubble
クラスへの割り当てやコピー操作を定義せずに，その代わりに自動発生的な転送に任
せていれば，プログラムは予期せぬ挙動を示すことになる．気泡を次々に割り当て，
最初の気泡をリスト 45 のコードによって処理すると，実行時エラーが発生する．同
じことは 2 個の気泡のコピー転送でも起こる．リスト 45 のようにある気泡から別の
気泡へコピー転送すると，新しいオブジェクトが isoSurface オブジェクトから生成
される．その結果，assigned = one の行で割り当てを使うと，このオブジェクトへの
転送はオブジェクト one に対して 0 を設定し，未定の挙動となってしまう．これを避
けるため，autoPtr を初期化するか，isoBubble クラスへ割り当てると，**ディープコ
ピー**操作を強制実行することになり，おのおのの気泡がそれ本来のデータを保持する
ことになる．

> **リスト 45　isoBubble に関する標準的な構成と割り当ての操作**
>
> ```
> isoBubble one(...arguments...);
> isoBubble copy(one);
> isoBubble assigned (...arguments...);
> assigned = one;
> ```

> **練 習**　気泡メッシュにポインタを使わないよう isoBubble クラスをモデル化せよ．
> [ヒント] triSurface を継承し，再構成メンバ関数を実装せよ．そして，isoSurface
> を triSurface へ割り当てられるか，ディープコピーの例とどのように異なるか，に
> ついて考えてみよ．

　isoBubble オブジェクトを初期化し，割り当てとコピー操作を行うと，残る作業
は与えられたセル中心の isoField から三角形の等値面を構成することである．これ
はリスト 46 に示す isoBubble::reconstruct メンバ関数で実行される．この関数

リスト 46　isoSurface クラスへの気泡生成の委譲

```
void isoBubble::reconstruct
(
    const volScalarField& isoField,
    scalar isoValue,
    bool regularize
)
{
    computeIsoPointField(isoField);

    bubblePtr_ = autoPtr<isoSurface>
    (
        new isoSurface
        (
            isoField,
            isoPointField_,
            isoValue,
            regularize
        )
    );
}
```

は，セル中心間距離の逆数によってメッシュ点に記録された等フィールド値を計算する volPointInterpolation を使う．別の方法では，点の等フィールド値は再計算され，仮想のメンバ関数 isoBubble::computeIsoPointField() となる．

> **練習** isoBubble を新しいクラスに拡張し，isoBubble::computeIsoPointField の仮想メンバ関数を再実装して volPointInterpolation の代案を提示せよ．情報を見つけ，テンプレートメソッドのデザインパターン (Gamma, Helm, Johnson & Vlissides (1995)) を検討せよ．新しいクラス用の RTS を準備せよ．また，本来の isoBubble の結果と比較せよ．

計算された isoPointField とすべての必要な引数をコンストラクタへ受け渡すと，isoSurface クラスは等値面メッシュの再構成を実際に行う．等値面が再構成されれば，気泡に対する中心と面積を計算するパブリックインターフェースを使うことができる．気泡の面積は，等値面に垂直なベクトルの大きさの総和として計算される．

$$A_b = \sum_f \|\boldsymbol{S}_f\| \tag{8.1}$$

ここで，$\boldsymbol{S}_f$ は等値面メッシュに垂直な面ベクトルである．また，気泡の中心は，等値面メッシュの集合平均である．

$$C_b = \frac{1}{N} \sum_N \boldsymbol{x}_N \tag{8.2}$$

ここで, N は等値面メッシュの総数である. 計算は, リスト 47 に示す isoBubble::area と isoBubble::center メンバ関数によって実行される. 気泡の面積と中心を計算するのと同様に, isoSurface クラスを再使用し, IO 操作をカプセル化すると, 容易にアプリケーションを書くことができ, 多くの気泡オブジェクトのインスタンスを生成することができる. 別の計算のために isoBubble クラスが用意され, ほかの気泡計算に拡張して利用される.

リスト 47　isoBubble の面積と中心の計算

```
scalar isoBubble::area() const
{
   scalar area = 0;

   const pointField& points = bubblePtr_->points();
   const List<labelledTri>& face = bubblePtr_->localFaces();

   forAll (faces, I)
   {
      area += mag(faces[I].normal(points));
   }

   return area;
}

vector isoBubble::centre() const
{
   const pointField& points = bubblePtr_->points();

   vector bubbleCentre (0,0,0);

   forAll(points, I)
   {
      bublleCentre + =points[I];
   }

   return bubbleCentre / bubblePtr_->nPoints();
}
```

---

　isoBubble の実装をほかのユーザやクライアントプログラムと容易に共有するために, isoBubble の実装は bubbleCalc ライブラリへ設定される. $PRIMER_EXAMPLES_ SRC/bubbleCalc ディレクトリを検索すると, つぎのようにファイルのリストが見つかる.

```
?> ls
isoBubble.C isoBubble.dep isoBubble.H lnInclude Make
```

ライブラリの作成仕様は，Make フォルダとファイル options と files に与えられる．ファイル files は，ライブラリオブジェクトコードへとコンパイルされるファイルを記載する．その後，このファイルを使って，ヘッダファイルで宣言され，アプリケーションで呼び出された関数へ関連付けられる．また，このファイルはコンパイルされたライブラリのインストール場所を特定し，ユーザ定義のライブラリに対して推奨されているように，ライブラリは OpenFOAM システムのインストールディレクトリを使わないように \$FOAM_USER_LIBBIN フォルダにインストールされる（リスト 48）．

リスト 48　bubbleCalc ライブラリのファイル files

```
isoBubble.C

LIB=$(FOAM_USER_LIBBIN)/libbubbleCalc
```

リスト 49 のファイル options は，ライブラリをインストールするディレクトリへのパスだけでなく，isoBubble に使われているヘッダファイルを含むディレクトリへの必要なパスをすべて記載する．コンパイル済みのライブラリは，再コンパイルする必要もなくファイルを拡張できる．ライブラリは，OpenFOAM ビルドシステム wmake を用い，bubbleCalc ディレクトリ内で wmake libso 命令を出すことによってコンパイルされる．

リスト 49　bubbleCalc ライブラリのファイル options

```
EXE_INC= \
    -I$(LIB_SRC)/finiteVolume/lnInclude \
    -I$(LIB_SRC)/meshTools/lnInclude \
    -I$(LIB_SRC)/triSurface/lnInclude \
    -I$(LIB_SRC)/surfMesh/lnInclude \
    -I$(LIB_SRC)/surfMesh/MeshedSurfaceProxy/ \
    -I$(LIB_SRC)/sampling/lnInclude

EXE_LIBS= \
    -lmeshTools \
    -lfiniteVolume \
    -ltriSurface \
    -lsampling
```

---

isoBubble クラスは，後処理アプリケーション isoSurfaceBubbleCalculator において，コンパイルされたライブラリとともに使われる．isoBubble を実装するア

プリケーションを調べるために，テキストエディタでアプリケーションソースファイル isoSurfaceBubbleCalculator.C を開く．リスト 50 は isoBubble クラスのオブジェクトを初期化する方法を示している．regIOobject を継承することで，IOobject を用いて isoBubble オブジェクトを初期化させている．IOobject コンストラクタのパラメータは，以下のように定義されている．

- "bubble" は，オブジェクト名（等値面データを記録するファイル名）である．
- "bubble" は，インスタンスあるいはオブジェクトを記録するディレクトリである（この例ではファイル名と同じ）．
- runTime は，オブジェクトレジストリであり，isoBubble の IO 操作はシミュレーション時間で制限される．
- IOobject:: は，IOobject の読み書き操作を定義するトークンである．
- inputField は，追跡された等フィールドである．

リスト 50　isoBubble の構築

```
isoBubble bubble
(
    IOobject
    (
        "bubble",
        "bubble",
        runtime,
        IOobject::NO_READ,
        IOobject::AUTO_WRITE
    ),
    inputField
);
```

---

timeSelector クラスは，リスト 51 に示すように，シミュレーションケースディレクトリのファイルやフォルダの中で時間ステップ（イタレーション）のディレクトリを見つけるために用いられる．反復ステップごとに，等フィールドが読まれ，isoBubble

---

リスト 51　時間ディレクトリの初期化

```
Foam::instantList timeDirs = Foam::timeSelector::select0(
    runtime,
    args
);

    forAll(timeDirs, timeI)
    {
        runtime.setTime(timeDires[timeI], timeI);
```

リスト 52　時間ステップループ内での気泡パラメータの計算

```
inputField = volScalarField
(
    IOobject
    (
        fieldName ,
        runtime.timeName (),
        mesh ,
        IOobject::MUST_READ ,
        IOobject::NO_WRITE
    ),
    mesh
);

bubble.reconstruct(isoField);

Info << "Bubble area ="
  << bubble.area() << endl;

Info << "Bubble centre ="
  << bubble.centre() << endl;

bubble.write ();
```

オブジェクトを再構成し，気泡の面積と中心が計算され，気泡の等値面メッシュが記録される．この処理過程をリスト 52 に示す．

　後処理アプリケーションはすべてのデータを消去し，クラス作業は簡単化されるので，isoBubble はほかの OpenFOAM プログラムと同様に作動する．rising-bubble-2D の例で isoSurfaceBubbleCalculator を実行すると，bubble ディレクトリに記録された一連の "vtk" ファイルとなる．これらのファイルは，ParaView 可視化アプリケーションを用いて，連続ファイルとして容易に見ることができる．

　等値面の可視化は 2D アルゴリズムのいくつかの問題を示している．それは，rising-bubble-2D の例における最終時刻に対して図 8.2 で示すように，isoSurface.H ファイルでも気づくことである．図 8.2(a)と(b)の間に明らかな差異は見られないが，OpenFOAM による等値面の 2D 計算にはいくつかの不安定が発生しており，図 8.2(c)で見ることができる．

　isoSurfaceBubbleCalculator を実行すると，リスト 53 の出力が得られる．気泡の速度という追加の物理量を計算するために，isoSurfaceBubbleCalculator の出力結果は容易に処理される．この計算は，bash シェルスクリプト extractIsoBubbleData によってなされ，後に ipython コンソール内で処理される .dat ファイルを生成する．

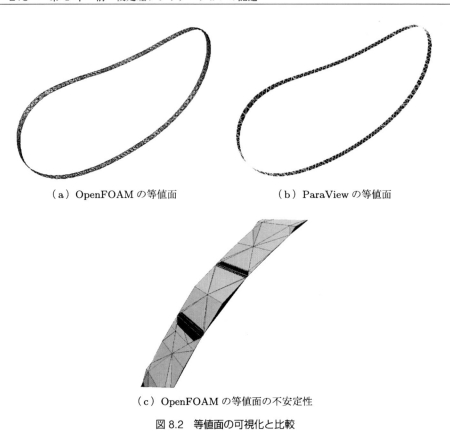

（a）OpenFOAM の等値面　　　　　　　　（b）ParaView の等値面

（c）OpenFOAM の等値面の不安定性

図 8.2　等値面の可視化と比較

```
リスト 53　isoSurfaceBubbleCalculator の出力例
Time = 0
Bubble area = 7.74259
Bubble centre = (1.00217 0.998911 0.00665)
Time = 0.1
Bubble area = 12.9308
Bubble centre = (1 1.00216 0.00665)
Time = 0.2
Bubble area = 13.0444
Bubble centre = (0.999999 1.01213 0.00665)
Time = 0.3
Bubble area = 12.1002
Bubble centre = (0.999997 1.02869 0.00665)
```

後処理アプリケーションの出力は，extractIsoBubbleData のデータ抽出スクリプト
によって解析され，リスト 54 のように isoBubble.dat ファイルに記録される．
　リスト 54 のスクリプトでは，通常の式の解析には awk，() 内への代入には sed，新

リスト 54　気泡データの抽出スクリプト

```bash
#!/usr/bin/bash

awk '/Time = / {print $3}' $1 > time.dat
awk '/Bubble area = / {print $4}' $1 > isoBubbleArea.dat
awk '/Bubble centre = / {print $4,$5,$6}' $1 > isoBubbleCentre.dat

sed -i 's/(//g' isoBubbleCentre.dat
sed -i 's/)//g' isoBubbleCentre.dat

paste time.dat isoBubbleArea.dat isoBubbleCentre.dat > isoBubble.dat

rm -rf isoBubbleArea.dat
rm -rf isoBubbleCentre.dat
```

しいファイルの列データの貼り付けには paste，という標準 Linux の命令を用いている．これは，OpenFOAM の出力結果を解析する最も簡単な bash シェルスクリプトである．簡単で高度な追加の解析プログラムは PyFoam パッケージで利用できる．一般に，独自の後処理アプリケーションを作成すると，アプリケーションの出力フォーマットを後処理アプリケーションに適したフォーマットに修正し，たとえば，xmgrace やgnuplot によって扱うことができるようになる．また，標準 Linux のユーティリティソフトや PyFoam を用いてデータを抽出することもできる．

　気泡の面積と中心の時間進展を図示するために，つぎのように isoBubble.dat に対して Python スクリプト plotIsoBubble を実行している．

```
?> plotIsoBubble   isoBubble.dat
```

これによって，図 8.3 の .png ダイアグラムを表示する．データの可視化スクリプトはリスト 55 に示してある．コメント行はコードの解説である．

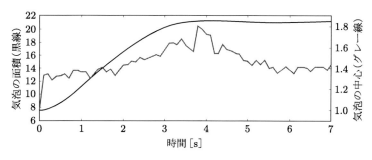

図 8.3　isoBubble データの時間変化

リスト 55　Bubble データ可視化の Python スクリプト

```python
#!/usr/bin/python

# Import system moduls for reading
# script arguments
import sys
# Import numerical python module for reading in data
import numpy as np
# Import matplotlib plotting module
import matplotlib.pyplot as plt

# Set the name of the file to the first script argument.
dataFile = sys.argv[1]
# Read in text data.
data = np.loadtxt(dataFile)

# Initialize thev figure.
fig = plt.figure()

# Create and plot the first axis.
ax1 = fig.add_subplot(2,1,1)
ax1.set_xlabel('time(s)')
ax1.set_ylabel('area', color='b')
ax1.plot(data[:,0], data[:,1], color='b')

# Clone the axis.
ax2 = ax1.twinx()
# Plot y centre position only:
# the bubble rise in 2D.
ax2.set_ylabel('center', color='r')
ax2.plot(data[:,0], data[:,3], color='r')

# Set plot title.
fig.suptitle('Bubble area and center')
# Save the .png image and make sure it is trimmed.
plt.savefig("isoBubble.png", bbox_inches='tight')
```

練 習　isoBubble クラスのメンバ関数として速度計算を実装せよ．1 次の Euler の時間離散化（第 1 章）で速度を計算するために，isoBubble では過去の時間ステップから少なくとも一つの気泡中心の位置ベクトルを記録する必要がある．

> **練 習**　より精度のよい時間差分スキームによって上昇速度を計算せよ.
> **[ヒント]** オブジェクト指向設計の**コンポジットパターン**を読み, OpenFOAM が時間微分の計算用に過去の時間ステップの値を記録する方法を見つけるために, OpenFOAM のジオメトリフィールドクラステンプレートを検討せよ.

> **練 習**　alpha1 と U フィールドを用いて気泡の速度を計算する別の後処理アプリケーションを書き下せ. また, 計算速度の相違はなぜ生じるのかを答えよ.

参考文献

[1] Gamma, Erich et al. (1995). *Design Patterns: elements of reusable object-oriented software*. Addison-Wesley Longman Publishing Co., Inc. ISBN: 0-201-63361-2.

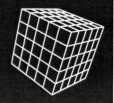
ソルバのカスタマイズ

9.1 ソルバデザイン

ソルバアプリケーション（ソルバ）は，ほかの OpenFOAM アプリケーションと構造的には差異はなく，異なるライブラリにおいて実装された機能群から構成されている．数値計算のアルゴリズムとデータ構造は，物理過程を記述する数学モデルの近似解を得るために，ソルバによって用いられる．OpenFOAM による FVM の概要は第 1 章に述べられている．どのような物理過程をシミュレーションするのかによって，OpenFOAM ソルバは分類される．OpenFOAM で利用できるすべてのソルバの親ディレクトリへ変更する別名コマンド

```
?> sol
```

を用いるか，$FOAM_SOLVERS の環境変数

```
?> cd $FOAM_SOLVERS
```

に手動で変化させることによって，ソルバは OpenFOAM の初期設定に組み込まれる．

ソルバの例として，二相流の DNS に対して用いられる interFoam ソルバを取り上げる．interFoam ソルバは，単一流体（連続体）の流れとして非混合性の二相流体の流れを記述する数学モデルを実装する．相の分離は，追加のスカラー場，すなわち体積分率 α によって行われる．この計算法は VoF (Volume-of-Fluid) 法とよばれ，α は第 1 相の流体がセルを占有する割合を示し，$[0, 1]$ の間の数値を取る．VoF 法に関する詳しい情報は Tryggvason, Scardovelli & Zaleski (2011) などの具体的なテキストを参照していただきたい．

interFoam のソースコードファイルは，$FOAM_SOLVERS/multiphase/interFoam にある．interFoam ディレクトリのリストを検索すると，以下の内容が表示される．

```
?> ls $FOAM_SOLVERS/multiphase/interFoam
Allwclean           interFoam.dep
Allwmake            interMixingFoam
alphaCourantNo.H    LTSInterFoam
alphaEqn.H          Make
```

```
alphaEqnSubCycle.H  MRFInterFoam
correctPhi.H        pEqn.H
createFields.H      porousInterFoam
interDyMFoam        setDeltaT.H
interFoam.C         UEqn.H
```

　上記のリストからわかるように，標準の interFoam から派生したファイルが存在し
ている．ソルバ interDyMFoam と LTSInterFoam がそのファイルである．前者のソ
ルバはダイナミックメッシュでも使えるように interFoam を拡張するもので，後者は
各時刻において定常状態の interFoam を計算するものである．

　名前に "Eqn" を含むファイルは，ソルバが実装する数学モデルの方程式を定義する
ソースコードである．この実装は高度な抽象化によって行われる．そして，その抽象
度は普通の人が読み取れる定式化に匹敵している．interFoam は，解法アルゴリズム
のほかの方法と同様に，運動量方程式 (UEqn.H)，圧力方程式 (pEqn.H) および体積分
率式 (alphaEqn.H) を利用する．それらのほかのアルゴリズムは，別のライブラリに
用意されており，どんなソルバにも利用できるように，$FOAM_SRC のサブディレクト
リに置かれている．

> **ヒント**　ソースファイルが添字 **Eqn** を含む場合には，その計算ファイルは数学モデ
> ルの方程式を必ず実装することになる．

　全域的フィールドの変数を処理し，関数やクラスの形では実装されないソースコー
ドは，ソルバアプリケーションによって含まれるファイル中に配置する．ソルバ内に
CourantNo.H ファイルを含めると，全域で利用できるフィールド変数に基づいてクー
ラン数を計算する．コードの重複を避けるために，共通のソースコードを用いるファ
イル数は最小限度まで少なくしている．すべての共通ファイルは，以下のフォルダに
保存されている．

```
?> ls $WM_PROJECT_DIR/src/finiteVolume/cfdTools/general/include
checkPatchFieldTypes.H  fvCFD.H       initContinuityErrs.H
readGravitationalAcceleration.H       readPISOControls.H
readTimeControls.H  setDeltaT.H       setInitialDeltaT.H
volContinuity.H
```

これらのファイルは，特定の lnInclude フォルダにリンクされている．ファイルが
ソルバアプリケーションによって取り込まれるように，lnInclude フォルダは構築
システムによって検索される．当然，ディレクトリは，ソルバアプリケーションの
Make/options ファイル中で指定されていなければならない．すべての OpenFOAM

のアプリケーションは，デフォルトで，以下のコンパイラのために検索ディレクトリとして `finiteVolume/lnInclude` を含んでいる.

```
EXE_INC = \
    -I $(LIB_SRC)/finiteVolume/lnInclude \
```

このディレクトリは，`finiteVolume` ディレクトリとそのサブディレクトリにおいて，すべてのヘッダファイルにシンボリックリンクを含んでいる．したがって，含まれているヘッダファイルは，`cfdTools` とは異なるアプリケーションの間で共有され，どの OpenFOAM アプリケーションにもデフォルトで利用できる.

ヘッダファイルとして実装される全域的に有用なほかの機能は，上記のとおりであり，それらは以下の項目を含んでいる.

- CFL 条件に基づく時間ステップの調整
- 体積の保存に関する修正
- 連続の式に関する誤差の決定
- 重力加速度ベクトルの読み込み
- PISO 法アルゴリズムの制御の読み込み，など

ソルバのアプリケーション（ソルバ）に入っているファイルを用いて実装される計算は，ソフトウェアの設計にとって目的に合う純粋な手法である．このことは正しいが，CFD シミュレーションの本質は，近似解を計算するためにシミュレーションに入力処理をし，その結果を保存することである．いくつかの変数は全域的に使用されるので，フィールドやメッシュのようにいつでもアクセスできる．その場合，クラスの中に入っているファイルの演算を階層に従って行うことができる．たとえば，クーラン数に基づいて時間ステップを修正する方策を実装するために，ユーザはその修正を階層どおりに実装できる．現に，第 12 章に示すように，引数として全域的変数を使って行う計算は，オブジェクト関数に組み込むことができる．しかし，その状況では，そのような組み込みは必ずしも必要ではなく，入っているソースファイルが使われる.

リスト 56 に示すように，数学モデルのために開発した OpenFOAM DSL の高レベルの抽象化は，運動量方程式の構成に見られる．非構造化 FVM によって使われてい

リスト 56　DSL を用いた運動量方程式の集合 / 方程式の模倣

```
fvVectorMatrix UEqn
(
    fvm::ddt(rho, U)
  + fvm::div(rhoPhi, U)
  + turbulence->divDevRhoReff(rho, U)
);
```

る演算子（発散 div，勾配 grad，回転 curl および時間微分 ddt）は，C++言語の関数テンプレートとして実装される．包括的なプログラミングを使うことで，プログラマは，異なるパラメータを取る関数に対して（人間が読める）同名の関数を利用することができる．このため，grad 演算の単純な実装のみが存在し，スカラー，ベクトル，対称テンソルなどの異なるランクの演算は実装していない．OOD は，演算子によって要求される内挿を含めるために使われ，コンフィギュレーションファイルのエントリとして OpenFOAM のユーザには見えない問題を排除させる．前章で指摘したように，fvSolution や fvSchemes のディクショナリは，数値計算法やソルバの制御を担当している．数学モデルの方程式は，速度，圧力，運動量などに関連して演算子を呼び出す．したがって，デフォルトのエントリが作動しないならば，異なるソルバは fvSolution や fvSchemes のディクショナリで異なるエントリを必要とする．よって，ソルバのユーザも開発者も，どのような計算法を利用するのかを気にかけなくてもよく，OpenFOAM は基本ファイルの仕様に基づいて自動的に選択された計算法を使用する．RTS がその計算法として利用できるので，メッシュを変えてもソルバを再コンパイルする必要はない．

> **ヒント**　OpenFOAM では，離散化された微分操作を実装するようにプログラミングされる．その計算操作は，離散化法や内挿法に対する操作を処理する．内挿法や離散化法のテンプレートが例示され，実行時間が選択される．その結果，異なるスキームが選ばれるときには，ソルバコードの変更は要求されない．

9.1.1　フィールド

第 1 章に述べたように，非構造化 FVM では，流体領域を有限体積のメッシュに細分化し，物理量（たとえば，圧力，速度，温度）のフィールドを分布させることが必要である．メッシュや（時間クラスで実装された）解法の制御とともに，物理フィールドはシミュレーションの開始時で時間ループを始める前にソルバによって初期化される．ソルバの初期化は，リスト 57 に示す主要なソルバアプリケーション interFoam.C ファイルの中で確認できる．検索された（ヘッダ）ファイルの大部分は，全域で利用可能にできる．いくつかのヘッダファイルは特定のソルバで適用可能であり，その場合には，どのアプリケーションプログラムも利用できないが，ソルバのディレクトリに記録される．特定のソルバで適用可能なファイル例は createFields.H と readTimeControls.H であり，それらはソルバ特有の物理フィールドやソルバ関連の制御を読み取る．createFields.H で初期化されるどんな物理フィールドも，ソルバ

リスト 57　OpenFOAM ソルバの開始時に必要なインクルードファイル群

```
#include "setRootCase.H"
#include "createTime.H"
#include "createMesh.H"

pimpleControl pimple(mesh);

#include "initContinuityErrs.H"
#include "createFields.H"
#include "readTimeControls.H"
#include "correctPhi.H"
#include "CourantNo.H"
#include "setInitialDeltaT.H"
```

が呼び出されるときには，シミュレーションの初期 (0) ディレクトリに存在している.

9.1.2　解法アルゴリズム

　運動量保存の法則は，流体に作用する圧力の体積力をモデル化する項を右辺に含んでいる.　シミュレーション開始時には，圧力フィールドは既知ではない.　流体に作用する圧力は，運動量の変化を生み出すが，質量保存の法則（連続の式）を常に満たす必要がある.　非圧縮流れの場合，この条件は連続の式と運動量方程式の間に密接な連立関係を課すことになる.　この関係は**圧力 – 速度の連成**（カップリング）とよばれ，CFDには開発済みの多数のアルゴリズムがある.　その唯一の目的は，解の安定性を維持しながら，方程式を連立させることにある.

　この連立は，**ブロック連立ソルバ**を使う方程式系の同時解によって達成される.　非構造化メッシュに対するブロック連立型の解法アルゴリズムの研究は，Darwish, Sraj & Moukalled (2009) の研究に始まる.　とくに，OpenFOAM での開発研究には，Clifford & H. Jasak (2009) と Kissling, Springer, H. Jasak, Schütz, Urban & Piesche (2010) がある.　方程式の連立にとっては直感的であるが，圧力 – 速度の連成問題が CFD で表面化した当時は，メモリ容量の制約のために，この研究の成果は歴史的には利用されなかった.　その結果，各方程式の個別解を認めるよう本来の方程式を修正した**分離アルゴリズム**が開発されてきた.

　圧力 – 速度の連成問題に関する CFD の解法アルゴリズムについては，Ferziger & Perić (2002) や Patankar (1980) のような CFD の教科書に詳しく述べられている.　OpenFOAM では，圧力 – 速度の連成問題に関する二つの主要なアルゴリズム，すなわち Issa (1986) による PISO アルゴリズムと S. V. Patankar & D. B. Spalding (1972) による SIMPLE アルゴリズムを採用している.

　OpenFOAM バージョン 2.0 以降，圧力 - 速度の連成問題に関する経験から，既存の二つのアルゴリズムは統合されて，PIMPLE アルゴリズムに集約されてきた．各ソルバでは，fvSolution から個々の設定を読み出す代わりに，pimpleControl と名付けられた新しいクラスが圧力 - 速度の連成を処理している．これによって，各ソルバにとって readControls.H を簡単化することになる．このため，ソルバ自身の実装ではなく，fvSolution から特別なパラメータを読み出す方法に影響を与えることになる．pimpleControl を使うことができれば，完全に異なる圧力 - 速度の連成を実装することができる．

9.2　ソルバのカスタマイズ

　多くのソルバはいくつかの方法で数学モデルの方程式を修正する．方程式の解への影響は無視されるので，新しいモデルが導入でき，新しい作用力を考慮するために新しい項を加えることができる．ソルバのカスタマイズ中に生じる複雑さと困難さを解消できないが，カスタマイズの問題を解決させる例をいくつかこの章で紹介する．第 1 のソルバ修正は，作動する新しい物理フィールドあるいは物性値を加えることである．目的にかかわらず，それらのすべては，シミュレーションにおいてソルバアプリケーションによって読み取られる．シミュレーションには異なるタイプのデータを読み取るためのさまざまなファイルが存在する．まず，ディクショナリ内の数値を見るという基本的な操作から始めよう．OpenFOAM のコンフィギュレーション（ディクショナリ）ファイルとそのデータ構造については，第 5 章に詳しく説明している．なお，ソルバのカスタマイズに関する記述をより明確にするために，ディクショナリとともに動作する基礎情報は本節でも提供する．

9.2.1　ディクショナリでの作業

　OpenFOAM のコンフィギュレーションファイルは，"ディクショナリ"（ディクショナリファイル）とよばれ，ソルバアプリケーション用に設定パラメータを提供するために使われる．tarnsportProperties，controlDict，fvSolution といったさまざまなディクショナリ間で，ユーザはソルバ，物性値，時間ステップなどを制御してきた．この節では，数値を見つけ，それをソルバに伝達するだけでなく，既存および新規のディクショナリにアクセスすることも述べる．ディクショナリの利用方法に関する簡単な例として，icoFoam ソルバが constant/transportProperties ディクショナリから物性値を見つける方法を調べてみる．はじめに，$FOAM_APP/solvers/

incompressible/icoFoam/createFields.H にある createFields.H を開く．このヘッダファイルの先頭では，リスト 58 に示すように，IOdictionary オブジェクトの具体化が行われる．IOobject の宣言には，引数の目的を示すためにコメントが付いている．これらの引数の詳細については，後で説明する．リスト 58 のコードはグローバル変数としてディクショナリを初期化し，そのディクショナリから返される数値はそのまま維持される．createField.H ファイルのつぎの数行で，粘度 (nu) を transportProperties にある数値で初期化する．

```
dimensionedScalar nu
(
  transportProperties.lookup("nu")
);
```

リスト 58　IOdictionary の構築

```
Info<< "Reading transportProperties\n" << endl;

IOdictinary transportProperties
(
   IOobject
   (
     // Name of the file
     "transportProperties",
     // File location in the directory
     runTime.constant(),
     // Object registry to which the dict is registered
     mesh,
     // Read strategy flag: read if the file is modified
     IOobject::MUST_READ_IF_MODIFIED,
     // Write starategy flag: do not re-write the file
     IOobject::NO_WRITE
   )
);
```

　この目的のため，IOdictionary のクラスはルックアップ関数 lookup(word& w) を有し，この関数ではそのワードが見つかった変数の名前だけを表す文字列となっている．lookupOrDefault<T>(word& w, T default) のようなルックアップ法も存在し，この関数は特別なディクショナリの中に名前 w をもつ変数を見つけ，その数値を参照する．変数が存在しない場合には，デフォルト値が使われる．リスト 59 の transportProperties の例では，動粘性係数 nu を適切な次元と数値で定義する方法を示している．OpenFOAM の物理的な数値は次元量である．その単位系については第 5 章で述べている．動粘性係数 nu の数値は dimensionedScalar へ必ず割り当

リスト 59　transportProperties での粘度 nu の数値例

```
nu          nu [ 0 2 -1 0 0 0 0 ] 0.01;
```

てられる．代わりに scalar を使うとコンパイルできるが，変数 nu を見つけ，それを
dimensionedScalar に割り当てると，ソルバがクラッシュする．

　つぎの例は，少し複雑ではあるが，流れ場の物性値を interFoam ソルバによっ
て見い出す方法を示している．重要なソースは \$FOAM_APP/solvers/multiphase/
interFoam/ にある．createFields.H の開始時に，twoPhaseMixture クラスが生成
される（リスト 60 を参照）．twoPhaseMixture クラスの物性値を見つけ出すために，二
つのメンバ関数 rho1( ) と rho2( ) が使われている．実際のディクショナリを実行する
コードを見つけるために，クラスのソースコードを調べなければならない．このソース
コードは \$FOAM_SRC/transportModels/incompressible/incompressibleTwo-
PhaseMixture/twoPhaseMixture.C にある．

リスト 60　incompressibleTwoPhaseMixture クラスの生成

```
Info<< "Reading transportProperties\n" << endl;
twoPhaseMixture twoPhaseProperties(U, phi);

volScalarField& alpha1(twoPhaseProperties.alpha1());

const dimensionedScalar& rho1 = twoPhaseProperties.rho1();
const dimensionedScalar& rho2 = twoPhaseProperties.rho2();
```

> **練 習**　各流体相の物性値を見つけ，ヘッダファイル createFields.H で呼び出さ
> れるメンバ関数 rho1( ) と rho2( ) がクラスコンストラクタから返すラインの方法を
> 検索せよ．

▍9.2.2　オブジェクトレジストリと regIOobjects

　OpenFOAM のソルバアプリケーションではフィールドとメッシュをグローバル変
数の形で使うので，それらすべてを追跡し，メンバ関数へ伝達することは，多数のコー
ドを繰り返し呼び出すことになり，都合が悪い結果となる．そのような呼び出しの例
として，ソルバの要求によってハードディスクに全フィールドデータを書き出す例が
ある．オブジェクトを直接使う場合，オブジェクトの名前が複製され，名前の変更が
アプリケーションコードの変更を招くことになる．また，そのような呼び出しを実装
するコードは，複数の箇所でコピーされる必要がある．たとえば，フィールドの出力

を担うコードは，同じ変数名をもつフィールドのアプリケーションにコピーされることになる．9.1 節に示したように同梱のヘッダファイルを使うと，ソルバは同じフィールドの変数を扱うことができる．しかし，一つのフィールド変数を変更すると，そのようなヘッダファイルをすべてのソルバに使うことができなくなる．よって，この方法は固定方式のソフトウェア設計，あるいは縮尺ができないソフトウェア設計を表している．固定方式あるいは縮尺ができないソフトウェア設計は，一箇所の拡張でも既存コードを修正しなければならず，その修正がさらに数箇所の修正を引き起こすことになる．

この問題のため，複数オブジェクトに対する共同処理のための理論がクラスに組み込まれ，その理論を OpenFOAM コードの多くの箇所で再使用できる．この目的のために，オブジェクトレジストリは実装される．つまり，ほかのオブジェクトを登録した後，登録されたオブジェクトへのメンバ関数に呼び出しを（フローチャートの前方へ）送る．オブジェクトレジストリは OOD からの Observer パターンを実装する．このことについては 8.3 節で詳しく述べている．さらに，オブジェクトレジストリについてのレビュー記事が OpenFOAM の Wiki ページ† に掲載されている．

オブジェクトレジストリの使用例としては，あるフィールドで作用する境界条件が別のフィールドへアクセスすることを要求する例がある．全圧の境界条件 (total-PressureFvPatchScalarField) は，該当するフィールドを更新するために複数のフィールドへのアクセスを要求するような境界条件である．

> **練習** totalPressureFvPatchScalarField の境界条件が使われるのはなぜか考えてみよ．どのメンバ関数が実際の計算を行っているのか，代替計算はどのように実装されるのか，その代替計算のための実行時間を選べるか，について考えてみよ．

OpenFOAM においてほかの境界条件が行っているのと同様に，リスト 61 に示す updateCoeffs のメンバ関数を用いて，全圧の境界条件はフィールドを更新する．しかし，updateCoeffs() は計算をオーバーロードの updateCoeffs へ送る．リスト 61 に示すように updateCoeffs の第 2 引数は，patch() のメンバ関数を用いて，境界フィールドの fvPatch の定数にアクセスする．他方，fvPatch クラスは有限体積メッシュを参照する定数を記録し，これは objectRegistry から受け継ぎ，オブジェクトレジストリになる．リスト 62 に示すように，lookupPatchField は fvPatch クラステンプレートのテンプレートメンバ関数として定義される．

---

† http://openfoamwiki.net/index.php/Snip_objectRegistry

リスト61　オブジェクトレジストリへの全圧の境界条件

```
void Foam::totalPressureFvPatchScalarField::updateCoeffs()
{
    updateCoeffs
    (
        p0(),
        patch(),lookupPatchField<volVectorField, vector>(UName())
    );
}
```

リスト62　境界メッシュパッチ内でのジオメトリ内部フィールドの検索

```
template<class GeometricField, class Type>
const typename GeometricField:PatchFieldType&
Foam::fvPatch::lookupPatchField
(
    const word& name,
    const GeometricField*,
    const Type*
) const
{
    return patchField<GeometricField, Type>
    (
        boundaryMesh().mesh().objectRegistry::template
          lookupObject<GeometricField>(name)
    );
}
```

　関数の型宣言は，テンプレートパラメータ GeometricField に依存しており，Patch-FieldType が実際のタイプであることをコンパイラに気づかせるために，typename キーワードを必要とする．メンバ関数テンプレートの重要な箇所は，オブジェクトレジストリの機能を利用する return ステートメントであり，これはオブジェクトレジストリクラスの objectRegistrty から fvMesh へ受け継がれる．fvPatch はクラステンプレートであるので，基底クラスのメンバ関数を呼び出すことはやや困難である．lookupObject は objectRegistry 基底クラスのメンバ関数テンプレートであり，これは template のキーワードを用いてメンバ関数の呼び出しで指定されなければならない．過去の C++テンプレートコードを調べると，有限体積メッシュの境界パッチはすべての境界メッシュに隣接し，その有限体積メッシュが特定の名前 (name) をもつフィールドを探すように設定されている．この例で説明しているような，関係しているクラス間での呼び出し（コールパス）は，全圧境界条件をフィールド名パラメータに基づいてメッシュを形成したフィールドへ適用させることになる．

9.3 偏微分方程式 (PDE) の実装

この節では，二つの非圧縮性 – 非混合性流体の流れ場をシミュレーションする inter-Foam ソルバに新しい PDE を追加して，新しいソルバを実装する．PDE の目的はその実装過程を示すことであって，現実の輸送過程をモデル化することではない．2 流体の界面まわりの輸送現象をモデル化するためには，厳密な導出が必要となる．その大部分に対して，方程式は compressibleInterFoam ソルバを利用することができる．そのソルバでは，圧力，温度および密度を連立する状態方程式を使うことによって，流体界面を通過する熱伝達は考慮されている．簡単のために，熱力学的な状態方程式は省略し，層流を仮定する．

9.3.1 モデル方程式の追加

二相の層流におけるスカラー輸送方程式のモデル例として，つぎの方程式を用いる．

$$\frac{\partial(\rho T)}{\partial T} + \nabla \cdot (\rho \boldsymbol{U} T) - \nabla \cdot (D_{\mathrm{eff}} \nabla T) = 0 \tag{9.1}$$

ここで，T は温度，ρ は密度，$\boldsymbol{U}$ は速度，D_{eff} は混相流体の有効熱伝導率である．

interFoam ソルバは，ナビエ – ストークス方程式を用いて，非混合性 – 非圧縮性流体の二相流をモデル化する．

> **注 意** 提案された方程式は，OpenFOAM のソルバに新しい式を付け加えてモデルの修正を**実装**する方法を示している．現実問題に対処する適切なモデルを導出するためには，慎重に数学モデル化を行うことが必要である．

このモデルは，流体相を識別するためのスカラー量（体積分率）α を導入することによって，ある一つの連続体として非混合性二相流を記述する．二相流のモデル化については，Tryggvason, Scardovelli & Zaleski (2011) の参考書に詳しく書かれている．二相流の数学モデルについては，ほかにも参考書や論文が多数あり，モデルだけでなく VoF 法についても詳しく述べられている．

セルの全体積を V，流体相 1 の体積を V_1 とすると，体積分率 α は

$$\alpha = \frac{V_1}{V} \tag{9.2}$$

で定義されるから，ある α をもつセルは，二つの流体の混合物として重み付けされた物性値をもつ界面セルと考えられる．体積分率 α を用いて，混合流体の物性をモデル化すると，混合物の粘度や密度はつぎのように表される．

$$\nu = \alpha\nu_1 + (1 - \alpha)\nu_2 \tag{9.3}$$

$$\rho = \alpha\rho_1 + (1 - \alpha)\rho_2 \tag{9.4}$$

ここで，ν_1，ν_2 および ρ_1，ρ_2 はそれぞれ 2 流体の粘度および密度である．同様に，式 (9.1) の有効熱伝導率 D_{eff} は次式でモデル化されている．

$$D_{\text{eff}} = \frac{\alpha k_1}{C_{v1}} + \frac{(1 - \alpha)k_2}{C_{v2}} \tag{9.5}$$

ここで，k_1，k_2 および C_{v1}，C_{v2} は各流体相の熱伝導度と熱容量である．

　式 (9.5) の熱伝導率は，ほかの物性値と同様に，体積分率に基づくものである．体積分率の値を用いるこの方法は，二相流の領域に一定の物性値を割り当てる．界面の領域では α の値は $[0, 1]$ の間にあり，おのおの二つの流体の間にある遷移領域を定義することになる．遷移領域の分布形状は，熱伝導率（式 (9.5)）のような混合物の性質によって決定される．この方法が移動境界の熱伝達問題にどの程度正確に適応できるのかは，OpenFOAM でソルバを修正する方法を記述する際には重要ではないので，ここでは説明しない．

9.3.2　ソルバの修正の準備

　既存ソルバのソースコードを変更する前に，ソルバのアプリケーションを新しくコピーしなければならない．interFoam ソルバのソースコードディレクトリは，ユーザのアプリケーションディレクトリにコピーされ，つぎのように名前を付け替えられる．

```
?> cp -r $FOAM_APP/solvers/multiphase/interFoam/ \
   $FOAM_RUN/../applications/
?> cd $FOAM_RUN/../applications/
?> mv interFoam heatTransferTwoPhaseSolver
?> cd heatTransferTwoPhaseSolver
?> mv interFoam.C heatTransferTwoPhaseSolver.C
```

ディレクトリは，interFoam ソルバの変化とこの例では使わないコンパイルスクリプトから切り離されなければならない．

```
?> rm -rf interDyMFoam/ LTSInterFoam/ MRFInterFoam/ \
   interMixingFoam/ porousInterFoam/ Allwmake Allwclean
```

ソルバのソースコードファイルは名前を変えられているので，Make/files は修正され，変化を反映している．Make/files の設定ファイルはつぎの行を含むだけである．

```
heatTransferTwoPhaseSolver.C
EXE = $(FOAM_USER_APPBIN)/heatTransferTwoPhaseSolver
```

wmake の構築システムには，改名されたソルバのソースコードファイルからユーザのアプリケーションバイナリディレクトリに実行アプリケーションをインストールするように，伝えられる．これによって wmake は独立して C 言語のソースファイル heatTransferTwoPhaseSolver.C をコンパイルし，heatTransferTwoPhaseSolver とよばれる実行ソルバが生成される．wmake の実行は，コピーされた interFoam ソルバと同様に，新しい名前のもとでソルバのコンパイルに成功することになる．ソルバのコンパイル後，アプリケーションディレクトリでソースコードの修正が適用される．

9.3.3 createFields.H へのエントリの追加

二つの新しい物性値，すなわち熱伝導率 k と熱容量 C_v は，ディクショナリから見つけなければならない．リスト 63 の twoPhaseMixture オブジェクトを初期化しておけば，リスト 64 のコードは createFields.H ファイルのどこにでも挿入できる．

dimensionedScalar の熱容量は，transportProperties のディクショナリファイルにある各流体相のサブディクショナリから設定される．スカラーの次元もここで

リスト 63 二相流体混合のクラスオブジェクト twoPhaseProperties の初期化

```
Info<< "Reading transportProperties\n" << endl;
twoPhaseMixture twoPhaseProperties(U, phi);
```

リスト 64 twoPhaseProperties ディクショナリからの熱伝導率の検索

```
dimensionedScalar k1
(
    "k",
    dimensionSet(1, 1, -3, -1, 0),
    twoPhaseProperties.subDict
    (
        twoPhaseProperties.phase1Name()
    ).lookup("k")
);

dimensionedScalar k2
(
    "k",
    dimensionSet(1, 1, -3, -1, 0),
    twoPhaseProperties.subDict
    (
        twoPhaseProperties.phase2Name()
    ).lookup("k")
);
```

定義される．リスト 65 に示すように，各流体相の熱容量も同じディクショナリから同様に設定される．物性値は設定済みのスカラーオブジェクトとしてディクショナリから読み込まれ，温度場 T はリスト 66 のように初期化される．すべてのディクショナリを参照して設定を完了すると，新しいモデル方程式 (9.1) を解法アルゴリズムに付加することができる．

リスト 65　twoPhaseProperties ディクショナリからの熱容量の検索

```
dimensionedScalar Cv1
(
    "Cv",
    dimensionSet(0, 2, -2, -1, 0),
    twoPhaseProperties.subDict
    (
        twoPhaseProperties.phase1Name()
    ).lookup("Cv")
);

dimensionedScalar Cv2
(
    "Cv",
    dimensionSet(0, 2, -2, -1, 0),
    twoPhaseProperties.subDict
    (
        twoPhaseProperties.phase2Name()
    ).lookup("Cv")
);
```

リスト 66　温度 volScalarField の初期化

```
volScalarField T
(
    IOobject
    (
        "T",
        runTime.timeName(),
        mesh,
        IOobject::MUST_READ,
        IOobject::AUTO_WRITE
    ),
    mesh
);
```

9.3.4　モデル方程式のプログラミング

ソルバの主要コードを構成するために，モデル方程式を実装するコードは，方程式ファイルへ分離される．そのため，温度場の方程式は分離したヘッダファイル TEqn.H に置かれ，ソルバのアプリケーションコードに含まれる．TEqn.H で定義されるコードは，二つの処理を実装する．そのコードは有効熱伝導率 D_{eff} を計算し，式 (9.1) によって与えられる温度輸送の PDE を解く．

セル中心の alpha1 値（式 (9.5)）に基づき，線形加重平均として D_{eff} を計算する．この例として，compressibleInterFoam ソルバで用いるように D_{eff} を計算する方法を適用する．リスト 67 に示すコードは TEqn.H ファイルに付加され，そのファイルはソルバディレクトリに保存される．D_{eff} はセルごとに変化するので，一つのスカラーとは対照的に volScalarField として実装される．拡散係数フィールド（場）を設定すると，リスト 68 に示すように輸送方程式は実装される．TEqn.H が完備されると，それは主要なソルバアプリケーションファイル hestTransferTwoPhaseSolver.C において実装される解法アルゴリズムに付加される．リスト 69 に示すように，TEqn.H は運動量方程式の後ろに挿入される．ソースコードの修正を完了すると，interFoam ソルバの解法アルゴリズムに熱輸送方程式を付加することが必要となる．ソルバディレクトリでは構築プロセスによって生成された古いファイルが削除され，ソルバアプリケーションがコンパイルされる．

```
?> wclean
?> wmake
```

リスト 67　有効熱伝導係数 D_{eff} の実装

```
volScalarField Deff
(
    "Deff",
    (alpha1*k1/Cv1 + (scalar(1)-alpha1)*k2/Cv2)
);
```

リスト 68　熱輸送方程式の実装

```
solve
(
    fvm::ddt(rho, T)
  + fvm::div(rhoPhi, T)
  - fvm::laplacian(Deff, T)
);
```

リスト 69　解法アルゴリズムへの TEqn.H の挿入

```
while (pimple.loop())
{
    #include "UEqn.H"
    #include "TEqn.H"      // <- Insert here

    // ---- Pressure corrector loop
    while (pimple.correct())
    {
        #include "pEqn.H"
    }

    if (pimple.turbCorr())
    {
        turbulence->correct();
    }
}
```

新しいソルバが実装されると，シミュレーションは新しいソルバと互換性があるように設定される．

■ 9.3.5　シミュレーションの設定

　新しいソルバが生成されると，新しい初期条件，境界条件，物性値およびソルバコントロールの入力が要求され，熱伝達の計算が実行される．これらの新しい項目については，本節だけでなく，シミュレーションケースファイルに挿入すべき箇所でも説明する．まず，つぎのように，上昇気泡のテストケースコードをコードのリポジトリにコピーして，新しいコード名としてリネームする．

```
?> cp -r rising-bubble-2D rising-bubble-heat-transfer
?> cd rising-bubble-heat-transfer
```

　`alpha1.orig` ファイルは，温度場 T の開始点として使われる．そのファイルは，つぎのようにコピーされる．

```
?> cp /0/alpha1.orig /0/T
```

　オブジェクト名とその次元は T ファイルで更新され，残りの境界条件は未知のままである．

```
FoamFile
{
    version 2.0;
```

```
    format  ascii;
    class   volScalarField;
    location "0";
    object T;
}

dimensions   [0 0 0 1 0 0 0];
```

　新しい温度場に対して初期条件を設定するためには，システムディレクトリの set-FieldsDict ファイルを，以下のように編集しなければならない．ここでは，気泡の温度は初期値 500 と設定されている．

```
sphereToCell
{
    centre (1 1 0);
    radius 0.2;
    fieldValues
    (
        volScalarFieldValue alpha1 1
        volScalarFieldValue T 500
    );
}
```

　さらに，constant ディレクトリの transportProperties ファイルも修正しなければいけない．k や Cv の値は各流体相で与えられ，その値を任意に選択できる．

```
phase1
{
    transportModel Newtonian;
    nu        nu [ 0 2 -1 0 0 0 0 ] 1.48e-05;
    rho       rho [ 1 -3 0 0 0 0 0 ] 1;
    k         k [ 1 1 -3 -1 0 0 0 ] 1;
    Cv        Cv [ 0 2 -2 -1 0 0 0 ] 10;
}

phase2
{
    transportModel Newtonian;
    nu        nu [ 0 2 -1 0 0 0 0 ] 1e-06;
    rho       rho [ 1 -3 0 0 0 0 0 ] 1000;
    k         k [ 1 1 -3 -1 0 0 0 ] 10;
    Cv        Cv [ 0 2 -2 -1 0 0 0 ] 100;
}
```

　最後に，TFinal を fvSolution ファイルへ追加する．そのためには，UFinal のコンフィギュレーションエントリをコピーし，それを TFinal と改名するだけで十分である．

```
TFinal
{
    solver        PBiCG;
    preconditioner DILU;
    tolerance     1e-06;
    relTol        0;
}
```

これらは，ソルバをそのパラメータと同様に熱伝導方程式に設定したオプションである．それは，追加されたモデル方程式によって新しいソルバを実行するために必要な最終のケースコンフィギュレーションの変更である．ソルバはケースディレクトリで実行され，そのシミュレーションの計算結果が分析される．

▌9.3.6　ソルバの実行

　新しいソルバをテストするために，前項において修正したシミュレーションか，事例ケースリポジトリの chapter9 のサブディレクトリ中に rising-bubble-heat-trans-fer* という名前で保存されているシミュレーションを使うことができる．

　テストケースを実行するために，ライブラリを確認する．事例コードリポジトリのアプリケーションコードは，メインディレクトリで以下の命令を呼び出すことによって自動的にコンパイルされる．

```
?> ./Allwmake
```

ソルバを開始するためには，シミュレーションのケースディレクトリ中でつぎのコマンドを実行するだけである．

```
?> heatTransferTwoPhaseSolver
```

　図 9.1（a）は，2 次元上昇気泡シミュレーションにおける開始時の温度場 T の分布を示す．system/setFieldsDict のディクショナリコンフィギュレーションファイルによって構成された setFields のアプリケーションを用いて，体積分率 α_1 に対しても初期化を行う．気泡の温度は，周囲の流体よりも高く設定し，気泡が上昇するときにその熱流束を周囲へ放出させる．

　図 9.1（b）は，時間ステップ 40 での温度分布を示す．このとき，気泡は上の壁へ接近する．温度に関する壁の境界条件は**断熱状態**とし，温度勾配は 0 と設定する．

---

*　（訳者注）2017 年 10 月の時点では，rising-bubble-heat-transfer は sourceflux.de から得られるリポジトリ内には含まれていない．

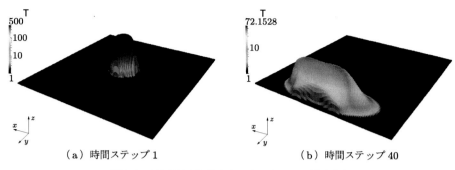

（a）時間ステップ 1 　　　　　　　　　　　（b）時間ステップ 40

図 9.1　2 次元上昇気泡シミュレーションの温度分布

図 9.1 は，可視化アプリケーションの ParaView 中で利用できる scalar フィルターの Warp によって描かれている．温度スケールを対数表記し，分布図がよく見えるように小さいスケール範囲を拡大表示している．

> **練 習**　円筒や直方体内の熱伝導は熱伝達方程式の次元数を低減させる．その結果，解はフーリエ級数で得られる．演習として，既存のソルバ heatTransferTwoPhaseSolver を用いて，新しい熱伝導ソルバをプログラミングせよ．
> **[ヒント]** どんな対流でもモデル化できるモデル項を付けよ．また，異なるメッシュで厳密解の温度分布を比較せよ．

▌参考文献

[1] Clifford, I. and H. Jasak (2009). "The application of a multi-physics toolkit to spatial reactor dynamics". In: *International Conference on Mathematics, Computational Methods and Reactor Physics.*

[2] Darwish, M, I. Sraj, and F. Moukalled (2009). "A coupled finite volume solver for the solution of incompressible flows on unstructured grids". In: *Journal of Computational Physics* 228.1, pp. 180–201.

[3] Ferziger, J. H. and M. Perić (2002). *Computational Methods for Fluid Dynamics.* 3rd rev. ed. Berlin: Springer.

[4] Issa, R. I. (1986). "Solution of the implicitly discretised fluid flow equations by operator-splitting". In: *Journal of Computational Physics* 62.1, pp. 40–65.

[5] Kissling, Kathrin et al. (2010). "A coupled pressure based solution algorithm based on the volume-of-fluid approach for two or more immiscible fluids". In: *V European Conference on Computational Fluid Dynamics, ECCOMAS CFD.*

[6] Patankar, Suhas (1980). *Numerical heat transfer and fluid flow.* CRC Press.

[7] S. V. Patankar and D. B. Spalding (1972). "A calculation procedure for heat, mass and momentum transfer in three-dimensional parabolic flows". In: *International journal of Heat and Mass Transfer* 15.10, pp. 1787–1806.

[8] Tryggvason, G., R. Scardovelli, and S. Zaleski (2011). *Direct Numerical Simulations of Gas-Liquid Multiphase Flows*. Cambridge University Press. ISBN: 9780521782401.

第10章

境界条件

　本章では，最終的なメッシュ構造を組み立てるために，すべてのメッシュ要素がどのように互いに関係しているかの確実な理解が必要となる．なお，1.3節ではFVMの境界条件の数値的な背景を取り扱い，第2章ではメッシュやその構造の詳細について扱った．

10.1　境界条件の数値的背景

　FVMでは，モデル方程式の離散化に陰解法が使用されるとき，一つの代数方程式がそれぞれのセルに対して構成される．離散化代数方程式の係数や従属変数は，メッシュトポロジーの定義法や面中心の補間値によって決定される．有限体積の面が領域境界に属する場合には，その値は直接的もしくは間接的に境界条件を適用することにより定められる（1.3節を参照）．境界条件なしでは境界上の値を決めることができず，代数方程式系は解ける形にならない（不完全である）．境界条件が適用されないときには，離散化方程式中の境界面の値は未決定であるので，代数方程式系は不完全のままとなる．

　有限体積メッシュでは，互いの境界面は境界パッチ（境界面の集合）に属し，それぞれの境界パッチはある一定の形式で定義される．境界パッチの集合は境界メッシュを形成する．境界パッチの型は，すべての流れ場に対して境界条件の選択を制限するが，それ自身では境界条件とはならない．さまざまな境界の型については，第2章で概説した．

　OpenFOAMケースの任意のフィールドファイルは，boundaryFieldとinternalFieldの二つの異なるエントリをもつ．boundaryFieldは境界（境界パッチフィールド）上の値がどのように定められるかを記述し，internalFieldは体積中心の値（内部フィールド）に対して同様のことを記述する．ほかの幾何学的フィールド（点フィールドや面フィールド）の境界上の値は類似の方法で決められる．境界フィールドの演算の詳細は，本書の第2章とOpenFOAM User Guide 2013で与えられている．

10.2 境界条件のデザイン

OpenFOAM において，境界条件がどのように実装されるかの詳細に入る前に，本節では，ユーザの観点から境界条件を定義する過程を取り扱う．さらに，境界条件の定義がどのようにフィールドを記述する対象に関連するかに重点を置く．

10.2.1 内部，境界，幾何学的フィールド

これまでの章で述べたように，領域の境界は，通常，constant/polyMesh/boundary ファイル内で定義される種々の境界パッチから構成される．各境界パッチは，順にセル面の集合として定義される．ソルバで使用する流れ場を完全に定義するために，内部フィールドの値と境界フィールドの値の両方を定義する必要がある．シミュレーションに含まれるフィールドの初期状態は，0 時間ステップディレクトリ内に保存される．境界フィールドの値は，境界条件が固定された面中心の値を規定するか，内部フィールドの値からそれらを計算するかのいずれかを経て定義される．

例として，シミュレーションケース rising-bubble-2D の動圧場 p_rgh に対するコンフィギュレーションファイルの一部を考える．

```
internalField uniform 0;

GeometricBoundaryField
{
    bottom
    {
        type            zeroGradient;
    }
```

internalField キーワードは，セル中心（値 0 の一定フィールド）に保存される値に関連し，bottom メッシュパッチに対する境界条件は，第 1 章で詳細に述べた zeroGradient 型であると定義されている．

OpenFOAM は，さまざまなフィールドタイプを使用する．例を挙げれば，速度 U を保存するための volVectorField，圧力場 p に対する volScalarField，流束 phi を扱う surfaceScalarField がある．どのソルバを見ても，それらのフィールドに関する多くの演算が実行されていることがわかる．幾何学的フィールドに関するいくつかの共通する演算を例示するために，volScalarField p を例題ソースとして用いることにする．

フィールド値へのアクセス

これは，個々のセルラベルをフィールドの [ ] 演算子に受け渡すことで簡単になされる．下の例では，セル 4538 が選ばれている．

```
const label cellI(4538);
Info<< p[cellI] << endl;
```

境界上の値へのアクセス

これは，volScalarField がセル面上の値を保存しないので，少し複雑になる．境界値は特定の境界上で定義される境界条件によって決定される．メッシュの最初の境界パッチ上の p の最大値を計算するためには，以下のコードを使用すればよい．

```
const label boundaryI(0);
Info<< "max(p) = "
   << max(p.GeometricBoundaryField()[boundaryI])
   << endl;
```

> **注 意** 境界メッシュに保存されている境界パッチの順番は，すべてのフィールドに対して同じであり，polyMesh/boundary ファイル中のパッチによって決定される．boundaryI のインデックスは，上述の例では全メッシュの読み取りを行うわけではないので，固定されている．

領域境界上の値については，異なる取り扱いとアクセスがなされる．これは，それぞれの領域の境界上にある値を定義する境界条件によるものである．デフォルトでは，どのフィールドも，演算子 [ ] でアクセスされたとき，internalField の値を返す．境界フィールドの値にアクセスするためには，GeometricBoundaryField() のメンバ関数が呼び出されなければならない．これは，各メッシュ境界に対する一つの境界パッチの境界パッチリストを返す．各要素は，このパッチに対してユーザによって選ばれた境界条件の抽象的な表現となる．フィールドの型に応じて，この表示は fvPatchField か pointPatchField のどちらか一方を継承するが，前者が最もよく使用されている．

OpenFOAM では，幾何学的フィールドの概念があり，それはテンソルの値を幾何学的メッシュの点に写像するフィールドとして定義される．その値は，メッシュの内部の点だけでなく，メッシュ境界の点にも写像される．OpenFOAM の異なる幾何学的メッシュは異なる形式として実装されるから，自然な結論として，幾何学的フィールドの概念をクラステンプレートとしてモデル化することになる．たとえば，線セグメントから構成される幾何学的メッシュを考え，それを**線メッシュ**とよぶことにするならば，線メッシュとして動作する幾何学的フィールドの概念に対応するモデルは，**線**

フィールドとよんでよい. 線フィールドは, テンソルの値を各線の中心（内部フィールド値）や, 線メッシュの二つの境界の端点（境界フィールド値）に写像する. 幾何学的フィールドの概念を実装するクラステンプレートは GeometricalField とよばれ, そのインスタンス化はさまざまな種類のメッシュへ写像される幾何学的フィールドモデルとなる. OpenFOAM では, 以下のようないろいろな幾何学的フィールドのモデルが利用可能である.

1. 一つ目の種類は, セル中心にデータを保存する volScalarField や volVector-Field のようなよく知られたフィールドである. 境界上の条件は, 面中心値と矛盾がない（滑らかになる）ように適用しなければならない. この種類のフィールドは, vol*Field と命名される.

2. 二つ目の種類は, メッシュの各面に対して, 面中心にデータを保存するフィールドである. これは領域の境界に限定されない. それらのフィールド形式の一つが surfaceScalarField で, 二つの隣接したセル間の流束 ϕ を定義するために使用される. この種類のフィールドは, surface*Field と命名される.

3. 三つ目の種類は, pointScalarField または pointVectorField 形式である. この種類のフィールドは, OpenFOAM フィールド, つまりメッシュ点（セルの頂点）にデータを保存するフィールドについて語るとき, 誤解される恐れがある. メッシュの各点ではそれ自身の値をもっており, 境界上では, 境界条件が面中心に対してではなく, 境界の点に対して定義されなければならない. ソースコードの point*Field を調べると, この種類のフィールドが示されている.

このように分類を明確にした後に, フィールドと境界条件との関係について検討してみよう. 設計上の観点から, OpenFOAM の境界条件は, 境界値を修正する計算, つまり**境界条件**を伴う領域の境界に写像されるフィールドとしてモデル化される. GeometricField クラステンプレートは, 境界条件の定式化を容易にするメンバ関数を提供する. メンバ関数の機能は, 境界フィールドの値を計算することや隣接した内部セルに保存された値を引数として取ることである. 両者は, どのような境界条件の実装にもキーとなる要件である. メンバ関数がどんな仕事をするのかという情報については, 以下の 10.2.2 項で述べる. 境界フィールドと境界条件は, GeometricField （図 10.1 を参照）を形成するために internalField とともにカプセル化されている. 三つの幾何学的フィールドモデルのいずれも, 適切なテンプレート引数をもつ GeometricField に対する typedef である.

境界条件の具体的な動作原理について詳細に調べる前に, GeometricField をより詳細に検討する必要がある. シミュレーションケースの 0 サブディレクトリに保存

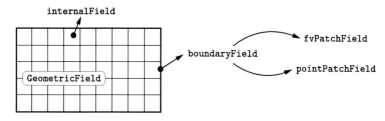

図 10.1　9 × 5 のセルメッシュに対する GeometricField の構成

されているフィールドの境界条件の検討に加え，ソースコードに記述された境界条件の構造も調べるとよい．たとえば，リスト 70 に示されている GeometricField のクラステンプレートの宣言部分を見てみよう．リスト 70 から，GeometricField が DimensionedField から派生していることは明白である．これは，GeometricField のクラステンプレート（幾何学的フィールドモデル）の任意のインスタンス化によって実行されるデフォルトの算術演算は，境界を除いて行われることを示している．

リスト 70　GeometricField の宣言

```
template<class Type, template<class> class PatchField, class GeoMesh>
class GeometricField
:
    public DimensionedField<Type, GeoMesh>
{
```

> **注 意**
> クラスからの派生はメンバ関数を継承することになる．GeometricField の場合，算術演算子は DimensionedField から継承される．DimensionField は，境界フィールドが GeometricBoundaryField 属性をもつ GeometricField により構成されるので，内部フィールドの値をモデル化する．したがって，DimensionedField からのオーバーロードされた算術演算子は，境界フィールドの値を除外する．

境界上の値は個々の境界条件によってのみ決定されるから，これは有意義である．追加の代入演算子 GeometricField::operator== を使用すると，演算子は境界フィールドも考慮できるように拡張される．

境界値は，GeometricField::correctBoundaryConditions() メンバ関数によって境界条件を再評価するまで，実際の境界条件の外部から上書きされる．

> **注　意**　演算子 `GeometricField::operator==` は，論理的等値比較演算子ではな
> く，`GeometricalField` の代入を境界フィールドの値を含むように拡張する．これ
> は，複合的な境界フィールドに関する算術演算を含むように，`GeometricField` イン
> ターフェースに加えられている．

　境界フィールドそれ自身は，入れ子構造のクラステンプレート宣言として定義さ
れ，`GeometricField` によってプライベート属性として保存される．境界フィール
ドのクラステンプレートは `GeometricBoundaryField` と名付けられ，その宣言は
`GeometricField` クラステンプレート内にあり，各メッシュ境界につき一つのパッチ
フィールドとなるように境界パッチフィールドのリストを含んでいる．`Geometric-`
`BoundaryField` は `GeometricField` 内にカプセル化されているが，非定数アクセス
が許され，これは境界フィールドの値を変えるための `GeometricField` のクライアン
トコードの機能強化につながっている．一見すると，これは幾何学的フィールドによ
る境界フィールドのカプセル化を破壊しているが，この方法ははるかに優れた使用上の
柔軟性をもつので，デザイン原則を無視するだけの有益性がある．たとえば，熱力学的
モデルが別の幾何学的フィールドに依存してフィールド値を変えるとしよう．この場
合の変化は，計算の手続き型シーケンスとして実装されたソルバによって操作される
OpenFOAM においては，幾何学的フィールドはグローバル変数であるので，たいて
いの場合，外部の `GeometricField` によって行われる．`GeometricBoundaryField_`
属性への非定数アクセスについて，リスト 71 に示す．

　境界フィールドと比べて，内部フィールドは `GeometricField` の中で別に処理され
る．`GeometricField` は `DimensionedField` から派生するので，異なるオブジェク
トを返す必要はない．`DimensionedField` が内部フィールドと次元チェックを伴う演

リスト 71　`GeometricField` 中の境界フィールドへの非定数アクセス

```
private:
    //- Boundary Type field containing boundary field values
    GeometricBoundaryField GeometricBoundaryField_;

//---- Some lines are missing ----
public:
//- Return reference to GeometricBoundaryField
GeometricBoundaryField& GeometricBoundaryField();

//- Return reference to GeometricBoundaryField for const field
inline const GeometricBoundaryField& GeometricBoundaryField() const;
```

算操作を実装しているので，内部フィールドにアクセスするために `*this` への参照が返される．リスト72は，どのように幾何学的フィールドが内部フィールドへのアクセスを与えるのかを明確に示している．`internalField()` メンバ関数は，継承によって `DimensionedField` である `GeometricField` への非定数の参照を返す．

リスト72　内部の次元フィールドへのアクセスを与える GeometricField

```
// GeometricField.H
//- Return internal field
InternalField& internalField();

// GeometricField.C
template
<
    class Type,
    template<class> class PatchField,
    class GeoMesh
>
typename
Foam::GeometricField<Type, PatchField, GeoMesh>::InternalField&
Foam::GeometricField<Type, PatchField, GeoMesh>::internalField()
{
    this->setUpToDate();
    storeOldTimes();
    return *this;
}
```

この時点で，OpenFOAM のシミュレーションに含まれるフィールドの概要や，GeometricBoundaryField が，GeometricField クラステンプレートのクライアントコードによる操作のために用意された非定数アクセスと一緒に，GeometricField 内にカプセル化されている理由を知ることができただろう．クラス継承やコラボレーション図を分析することは役立つが，以下の項で説明するクラスそのものを用いた理解に比べれば効率的ではない．

10.2.2　境界条件

その名前から想像できるように，境界条件は GeometricBoundaryField に保存された値に機能（条件付修正）を加える．オブジェクト指向設計 (OOD) では，機能の追加は，通常，既存のクラスを拡張することを意味し，境界条件の場合も同様である．実際に，先に述べた GeometricBoundaryField が領域境界で保持されたフィールド値のみをカプセル化するだけでなく，各フィールドは，特定の方法，つまり個別の境界条件を実装することによって，それらの値を変更する機能を加えられ，拡張される．

　境界条件は，FVM の階層的な——すなわち類似の境界条件が境界条件の種類でグループ分けされるような——概念を有している．このような理由と，ユーザが実行時 (RTS) に境界条件を選択できるようにするために，境界条件はクラス階層としてモデル化されている．最上位の親の抽象クラスである fvPatchField は，おのおのの境界条件が従わなければならないクラスインターフェースを定義する．OpenFOAM のどの境界条件も fvPatchField か pointPatchField のどちらかに由来している．後者はおもにメッシュの移動や変形を含むアプリケーションで利用される．両者は internalField_ とよばれる定数のプライベート属性をもち，これは前項で述べられた GeometricField の内部フィールドへの参照である．この属性は，境界メッシュパッチに直接隣接するセルだけでなく，内部フィールドの値へのアクセスも提供する．pointPatchField の場合，internalField_ 属性はつぎのように宣言される．

```
const DimensionedField<Type, pointMesh>& internalField_;
```

fvPatchField に対する内部フィールドの宣言は fvPatchField* と同じだが，DimensionedField への 2 番目のテンプレート引数は pointMesh ではなく，volMesh となる．

```
const DimensionedField<Type, volMesh>& internalField_;
```

pointPatchField は fvPatchField と同じクラスインターフェースに従い，体積フィールドは最もよく見かけるものなので，この項では fvPatchField について説明する．

　fvPatchField のメンバ関数が適切であるかの詳細に立ち入る前に，新しい境界条件を実装する際の，GeometricField と境界条件への実際のアクセスとの間の相互関係を調べてみよう．この相互関係を図 10.2 に示す．幾何学的フィールドは幾何学的境界フィールドを構成しており，これは (FieldField) を継承し，それゆえ（境界）フィールドの集合である．内部フィールド値の修正は境界条件による境界フィールド値の更新を必要とするので，幾何学的境界フィールドの構成が必要となる．また，境界フィールドは，内部フィールドとは異なるオブジェクト内に分離することができない．内部フィールドと境界フィールドはトポロジー的にお互いくっついているだけでなく，内部フィールドの値を計算するために方程式を離散化するとき，FVM ではメッシュを通じて境界フィールド値が必要となる．メッシュの細分化はセル面の分割を引き起こし，内部フィールドと境界フィールドの長さはこの場合にも間接的に結合される．したがって，分離された内部および境界フィールドをもつことはまったく意味がない

---

*　（訳者注）pointPatchField と思われる．

ことになる．その結果，明確に同期化されたグローバル変数が導入され，アプリケーションレベルでの全フィールド演算の意味付けを極めて複雑にする．幾何学的フィールドは境界フィールドの集合を束ね，対応する境界条件の更新を委譲することによって，各境界フィールドを更新する．図 10.2 は，PatchField テンプレートパラメータが，インスタンス化される（体積メッシュに対する fvPatchField）とき，境界条件となることを示している．

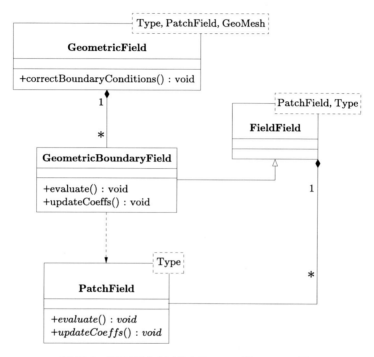

図 10.2 境界条件に対するクラスコラボレーション図

内部フィールドが修正され，境界条件が更新されるとき，通常，ソルバは GeometricField の correctBoundaryConditions() メンバ関数を呼び出す．リスト 73 に，GeometricField::correctBoundaryConditions() メンバ関数の実装を示す．

> **注 意** GeometricField によって境界条件がどのように更新されるかを理解するためには，リスト 73 の最後の行を理解しなければならない．

リスト 73 の最後の行は，さまざまなタスクを順番に実行する GeometricBoundaryField の evaluate() メンバ関数を呼び出す．このメンバ関数は，境界条件が初期化されていないならば，fvPatchField の initEvaluate() メンバ関数を呼び出す．さ

リスト 73　GeometricField::correctBoundaryConditions() メンバ関数

```
// Correct the boundary conditions
template
<
    class Type,
    template<class> class PatchField,
    class GeoMesh
>
void Foam::GeometricField<Type, PatchField, GeoMesh>::
correctBoundaryConditions()
{
    this->setUpToDate();
    storeOldTimes();
    GeometricBoundaryField_.evaluate();
}
```

もなければ，evaluate() メンバ関数が呼び出される．OpenFOAM に実装されたハ
ロー（オーバーラップ）層のない並列化の結果，プロセス境界も境界条件として実装
されているので，並列通信は GeometricBoundaryField::evaluate() によって処
理される．

　GeometricBoundaryField::updateCoeffs() メンバ関数は，クライアントコー
ドから特別な fvPatchField の機能を作動させるほかの主要なメンバ関数である．
evaluate() と比較すると，updateCoeffs() の実装は，並列通信を実装していないの
で短くなる．GeometricBoundaryField::updateCoeffs の実装をリスト 74 に示す．

　リスト 74 の forAll ループは，*this として参照される GeometricBoundary-
Field のすべてのパッチを束ねる．fvPatchField の updateCoeffs() メンバ関数
は，operator[] を使用して領域境界の各要素に対して直接呼び出される．

　演算子ではあるが，updateCoeffs() と evaluate() メンバ関数は，各ソルバから
自動的にアクセスされる fvPatchField への完全なパブリックインターフェースを表
す．両メンバ関数の主要な相違点は，つぎのとおりである．evaluate() は，一回の時
間ステップ中に何回でも呼び出すことができるが，その実行は一度だけに限定される．
一方，updateCoeffs() は，境界条件が更新されるか否かをチェックせず，呼び出さ
れるごとに何回も計算を実行する．両者は，基底クラス fvPatchField によって与え
られる一般的クラスインターフェースの一部であり，fvPatchField から直接的また
は間接的に派生するカスタマイズされた境界条件のプログラムのために用いられる．

　公式リリース内の境界条件のごく少数は fvPatchField から直接的に派生している．
たとえば，基本的な fixedValueFvPatchField や zeroGradientFvPatchField が
挙げられる．

リスト 74　GeometricBoundaryField::updateCoeffs メンバ関数

```
template
<
   class Type,
   template<class> class PatchField,
   class GeoMesh
>
void
Foam::GeometricField
<
   Type,
   PatchField,
   GeoMesh
>::GeometricBoundaryField::updateCoeffs()
{
   if(debug)
   {
      Info<< "GeometricField<Type, PatchField, GeoMesh>::"
         "GeometricBoundaryField::"
         "updateCoeffs()" << endl;
   }

   forAll(*this, patchi)
   {
      this->operator[](patchi).updateCoeffs();
   }
}
```

　派生した境界条件の大半は，基本的な境界条件から直接的に継承される．よく知られた基底クラスは mixedFvPatchField であり，ユーザが定義した固定値境界条件と固定勾配境界条件を混合する機能を提供する．mixedFvPatchField のクラスコラボレーション図を図 10.3 に示す．これは，リスト 75 にも示されている新しい三つのプライベート属性を含み，固定勾配や固定値境界条件の実装に依存しない．その代わり，規定された固定勾配や固定値境界フィールドは，Field タイプのプライベート属性として保存される．

　境界条件の属性はプライベートであるので，それらへの定数アクセスおよび非定数アクセスを与えるパブリックメンバ関数がある．これによって，固定値とゼロ勾配境界条件とのさまざまな混合方法を実装するために，間接的に属性を用いるための派生クラスが有効になる．mixedFvPatchField から直接的に派生した一般的に用いられる境界条件は，inletOutletFvPatchField である．これは固定値とゼロ勾配境界条件を流束の方向によって切り替え，流束方向が領域に対して外向きならゼ

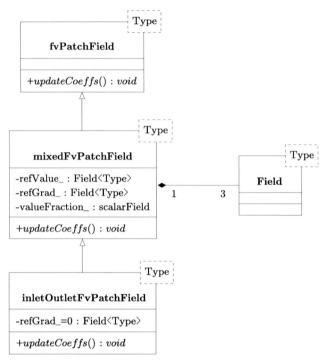

図 10.3　mixedFvPatchField と inletOutletFvPatchField 境界条件
のクラスコラボレーション図

リスト 75　mixedFvPatchField 境界条件のプライベート属性

```
//– Value field
Field<Type> refValue_;

//– Normal gradient field
Field<Type> refGrad_;

//– Fraction (0-1) of value used for boundary condition
scalarField valueFraction_;
```

ロ勾配境界条件 (zeroGradientFvPatchField) を選び，内向きなら固定値境界条件
(fuxedValueFvPatchField) を選ぶ．これはフェイスごとの基準で決定され，mixed-
FvPatchField 境界条件のプライベート属性に基づいている．フィールドの勾配は，
mixedFvPatchField 中ではユーザによって規定されず，inletOutletFvPatchField
コンストラクタによって値 0 に設定される．

`mixedFvPatchField<Type>::updateCoeff()` によって後に使用されるフラクショ
ン値（比率）は，正（外向き）の体積流束をもつ面に対して値 1 を割り当て，逆向きの場
合には値 0 を割り当てることにより，リスト 76 のように計算される．また，リスト 76
では，`inletOutletFvPatchField` の `updateCoeffs()` メンバ関数の実装を示して
いる．`valueFraction()` に対する値のみがこのメンバ関数によって設定され，境界
フィールドの計算は親クラス `mixedValueFvPatchField` に委譲される．関数 `pos` は，
リスト 77 に示されているように，スカラー s の値がゼロ以上ならば 1 を返し，それ以
外ならば 0 を返す．`zeroGradientFvPatchField` と `fixedValueFvPatchField` に

リスト 76 入口 / 出口境界条件の updateCoeffs() メンバ関数

```
template<class Type>
void Foam::inletOutletFvPatchField<Type>::updateCoeffs()
{
    if (this->updated())
    {
        return;
    }

    const Field<scalar>& phip =
        this->patch().template lookupPatchField
        <
            surfaceScalarField,
            scalar
        >
        (
            phiName_
        );

    this->valueFraction() = 1.0 - pos(phip);

    mixedFvPatchField<Type>::updateCoeffs();
}
```

リスト 77 pos 関数

```
inline Scalar pos(const Scalar s)
{
    return (s >= 0)? 1: 0;
}
```

よる実際の代入処理は，`mixedFvPatchField::updateCoeff()` の呼び出しによって行われるので，再実装してはいけない．

■ 境界条件データの読み込み

新しいパラメータをもつかもしれないカスタム境界条件のプログラミングの過程では，対応する新しいパラメータの名前と値は，0 ディレクトリ内のフィールドファイルから読み込まなければならない．したがって，プログラマはそのファイル内に必要なパラメータと値を書き加えなければならない．境界条件はディクショナリ形式のファイルから読み込まれるので，ディクショナリは読み込まれて境界条件コンストラクタへ渡される．

いくつかの境界条件は，デフォルト値を与えるとき，データを検索する `dictionary` クラスメンバ関数を使用する．その場合には，境界条件の型を切り替えても，適切なパラメータを与えなくても，実行時エラーを引き起こさないだろう．ディクショナリクラス上の操作については，第 5 章で説明されているので，次節で新しい境界条件のプログラミングの説明を読む前に，よく理解しておいてほしい．

10.3　新しい境界条件の実装

前節では，OpenFOAM で境界条件を実装する方法の概要を説明した．この節では，二つの新しい境界条件の実装について説明する．

OpenFOAM は，多数のさまざまな境界条件を提供している．同様に，コミュニティによってコードの境界条件の部分について開発されていて，その中でも最も有名なものとして，swak4Foam の成果[†] である groovyBC 境界条件がある．読者の要求を満たす新しい境界条件を書く前に，この機能がすでにコードベースで利用可能であるか，あるいは groovyBC 境界条件によってモデル化できるかを注意して見ることをお勧めする．

インターネット上には，OpenFOAM におけるユーザ独自の境界条件の書き方について，すでに利用可能な非常に多くの情報が存在する．本節では，インターネットでの掲載とは関係なく例題を用意した．最初の例題では，境界での再循環を減らすという具体的な目的で，境界条件を修正せずに OpenFOAM の境界条件の機能を拡張する方法を示す．2 番目の例題では，パッチにあらかじめ定義された動きを適用するための新しい `pointPatchField` を，どのように開発するのかを示す．このあらかじめ定

---

† http://openfoamwiki.net/index.php/Contrib/swak4Foam

義された動きは，ユーザが用意した表形式データから計算される．これらの二つの例題では，OpenFOAM の境界条件に対するルートの抽象基底クラス（`fvPatchField`と `pointPatchField`クラス）によって固定されたクラスインターフェースの正確な使用に，重点を置いている．

10.3.1 境界条件の再循環コントロール

この例題では，ジョブ実行中の付加的な計算（機能）によって，既存の境界条件がどのように拡張されるかの方法を説明する．シミュレーション実行中に，ある方法で境界フィールド値を更新するような境界条件を考えてみよう．ある時点で，シミュレーション結果に基づいて，シミュレーション（たとえば，別の境界での圧力）の条件に従い，付加的な境界操作が必要とのシグナルが発せられる．これが発生すると，新たに拡張された境界条件は，実行時に付加的な計算を**実行可能**にし，それに応じて境界フィールド値を修正する．

適切な工学的問題は，理想気体で満たされた加熱密閉容器だろう．容器に熱流束が入るとき，容器内の圧力は上昇する．拡張された境界条件は，容器のふたでの圧力を測定し，圧力がある値に達したときにふたが開く．数値的にいえば，この境界条件は，シミュレーション中にふたの圧力に基づいて非透過壁から透過壁（流出）へとその**タイプを変化させる**．

本項で紹介する例題では，再循環は境界条件で計測される．再循環が起こるとき，付加的な計算によって境界条件のタイプが**流入境界条件**に修正される．その結果，再循環流は流入によって**外に押し出される**．

> **注 意**
> 再循環境界条件の例題では，修正される境界がプロセッサ領域の一部であるかどうかによって，並列実行はうまくいかない可能性がある．この例題の目的は，メッシュ，オブジェクトレジストリ，フィールドが互いにどのように連携するかを示すことであり，非標準境界条件の更新をいかに並列化させるかではない．

仮説上では，そのような拡張は，継承のみの使用で達成されるかもしれない．しかし，そのためには，実行しなければならない RTS（ランタイム選択）可能な付加的計算のトリガーとなるように，OpenFOAM の各境界条件の拡張が必要となる．多重継承の使用による各境界条件の拡張は，既存の境界条件の修正を必要とするが，ユーザの選択に応じて，それを実行時に使用するかしないかの**選択が可能な拡張**（たとえば，再循環コントロール）を考慮するだけでよい．明らかに，これは決して何に対しても使える方法ではなく，既存のコードを修正することなしに，実行中にこれを達成

するのは困難な拡張である．階層モデルを修正することなく，実行中に既存のクラス階層へ新しい機能を追加しなければならないときには，オブジェクト指向デザインパターンの**デコレータパターン**が使用可能である．デコレータパターンの詳細やその他の OOD (object oriented design) パターンについては，Gamma, Helm, Johnson & Vlissides (1995) を参照していただきたい．図 10.4 に，任意の機能でデコレートされた zeroGradient 境界条件に関する作動原理を図示する．

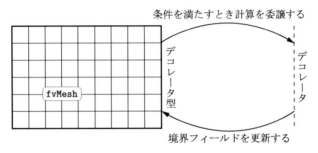

図 10.4　デコレータ型境界条件の作動原理．拡張計算が必要となり，デコレータに委譲されるという条件が満たされるまで，境界条件は標準的な方法で作用する．その時点で，境界条件は，デコレータ型に切り替えられたように作用する．

■ デコレータパターンを用いた BC への機能の追加

　境界条件デコレータは，境界フィールドをも修正するのでそれ自身境界条件である．したがって，デコレータは OpenFOAM のすべての境界条件に対する fvPatchField 抽象基底クラスからの継承である．fvPatchField からの継承に加えて，デコレータはそれ自身の基底クラス (fvPatchField) のオブジェクトを構成する．

　このことを明確にするために，図 10.5 に，境界条件階層に適用されたデコレータパターンの UML クラスコラボレーション図を示す．この図に示されているように，デコレータは別の境界条件としてのクラス階層の一部分である．したがって，OpenFOAM 境界条件に対して抽象基底クラス fvPatchField との is-a 関係を課すことは，境界条件デコレータを残りの OpenFOAM クライアントコードに対し境界条件として作用させることになる．これは，通常の継承と厳密に同じ原理であり，継承されたオブジェクトのインスタンスを保持するような拡張のみを含む．デコレータは，抽象クラス fvPatchField により規定されたすべての純粋仮想関数を実装していなければならない．通常の境界条件を組み入れる場合と同様に，デコレータは，プログラマにより規定された条件に基づいて，関数呼び出しをデコレートされた境界条件に委譲することになる．デコレータによる拡張は，プログラマの希望によりデザインすることができる．図 10.5 に示されるように継承と合成を組み合わせることにより，デコレートさ

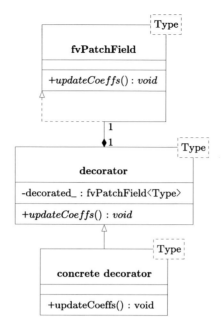

図 10.5 OpenFOAM における境界条件のデコレータ

れた境界条件は，計算をデコレータに委譲することによって計算実行中にそれ自身の
タイプを切り替えることが可能となる．

■ 境界条件への再循環コントロールの追加

OpenFOAM の任意の境界条件にランタイム機能（ジョブ実行中に作動する機能）
を追加する例として，調節パラメータに流れの再循環を，そして境界条件に課す動作
に流入速度を選んだ．流れの再循環は，境界における体積流束の符号が交互に変化す
ることにより把握される．領域境界上での体積流束の符号変化は，渦が境界を横切る
ことを示している．したがって，流体は境界のある部分から領域に流入し，ほかの部
分から流出する．

シミュレーションケースの例として，境界条件は，拡張境界における流れが再循環流
となるかをチェックし，それを減らすためにデコレートされた境界条件をコントロー
ルしようとする．このタイプの境界条件デコレータは，おもに流出が予想される境界
条件に対して設定される．この例のコントロールは，そのフィールドが増加する流入
量に伴って上書きされるように，デコレートされた境界条件を修正することによって
かなり直接的に実行される．

この例は流入あるいは流出の状況に限定されるが，この例の目的は流れのコントロー

ルを扱うことではない．再循環コントロールの境界条件デコレータは，OpenFOAM
の標準境界条件とは異なり，デコレートされる境界条件の型にかかわらず，直接ほか
の境界条件によって計算されるフィールド値を修正する．

> **注意**　境界条件デコレータは，実際の CFD 問題の解法ではなく，OpenFOAM に
> おける新しい境界条件のプログラミングに対する興味深い例として挙げられているだ
> けである．

　完成した再循環コントロール境界条件は，すでに例題コードリポジトリに用意され
ている．示された例がわかりにくければ，テキストエディタを開いて，例題コード
リポジトリの中に再循環コントロール境界条件のコードに続いてある説明を読むとよい
だろう．以下の議論において，例題コードリポジトリで用いられたものと同じ名前が
ファイルやクラスに対して使用されている．

> **ヒント**　境界条件は共有ライブラリとしてコンパイルしなければならない．また，ア
> プリケーションコードに，直接，実装してはならない，なぜなら，そのようにすると，
> それらの有用性やほかの OpenFOAM プログラマとの共有特性が大きく制限される
> からである．

　境界条件がコンパイルされたライブラリは，ジョブ実行中にソルバアプリケーショ
ンに動的にリンクされる．チュートリアルの最初に，ライブラリディレクトリを作成
しなければならない．

```
?> mkdir -p primerBoundaryConditions/recirculationControl
?> cd !$
```

また，既存の境界条件のクラスファイルをコピーする必要がある．これらは，再循環
コントロール境界条件に対するスケルトンファイルとして使用される．

```
?> cp \
   $FOAM_SRC/finiteVolume/fields/fvPatchFields/basic/zeroGradient/*.
```

コンパイル中に生成された従属ファイルは，この時点で消去されるべきである．

```
?> rm *.dep
```

"zeroGradient" の文字列をもつすべてのインスタンスは，ファイル名もクラス名
も "recirculationControl" に名前を変更しなければならない．名前を変更した後，
recirculationControl ディレクトリを出て，コンパイルコンフィギュレーション
フォルダ Make を作成する．

```
?> cd ..
?> wmakeFilesAndOptions
```

そして，アプリケーションでなく，ライブラリがコンパイルされることを考慮したうえで，`Make/files` を修正する．したがって，

```
EXE = $(FOAM_APPBIN)/primerBoundaryConditions
```

を，以下の行に置き換える必要がある．

```
LIB = $(FOAM_USER_LIBBIN)/libprimerBoundaryConditions
```

スクリプト `wmakeFilesAndOptions` は，`Make/files` ファイルにすべての `*.C` ファイルを挿入する点に注意されたい．それは，

```
recirculationControl/recirculationControlFvPatchField.C
```

の行が再循環コントロール境界条件に対するクラステンプレートの定義を含むので，コンパイルする前に消去しなければならないことを意味する．これは，実際の境界条件クラスが以下のマクロを使用するテンソル量に対する再循環コントロールのクラステンプレートからインスタンス化されるので，コンパイル中にクラス再定義のエラーを引き起こしてしまう．

```
makePatchFields(recirculationControl);
```

いったん，ファイル `recirculationControlFvPatchField.C` を `Make/files` から消去すれば，ライブラリは最初のコンパイルテストに対して実行可能となる．コンパイルは，

```
?> wmake libso
```

のコマンドを `primerBoundaryConditions` ディレクトリで実行することによって開始される．

リスト 78 は `Make/files` の最終版を含み，リスト 79 は `Make/options` の最終版を含んでいる．コンパイルが成功すると，自己完結型の共有境界条件ライブラリのスケルトン実装が作成される．デコレータ機能の一層の改良を行う前に，境界条件を実

リスト 78　primerBoundaryConditions ライブラリの Make/files ファイル

```
recirculationControl/recirculationControlFvPatchFields.C

LIB = $(FOAM_USER_LIBBIN)/libprimerBoundaryConditions
```

リスト 79　primerBoundaryConditions ライブラリの Make/options ファイル

```
EXE_INC = \
    -I $(LIB_SRC)/finiteVolume/lnInclude


LIB_LIBS = \
    -lfiniteVolume
```

際のシミュレーション実行でテストしなければならない．この時点では，境界条件は zeroGradientFvPatchField と同じ機能を有しているが，異なる名前をもっている．その機能は，system/controlDict ファイル内において必要なライブラリへのリンクを定義すれば，任意のシミュレーションケースの実行によりテストすることができる．

```
libs ("libprimerBoundaryConditions.so")
```

これは，共有境界条件ライブラリをロードし，それを OpenFOAM 実行可能ファイルにリンクする．

> **ヒント**　このような結合テストの実行は，カスタムライブラリの作成過程において強く推奨されるステップである．さらに，バージョン管理システム（第 6 章）を使用することで作業の流れもよくなる．一例として，icoFoam ソルバを使用する cavity チュートリアルケースにおいて，速度フィールドの fixedWalls パッチに再循環コントロール境界条件を適用することを試みよ．

　この時点で，OpenFOAM でのライブラリの結合がテストされ，動作について検討できる．図 10.5 に示されたデザインの実装に着手できる．デコレータパターンを実装する厳密なオブジェクト指向の考え方では，fvPatchField に対する抽象デコレータクラスから開始することになる．この場合，recirculationControl は，具象デコレータモデルとしてそこから派生しなければならない．代わりとして，この例では出発点として具象デコレータを使用し，抽象的実装は本項の終わりに読者への課題として残している．その課題を実装することで，OpenFOAM の実装の修正なしに，任意の境界条件に対してさまざまな機能の追加が可能となる．これは，OpenFOAM の境界条件への理解の向上に加え，この課題を行うという付加的な利点となる．

　再循環コントロール境界条件への最初の修正は，クラステンプレートの宣言ファイル recirculationControlFvPatchField.H に適用される．これは fvPatchField を継承するが，この継承は zeroGradientFvPatchField によってすでになされている．recirculationControlFvPatchField のクラス定義の重要な部分は，コードリ

ストに示されている.

リスト 80 では,デコレータパターンを見ることができ,fvPatchField からの継承
が存在するだけでなく,再循環コントロール境界条件クラスにおいて fvPatchField
のプライベート属性が組み合わされている.baseTypeTmp_ 内でのローカルコピーは,
OpenFOAM のスマートポインタオブジェクト tmp を用いてインスタンス化されてお
り,これによりガベージコレクションのような追加機能が与えられる.このスマート
ポインタは,RAII C++イディオムに依存し,ポインタ操作を大幅に簡略化する.定
数として宣言された残りのクラス属性は,境界条件ディクショナリから読み込まれる.

リスト 80　再循環コントロール境界条件の宣言

```
template<class Type>
class recirculationControlFvPatchField
:
  public fvPatchField<Type>
{
  protected:

    // Base boundary condition.
    tmp<fvPatchField<Type> > baseTypeTmp_;

    const word applyControl_;
    const word baseTypeName_;
    const word fluxFieldName_;
    const word controlledPatchName_;
    const Type maxValue_;

    scalar recirculationRate_;
```

デコレートすべき境界条件をインスタンス化するために,境界条件ディクショナ
リを介して特定の名前を与える必要があり,それは baseTypeName_ 属性内に保存
される.再循環コントロールを適用するかしないかのオプションを与えるために,
Switch applyControl_ が実装されている.偽の場合,境界上には何も課されず,し
たがって,無効にすることやデコレートされた境界条件を単に使用することは容易で
ある.さらに,それは,拡張された境界条件における再循環量をレポートする.拡張さ
れた境界条件の型は,baseTypeName_ 変数によって決まり,これはクラス名に基づく
具体的な拡張された境界条件の作成に用いられる.この境界条件は,baseTypeTmp_
に保存される.

再循環を計算するために,境界条件は,fluxFieldName_ 属性で定義される体積流
束フィールドの名前を知っている必要がある.コントロールされるパッチフィールド名

は，`controlledPatchName_` で定義される．想定される最大値は，メンバ `maxValue_` により定義され，`recirculationRate_` は，拡張された境界条件における負の体積流束の割合を保持する．

　新たなクラス属性を追加したので，`recirculationControlFvPatchField` のコンストラクタは，それらを初期化しなければならない．通常は，新たなプライベートクラス属性を取り入れるために，コンストラクタ初期化リストを拡張し，修正する．以下では，記述を簡潔にするために，ディクショナリコンストラクタのみを示す．完全な実装は，ソースコードリポジトリで確認できる．

　リスト 81 に，再循環コントロール境界条件のコンストラクタを示す．初期化リストでは，`baseTypeTmp_` には値が割り当てられていないので，任意の値を取る．コンストラクタの中では，New セレクタを用いて `fvPatchField` が作成され，`baseTypeTmp_` に割り当てられる．オブジェクトを作成するこの方法は，ファクトリメソッド（ニュー

リスト 81　再循環コントロール境界条件のコンストラクタ

```
template<class Type>
Foam::recirculationControlFvPatchField<Type>::
recirculationControlFvPatchField
(
    const recirculationControlFvPatchField<Type>& ptf,
    const fvPatch& p,
    const DimensionedField<Type, volMesh>& iF,
    const fvPatchFieldMapper& mapper
)
:
    fvPatchField<Type>(ptf, p, iF, mapper),
    baseTypeTmp_(),
    applyControl_(ptf.applyControl_),
    baseTypeName_(ptf.baseTypeName_),
    fluxFieldName_(ptf.fluxFieldName_),
    controlledPatchName_(ptf.controlledPatchName_),
    maxValue_(ptf.maxValue_),
    recirculationRate_(ptf.recirculationRate_)
{
    // Instantiate the baseType based on the dictionary entries.
    baseTypeTmp_ = fvPatchField<Type>::New
    (
        ptf.baseTypeTmp_,
        p,
        iF,
        mapper
    );
}
```

セレクタ）とよばれ，抽象 fvPatchField クラス内で定義される．ディクショナリ dict 内で与えられた名前に基づいて，recirculationControlFvPatchField に対する基底クラスが実行中に選択され，デコレートされた境界条件を初期化するためのコンストラクタで使用される．このコンストラクタが実行された後，デコレートされた境界条件と同様にして，コントロール関数で必要となるプロテクテッド属性が初期化される．

新たなクラス属性を取り入れるためには，recirculationControlFvPatchField の残りのコンストラクタも同様に修正しなければならない．コンストラクタが修正されると，図 10.5 に示したメンバ関数も同様に修正する必要がある．それらは baseTypeTmp_ に記録されているデコレートされた境界条件に対して処理を委譲しなければならない．その実装は四つのすべてのメンバ関数で同じであるので，リスト 82 にはその一つのみを示している．

リスト 82　メンバ関数呼び出しを委譲する再循環コントロール境界条件

```
template<class Type>
Foam::tmp<Foam::Field<Type > >
Foam::recirculationControlFvPatchField<Type>::valueInternalCoeffs
(
    const Foam::tmp<Foam::Field<scalar > > & f
) const
{
    return baseTypeTmp_->valueInternalCoeffs(f);
}
```

この種の委譲は，流れのコントロールを処理しないデコレータ実装のすべてにおいて記述する必要がある．この場合，境界条件はデコレートされた境界条件として振る舞わなければならない．これは，具象境界条件モデルとして図 10.5 に示されている．

再循環コントロール境界条件を実装する最後のステップとして，境界条件の演算（updateCoeffs）に関係するメンバ関数を実装する必要がある．その実装は二つの主要な部分に分けられる．最初の部分は境界条件がすでに更新されたかをチェックし，このチェックは OpenFOAM の境界条件において一般的な習慣である．もし更新されていなければ，ユーザによって定義された流束フィールドの名前 fluxFieldName_ を用いて流束フィールドが検索される．

正と負の体積流束は，リスト 83 に示される拡張された境界条件によって計算される．正と負の体積流束が算出されると，再循環率（負の流束と全流束の比率）がリスト 84 に示されるコードで計算される．

リスト 83　再循環境界条件による正と負の流束の演算

```
if (this->updated())
{
   return;
}


typedef GeometricField <Type, fvPatchField, volMesh> VolumetricField;

// Get the flux field
const Field<scalar>& phip =
this->patch().template lookupPatchField
<
   surfaceScalarField,
   scalar
>(fluxFieldName_);

// Compute the total and the negative volumetric flux.
scalar totalFlux = 0;
scalar negativeFlux = 0;

forAll (phip, I)
{
   totalFlux += mag(phip[I]);

   if (phip[I] < 0)
   {
      negativeFlux += mag(phip[I]);
   }
}
```

リスト 84　境界上の再循環率の演算

```
// Compute recirculation rate.
scalar newRecirculationRate = min
(
   1,
   negativeFlux / (totalFlux + SMALL)
);
Info << "Total flux " << totalFlux << endl;
Info << "Recirculation flux " << negativeFlux << endl;
Info << "Recirculation ratio " << newRecirculationRate << endl;

// If there is no recirculation.
if (negativeFlux < SMALL)
{
   // Update the decorated boundary condition.
   baseTypeTmp_->updateCoeffs();
   // Mark the BC updated.
```

```
    fvPatchField<Type>::updateCoeffs();
    return;
}
```

　再循環が起こらない条件では，再循環コントロールとデコレートされた境界条件は
まったく同様に振る舞う．したがって，フィールドの修正は，カプセル化された具象
境界条件モデルに委譲されている．境界条件デコレータは，それ自身境界条件である
ので，各時間で更新が発生し，境界条件の状態を最新にセットしなければならないこ
とに注意されたい．fvPatchField 抽象クラスのメンバ関数 updateCoeffs は，通
常，この目的のために呼び出されなければならない．再循環コントロールに関係する
updateCoeffs メンバ関数の一部を，リスト 85 に示す．

リスト 85　再循環コントロールの実行

```
if(
    (applyControl_ == "yes") &&
    (newRecirculationRate > recirculationRate_)
)
{
    Info << "Executing control..." << endl;

    // Get the name of the internal field.
    const word volFieldName = this->dimensionedInternalField().name();

    // Get access to the registry.
    const objectRegistry& db = this->db();

    // Find the GeometricField in the registry using
    // the internal field name.
    const VolumetricField& vfConst =
        db.lookupObject<VolumetricField>(volFieldName);

    // Cast away constness to be able to control
    // other boundary patch fields.
    VolumetricField& vf = const_cast<VolumetricField&>(vfConst);

    // Get the non-const reference to the boundary
    // field of the GeometricField
    typename VolumetricField::GeometricBoundaryField& bf=
        vf.boundaryField();

    // Find the controlled boundary patch field using
    // the name defined by the user.
    forAll (bf, patchI)
    {
        // Control the boundary patch field using the recirculation rate.
```

```
    const fvPatch& p = bf[patchI].patch();

    if(p.name() == controlledPatchName_)
    {
        if (! bf[patchI].updated())
        {
            // Envoke a standard update first to avoid the field
            // being later overwritten.
            bf[patchI].updateCoeffs();
        }
        // Compute new boundary field values.
        Field<Type> newValues (bf[patchI]);

        scalar maxNewValue = mag(max(newValues));

        if (maxNewValue < SMALL)
        {
            bf[patchI] == 0.1 * maxValue_;
        } else if (maxNewValue < mag(maxValue_))
        {
            // Impose control on the controlled inlet patch field.
            bf[patchl] == newValues * 1.01;
        }
    }
  }
}
```

この境界条件は境界フィールド値を修正するので，ほかの境界条件のフィールドへの非定数アクセスが必要である．そのため，レジストリによって強制的に与えられた VolumetricField の定数性が除去されることで，objectRegistry クラスのカプセル化を破壊することになる．ほかの境界フィールドへの非定数アクセスをリスト 86 に示す．

> **リスト 86　再循環境界条件からほかの境界フィールドへの非定数アクセスの取得**
>
> ```
> // Cast away constness to be able to control other boundary patch fields.
> VolumetricField& vf = const_cast<VolumetricField&>(vfConst);
>
> // Get the non-const reference to the boundary field of the GeometricField.
> typename VolumetricField::GeometricBoundaryField& bf = vf.boundaryField();
> ```

注 意　定数性を除去するこの方法は，なるべく避けるべきである．これは，カプセル化のポイント，すなわちクラスメンバ関数によってのみ修正が可能なオブジェクト状態を無効にしてしまう．この例題では，幾何学的フィールドとオブジェクトレジストリ間のクラスコラボレーションを強調するために，この種のキャストを実行している．

objectRegistry のインターフェースが，登録されたオブジェクトに対して定数ア
クセスのみを与えるならば，定数性の除去やオブジェクト状態の修正はプログラマを
惑わすことになる．objectRegistry のインターフェースを介して可能となる Volu-
metricField オブジェクト状態の変更は，予期されないだろう．アルゴリズム 1 は，
疑似コードを用いて，再循環コントロールアルゴリズムを明確に表している．

アルゴリズム 1　再循環コントロールアルゴリズム

if control is applied and recirculation is increasing **then**
　　get the name of the controlled field
　　get access to object registry
　　find the VolumetricField in the object registry
　　cast away constness of the VolumetricField
　　for boundary conditions **do**
　　　　if controlled boundary condition found **then**
　　　　　　compute the new values
　　　　　　if new values are zero **then**
　　　　　　　　set new values to 10% of the maximum
　　　　　　else if new values are positive and smaller than prescribed maximum
then
　　　　　　　　increase the old values by 1%
　　　　　　end if
　　　　end if
　　end for
end if

この境界条件は，おもに OpenFOAM の境界条件クラス階層にデコレータパターン
を適用する例である．しかしながら，ここで適用されたデザインは，流入あるいは流出
境界条件が存在する状況において，非常にうまく使用されるかもしれない．ある状況で
は，たとえば，入口の圧力もしくは速度の増加によって再循環の減少が達成される．な
お，これは二つの主要な事柄を説明する例でしかないことに注意されたい．すなわち，
一つ目は，VolmetricField のデザインがさまざまな境界条件の間でどのように機能
を組み合わされるかであり，二つ目は，fvPatchField から派生される OpenFOAM
の新しい境界条件をどのようにプログラミングするかである．

■ 再循環コントロール境界条件の検証

updateCoeffs 関数が実装された時点で，境界条件を使用する準備はできている．
テストケースとして，後ろ向きステップをもつ単純なバックワード流路を考える．再
循環コントロールは，後ろ向きステップの壁面をコントロールする境界条件として，
流路の出口に対して適用される．

　図 10.6 は，流れの初期設定を示しており，非透過壁であるかのように後ろ向きステップの速度はゼロに設定されている．再循環が出口に現れるやいなや，再循環コントロール境界条件は，後ろ向きステップのゼロ速度を変更する．さらに，再循環を外部へ追い出すために，leftWall 境界に適用された境界条件を流入へと切り替える．ソルバ icoFoam は，流路内でリアルタイムの層流コントロールを行うシミュレーションに対して用いられる．

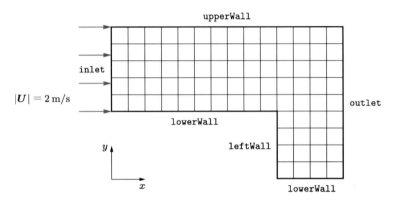

図 10.6　再循環コントロールのテストケースに対する幾何学的設定と初期条件

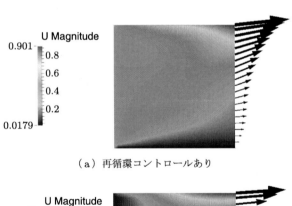

（a）再循環コントロールあり

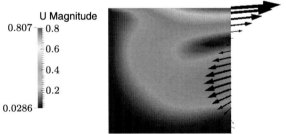

（b）再循環コントロールなし

図 10.7　再循環コントロールのテストケースにおける最終的な速度場

再循環コントロール境界条件を無効にした場合の最終的な速度場を，図 10.7（b）に示す．図 10.7（a）は，出口で再循環の起きていない速度場を示している．このケースでは，再循環コントロール境界条件が leftWall 境界にコントロールを与えていた．recirculationChannel と recirculationControlChannel の両テストケースは，例題ケースリポジトリの chapter10 サブディレクトリに置かれている．

> **練 習** 本文中の例では，抽象デコレータを実装しなかった．抽象デコレータがクラス階層に追加されるように，recirculationControlFvPatchField を修正せよ．このデコレータは，境界条件のデコレートを一般化し，OpenFOAM のどんな境界条件に対しても任意の機能を実行中に追加できるようにする．

10.3.2 メッシュ移動境界条件

この項では，メッシュ移動で用いられる新しい境界条件の作成について説明する．メッシュ移動は，メッシュの点に対して定義される変位もしくは速度に依存する．したがって，この境界条件は，境界点の組（pointPatchField）として記述されたメッシュ境界に関係する．

fvPatchField に基づく境界条件とは異なり，pointPatchField 型の境界条件は，境界フィールド内に境界値を保持せず，内部フィールドの値を修正するために使用される．内部フィールド値の変更もどんなほかの演算も，これらの境界条件を用いて，ソルバ，もしくはほかのクラスのどちらかによって処理される．メッシュ移動境界条件で使用されるベクトル量は，メッシュ移動ソルバの選択に応じて，特定のメッシュ点の速度もしくは変位のどちらかで定義される．

メッシュ移動ソルバは，dynamicFvMesh ライブラリを使用し，本項の例題ケースにおいては，本項で述べる新しい境界条件によって定義された境界での変位を用いて，点変位に対するラプラス方程式を解く．ラプラス方程式は，半径方向の拡散輸送をモデル化するために使用されているので，メッシュ境界で与えられた変位は，周囲のメッシュへなめらかに拡散される．これにより変形後のセルは高い品質が保証される．この種のアプリケーションについて，点の変形を保存するフィールドは pointDisplacement とよばれる．

本項で示される境界条件では，入力ファイルからパッチの重心位置や方向が読み取られ，直前の位置のメッシュ境界に対して変位が適用される．これはダイナミックメッシュと連動させて使用しなければならない．さもないと，pointDisplacement フィールドは読み取れない．境界条件の機能は以下の二つの主要な要素からなり，どちらも

OpenFOAM リリースのさまざまな場所ですでに入手できる.

1. パッチの重心 (COG) 位置の算出. これは, ディクショナリに含まれる規定された動作に基づいて計算される. この規定動作は表の形式で与えられ, 各データ点間で線形補間される. これは, すでに `tabulated6DoFMotion` に実装されており, 規定動作に基づき全メッシュを移動させる `dynamicFvMesh` クラスである.

2. ベクトル値の `pointPatchField` への割り当て. この型の境界条件の例として, `oscillatingDisplacementPointPatchVectorField` がある.

`fvPatchField` から派生した境界条件は, 領域境界の値のみ変化させる. どんな境界条件も, シミュレーションやフィールドへの追加の変化をせず, 論理的方法で機能がカプセル化されている. `fvPatchField` 境界条件について, フィールド変数は境界値を用いて流れソルバにより計算される. 同じ原理は, `pointPatchField` から派生された境界条件にも適用される. 速度あるいは変位のみが境界条件によって規定されるのに対し, 実際のメッシュ変化は, `dynamicFvMesh` ライブラリの一部である専用のメッシュ移動ソルバによって実行される. 以下では, 両方の要素について簡単に述べ, 新しい境界条件に関連する部分について詳しく述べる.

■ 移動データの読み取り

OpenFOAM の既存コードベース内で簡易的な検索を行うことで, この境界条件で想定されたものと同様の表形式ファイルから, 移動データを読み取るメッシュ移動ソルバがあることがわかる. しかしながら, その場合, すべてのメッシュ点に対し同じ変位が用いられ, メッシュを剛体のように移動させるメッシュ移動となる. すなわち, メッシュの変形は起こらず, メッシュ点の相対位置は変化しない. このチュートリアルの目的のために, 移動の計算が利用でき, 後で剛体のようなメッシュ移動の境界を構成するパッチ点に適用される. この種のメッシュ移動は, 物体の相対移動がメッシュ (流れ領域) に対して小さい場合に役立つかもしれない. その場合, 拡散的な方法で流れ領域内に移動が伝わるならば, 規定変位をもつ境界から遠く離れたメッシュの移動はゼロに近づく. 物体から離れたときにどれだけ早く変位が消えるかは, 変位の拡散係数の大きさで決まる.

表形式データに基づく剛体メッシュ移動を実装したコードは, `solidBodyMotion-Function` から派生した `tabulated6DoFMotionFvMesh` クラス内に含まれ, 以下のようにして確認できる.

```
?> $FOAM_SRC/dynamicFvMesh/solidBodyMotionFvMesh/\
    solidBodyMotionFunctions/tabulated6DoFMotion/
```

公式リリース内には,密閉タンクの移動を規定するための tabulated6DoFMotion を扱う例題ケースがある.この例題のチュートリアルは,以下のようにして確認できる.

```
?> $FOAM_TUTORIALS/multiphase/interDyMFoam/ras/sloshingTank3D6DoF
```

(各時刻の)移動データを含むディクショナリは,時刻 t での並進および回転ベクトルで構成された(List データ構造を用いた)リストとして設定される.このデータの例は,上述のチュートリアルに置かれた constant/6DoF.dat 内で見ることができる.以下の抜粋では,ディクショナリの設定方法の原理を示している.

```
(
(t1 ((Translation_Vector_1) (Rot_Vector_1))
(t2 ((Translation_Vector_2) (Rot_Vector_2))
...
)
```

ディクショナリのデータ点間の位置および方向データを得るために,スプラインに基づく補間が実行される.図 10.8 に示すように,並進および回転ベクトルは,元の座標系に対して定義される.

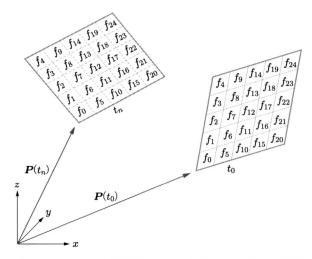

図 10.8 グローバル座標系において,時刻 t_0 での位置から時刻 t_n での位置へ移動した例題パッチのイメージ図

第 13 章ではダイナミックメッシュのみを取り扱うので,ここでは,solidBody-MotionFvMesh 形式のダイナミックメッシュの作動原理の概要のみを,以下に明確に述べる.

- solidBodyMotionFvMesh から派生したダイナミックメッシュは，固体の移動のみ取り扱う．
- トポロジー的な変化は行わず，その形状を変えるような固体パッチはない．
- solidBodyMotionFunction や派生クラスのために，移動自体は solidBody-MotionFvMesh によって定義されていない．
- 実際のメッシュ移動アルゴリズムから移動計算を切り離しやすくする．
- tabulatedSixDoF クラスは，OpenFOAM のすべての固体移動関数についての基底クラスである solidBodyMotionFunction を継承している．

dynamicMeshDict において solidBodyMotionFvMesh のダイナミックメッシュ形式が選択されていると，solidBodyMotionFvMesh は実行中での選択を使用する dynamicFvMesh のコンストラクタの中でインスタンス化される．constant/dynamicMeshDict のサブディクショナリから特定のパラメータが読み込まれ，これは SBMFCoeffs_ とよばれるプライベートクラス属性である．以下に，この境界条件に対するプログラムコードの関連部分について述べる．

リスト 87 に，入力ディクショナリからの表形式データの読み込みを示す．データとファイル名は，dynamicMeshDict のサブディクショナリからリスト型 Tuple2 内に読み込まれる．Tuple2 クラスは，異なる型をもつ二つのオブジェクトを保存するデータ構造である．上の例では，scalar と translationRotationVectors のインスタンスが Tuple2 内に保存され，最初のものは時間，2 番目は入れ子状のベクトルで並進

リスト 87　入力ディクショナリからの表形式データの読み込み

```
fileName newTimeDataFileName
(
    fileName(SBMFCoeffs_.lookup("timeDataFileName")).expand()
);
IFstream dataStream(timeDataFileName_);
List<Tuple2<scalar, translationRotationVectors> > timeValues
(
    dataStream
);

times_.setSize(timeValues.size());
values_.setSize(timeValues.size());

forAll(timeValues, i)
{
    times_[i] = timeValues[i].first();
    values_[i] = timeValues[i].second();
}
```

と回転に関するものである．したがって，移動ファイルの内容は，直接，このデータ構造内に保存される．そのデータへの簡単なアクセスを与えるために，上述のコード抜粋の後半に示すように，独立したリストが作成される．

入力データからの変形の計算は，パブリックメンバ関数 transformation() によって実行され，その関連内容はリスト 88 に示される．つぎの課題は，現時刻 t での位置と方向データを補間することである．角度はすべてラジアンに変換しなければならず，最終的に quaternion と septernion を用いて変形の表現が構築される．

リスト 88　表形式による移動境界条件の変形メンバ関数

```
scalar t = time_.value();
// —— Some lines were spared ——
translationRotationVectors TRV = interpolateSplineXY
(
    t,
    times_,
    values_
);

// Convert the rotational motion from deg to rad
TRV[1] *= pi/180.0;
quaternion R(TRV[1].x(), TRV[1].y(), TRV[1].z());
septernion TR(septernion(CofG_ + TRV[0])*R*septernion(-CofG_));
```

オブジェクトの作成はもちろんコンストラクタによって行われ，このコンストラクタは以下のリストに示すように二つの引数をもつ．最初のものは，tabulated6DoFMotion で必要となるデータを含んだディクショナリへの参照であり，データファイルへのパスである．Time への参照を渡すことによって，データ点間の補間が簡単化される．

```
tabulated6DoFMotion
(
    const dictionary& SBMFCoeffs,
    const Time& runTime
);
```

点移動に関係しているコードが見つかれば，つぎのステップは，pointPatchField から派生した境界条件を見つけることであり，実装しようとしているものと似た作業を実行することである．すなわち，これ以降，実際に必要な境界条件を構築していくことになる．

■ 既存の境界条件のアレンジ

既存の oscillatingDisplacementPointPatchVectorField 境界条件は，メッシ
ュ移動境界条件を派生させていくうえでよい出発点である．これは，時間に依存する
正弦曲線に従った変位値を，境界上の各点に保存されたそれぞれの**値**に適用する．os-
cillatingDisplacementPointPatchVectorField のソースコードは，fvMotion-
Solver のサブディレクトリ内で見ることができる．

```
?> $FOAM_SRC/fvMotionSolver/pointPatchFields/\
      derived/oscillatingDisplacement/
```

fvPatchField 型境界条件に関して，この章の最初で議論したように，境界条件の実
際の機能は，evaluate() もしくは updateCoeffs() メンバ関数のどちらかに実装さ
れる．oscillatingDisplacementPointPatchVectorField 境界条件の場合，メン
バ関数 updateCoeffs() が境界メッシュの各点に対する変位ベクトルを計算する．変
位ベクトルは，つぎのように定義される．

```
amplitude_*sin(omega_*t.value())
```

ここで，amplitude_ と omega_ はディクショナリから読み込まれるスカラー値であ
る（omega は角回転速度）．この関数の実装は，リスト 89 に示すように実行される．

リスト 89　周期的に振動する変位境界条件に対する変位ベクトルの演算 *

```
void oscillatingDisplacementPointPatchVectorField::updateCoeffs()
{
    if (this->updated())
    {

        const polylMesh& mesh =
            this->dimensionedInternalField().mesh()();

        const Time& t = mesh.time();

        Field<vector>::operator=(amplitude_*sin(omega_*t.value()));

        fixedValuePointPatchField<vector>::updateCoeffs();
    }
    fixedValuePointPatchField<vector>::updateCoeffs();
}
```

　＊　（訳者注）2017 年 10 月の時点では，リスト 89 と入手できるファイルの中身には一部差異がある．

`updateCoeffs()` 関数の行

```
Field<vector>::operator=(amplitude_*sin(omega_*t.value()));
```

では，適切な変位値をメッシュの境界値に代入するために Field の代入演算子が使われている．この命令の後には，親クラスの `updateCoeffs()` の呼び出しが続いている．パッチの変位をパッチ点に代入することによって，ダイナミックメッシュのソルバは実際のメッシュ移動の処理を行う．

■ 境界条件の組立

この境界条件の実働例は，本書とともに配布されている例題コードのリポジトリで確認でき，ライブラリ `primerBoundaryConditions` の中に上述の再循環コントロール境界条件と一緒にまとめられている．すぐに使えるメッシュ移動境界条件のソースコードをテキストエディタで開いて見ながら，ここで述べるステップに従えば，わかりやすい．ほかのプログラミング例と同様に，この例の境界条件は，`wmake libso` を用いて動的ライブラリにコンパイルしなければならない．最初のステップは，いつものように，境界条件を保存するための新たなディレクトリをつくることである．

```
?> mkdir -p \
    $WM_PROJECT_USER_DIR/applications/tabulatedRigidBodyDisplacement
?> cd $WM_PROJECT_USER_DIR/applications/tabulatedRigidBodyDisplacement
```

つぎのステップは，新たなディレクトリに `oscillatingDisplacementPointPatch-VectorField` をコピーすることである．

```
?> cp $FOAM_SRC/fvMotionSolver/pointPatchFields/\
    derived/oscillatingDisplacement/* .
```

`tabulatedRigidBodyDisplacement` 境界条件の名前を適切にするために，`oscillatingDisplacement` となっているすべての名前を，`tabulatedRigidBodyDisplacement` で置き換えなければならない．これはファイル名だけでなく，ソースファイル自体の中で一致するものに対しても適用される．`*.dep` ファイルを削除した後，残りの C と H ファイルを適切に改名する．

```
?> rm *.dep
?> mv oscillatingDisplacementPointPatchVectorField.H \
    tabulatedRigidBodyDisplacement.H
?> mv oscillatingDisplacementPointPatchVectorField.C \
    tabulatedRigidBodyDisplacement.C
?> sed -i "s/oscillating/tabulatedRigidBody/g" *.[HC]
```

　最初にチェックすることは，改名した oscillatingDisplacementPointPatch-
VectorField がいままでどおり適切にコンパイルできるかどうかである．これをチェッ
クするためには，以下のように，OpenFOAM の典型的な Make/files と Make/options
ファイルを作成する必要がある．

```
?> mkdir Make
?> touch Make/files
?> touch Make/options
```

境界条件は一つのソースファイルのみで構成されるので，files の内容は以下のよう
に短い．

```
tabulatedRigidBodyDisplacementPointPatchVectorField.C

LIB = $(FOAM_USER_LIBBIN)/libtabulatedRigidBodyDisplacement
```

簡単化のため，コードリポジトリで与えられるすべての例題の境界条件は，一つのラ
イブラリにコンパイルされる．このライブラリの名前は，上述のコード抜粋において
定義されたものとは異なる．

　しかしながら，このソースファイルは多くの依存関係をもっている．そのため，以
下のように，ほかのさまざまなライブラリやヘッダファイルを，このライブラリとリ
ンクしなければならない．

```
EXE_INC = \
    -I$(LIB_SRC)/finiteVolume/lnInclude \
    -I$(LIB_SRC)/dynamicFvMesh/lnInclude \
    -I$(LIB_SRC)/meshTools/lnInclude \
    -I$(LIB_SRC)/fileFormats/lnInclude

LIB_LIBS = \
    -lfiniteVolume \
    -lmeshTools \
    -lfileFormats
```

Make フォルダを含むディレクトリの中で wmake libso を実行し，境界条件がいまま
でどおりコンパイルできるかをテストする．もしエラーや警告なしにすべてコンパイ
ルできたならば，ヘッダとソースファイルの両方をエディタで開き，以下の変更を適
用せよ．まず，tabulatedRigidBodyDisplacementPointPatchVectorField.H の
中につぎのヘッダファイルを加える必要がある．

```
# include "fixedValuePointPatchField.H"
# include "solidBodyMotionFunction.H"
```

また，ソースファイルには，以下のように，もう少し多くのヘッダファイルを加える
必要がある．

```
#include "tabulatedRigidBodyDisplacementPointPatchVectorField.H"
#include "pointPatchFields.H"
#include "addToRunTimeSelectionTable.H"
#include "Time.H"
#include "fvMesh.H"
#include "IFstream.H"
#include "transformField.H"
```

求められている機能の実際の実装は，updateCoeffs() メンバ関数内で行われる．一
つのプライベート属性がそこで使用され，これは 0/ディレクトリ内の境界条件ディク
ショナリにおいて定義されるすべてのデータを含んだ定数ディクショナリである．し
かし，これはまだ実装されていない．このディクショナリをヘッダファイルのプライ
ベート属性に追加する．

```
//- Store the contents of the boundary condition's dictionary
const dictionary dict_;
```

各境界条件のコンストラクタは新しいプライベート属性を初期化しなければならず，そ
れは dictionary の null コンストラクタを呼び出すことで通常行われる．pointPatch
や DimensionedField から境界条件を作成するコンストラクタがその一例であり，リ
スト 90 にそれを示す．

```
リスト 90　点変位境界条件のコンストラクタ

tabulatedRigidBodyDisplacementPointPatchVectorField::
tabulatedRigidBodyDisplacementPointPatchVectorField
(
    const pointPatch& p,
    const DimensionedField<vector, pointMesh>& iF
)
:
    fixedValuePointPatchField<vector>(p, iF),
    dict_()
{}
```

0 ディレクトリから特定のファイルを読み込むことによって境界条件が作成される
ケースでは，以下のコンストラクタが呼び出される．実際のところは，境界条件のディ
クショナリはコンストラクタに渡され，後の処理のために境界条件の中に保存される．

```
tabulatedRigidBodyDisplacementPointPatchVectorField::
tabulatedRigidBodyDisplacementPointPatchVectorField
```

```
(
    const pointPatch& p,
    const DimensionedField<vector, pointMesh>& iF
    const dictionary& dict
)
:
    fixedValuePointPatchField<vector>(p, iF, dict),
    dict_(dict)
{
    updateCoeffs();
}
```

このコンストラクタは，実行中に updateCoeffs() を呼び出すだけのものである．
updateCoeffs メンバ関数をリスト 91 に示す．

リスト 91　表形式による剛体移動境界条件の updateCoeffs メンバ関数

```
void tabulatedRigidBodyDisplacernentPointPatchVectorField::updateCoeffs()
{
    if (this->updated())
    {
        return;
    }

    const polyMesh& mesh = this->dimensionedInternalField().mesh()();
    const Time& t = mesh.time();
    const pointPatch& ptPatch = this->patch();

    autoPtr<solidBodyMotionFunction> SBMFPtr
    (
        solidBodyMotionFunction::New(dict_, t)
    );

    pointField vectorIO(mesh.points().size(),vector::zero);

    vectorIO = transform
    (
        SBMFPtr().transformation(),
        ptPatch.localPoints()
    );

    Field<vector>::operator=
    (
        vectorIO-ptPatch.localPoints()
    );

    fixedValuePointPatchField<vector>::updateCoeffs();
}
```

最も重要な行は，SBMFPtr を定義する行である．これは，dictionary と Time オブジェクトに基づいて，solidBodyMotionFunction のための autoPtr を作成する．このコードは dynamicFvMesh ライブラリに由来するので，コンストラクタに渡されるディクショナリは dynamicMeshDict のサブディクショナリである．このサブディクショナリには，dynamicMeshDict においてユーザにより選択された solidBodyMotion-Function で必要となるすべてのパラメータが含まれている．この境界条件に対する移動パラメータの定義は，グローバルレベルではなく，境界処理の前段階で行われるべきであるので，コンストラクタに渡されるディクショナリは，dynamicMeshDict よりもむしろ 0 ディレクトリの境界条件から読み込まれるべきである．これはプライベートメンバ dict_ のためである．それは一度だけ読み込まれ，updateCoeffs() の各呼び出しにおいて毎回 solidBodyMotionFunction に渡される．

つぎの行は，tabulated6DoFMotion で見られるものと類似している．変形が適用された後のパッチ点の絶対位置は，vectorIO に保存される．実際の移動は直前の点位置との相対的なものなので，その差異を計算しなければならない．この計算は代入演算子の呼び出しにおいて直接行われる．変形は septernion を用いて実行され，これは多くの点で変換行列よりも優れている．

ソースコードはこの時点で準備できているので，以下のように，再度，ライブラリをコンパイルするとよい．

```
?> wclean
?> wmake libso
```

■ 例題ケースのシミュレーションの実行

例題ケースのシミュレーションの実行は，最初に，例題コードリポジトリから準備やテストされたコードを用いて行うべきである．配布されたコードをいったん実行すると，ディクショナリで必要な入力パラメータやフィールドに適用された変化が明確になり，実装した境界条件をテストできるようになる．例題ケース tabulatedMotionObject は，例題ケースリポジトリに置かれている．この 3 次元のケースは，新たに実装された表形式による剛体移動境界条件の機能についての簡単なデモンストレーションである．図 10.9 に，中央に切り取られた領域をもつ立方体領域を含むケース構成の略図を示す．この切り取り処理によりつくられた境界は，movingObject パッチによって表される．

movingObject 境界は，constant/ 内の 6DoF.dat に含まれるデータに従って，新しい境界条件により動かされる．基本的な OpenFOAM ケースと比べると，新しい境界条件を実行するために新たな設定ファイルが必要であり，それは 0/pointDisplacement

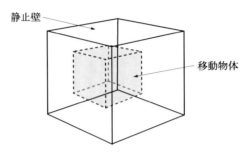

静止壁

移動物体

図 10.9　tabulatedMotionObject 例題ケースの
領域と移動パッチの説明図

と constant/dynamicMeshDict ファイルである．リスト 92 に示すように，初期の
境界値が新しい境界条件で使用される movingObject パッチの pointDisplacement
フィールドに対して設定される．この境界条件を使用するためには，実行中に新たなラ
イブラリを動的にロードするための命令を system/controlDict 設定ファイルに追加
しなければならない．境界条件をコンパイルするために，この項で与えられたコードを使
用するならば，ライブラリの名前が異なる ("libprimerBoundaryConditions.so")
ことに注意されたい．

```
リスト 92　movingObject ディクショナリ *

movingObject
{
   type            tabulatedRigidBodyDisplacement;
   value           uniform (0 0 0);
   solidBodyMotionFunction tabulated6DoFMotion;
   tabulated6DoFMotionCoeffs
   {
      CofG            ( 0 0 0 );
      timeDataFileName   "constant/6DoF.dat";
   }
}
```

dynamicMeshDict は，メッシュ移動ソルバをコントロールするために必要とされる．
ここでは，ラプラス方程式に基づいて点変位をなめらかにする displacementLaplacian
スムーザが使用される．もし周囲の点がパッチとともに移動しないならば，隣接する
セルはすぐに変形し，つぶれてしまうだろう．dynamicMeshDict の内容をリスト 93
に示す．
　シミュレーションは，シミュレーションケースディレクトリ内の Allrun スクリプ

---

* （訳者注）2017 年 10 月の時点では，リスト 92 と入手できるファイルの中身には一部差異がある．

> **リスト 93　表形式による移動の例に対する dynamicMeshDict** *
>
> ```
> dynamicFvMesh   dynamicMotionSolverFvMesh;
>
> motionSolverLibs ("libfvMotionSolvers.so");
>
> solver          displacementLaplacian;
>
> displacementLaplacianCoeffs
> {
>     diffusivity    inverseDistance (floatingObject);
> }
> }
> ```

トを実行することにより実行可能である．このスクリプトは，この例題を問題なく完了するために，メッシュ生成など，必要なすべてのステップを実行する．ユーティリティソルバ moveDynamicMesh は，ダイナミックメッシュルーチンを呼び出すのみであり，流れに関連するいかなる計算も行わない．これは，ダイナミックメッシュ機能をもつ一般的な流れソルバに比べて比較的高速である．メッシュ移動操作の実行に加えて，メッシュに関する多数の品質チェックが実行される．

　シミュレーションケースの後処理はわかりやすく視覚的に実行できる．すなわち，ParaView で見ることができる．このケースデータを動画にすることで，入力ファイルで与えたデータと同様に，領域内で内部パッチが回転したり傾いたりする様子を見ることができる．Crickel Clip† オプションの Clip フィルターを用いて領域の半分を切り取ると，ダイナミックメッシュに関するいくつかの興味深いことが明らかになる．すなわち，境界条件により課された点変位の振る舞いは，メッシュ移動ソルバによって拡散される．ラプラス方程式は内部メッシュ点へ向かって変位を拡散させ，適切に点を移動させることで，パッチが移動や回転する間も良好なセル品質を維持している．図 10.10 に，変形前後の最終パッチ位置のイメージ図を示す．

■ 要約

　この章では，OpenFOAM の FV 法とメッシュ移動に対する境界条件のデザインと実装について述べた．境界条件の二つのグループは，それぞれ fvPatchField と pointPatchField の二つの独立したクラス階層としてモデル化される．動的多態性は，既存の実装のさまざまな拡張や組み合わせを可能にする．内部のメッシュ点に保存されたフィールドと連動するクラス階層として実装された境界条件を有することで，

---

　*　（訳者注）2017 年 10 月の時点では，リスト 93 と入手できるファイルの中身には一部差異がある．
　†　ParaView バージョン 4.0.0 以上で利用可能．

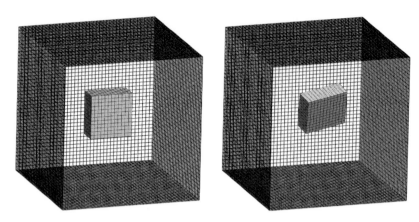

図 10.10　パッチ変形前後の tabulatedMotionObject ケースのイメージ図．左は変形前，右は変形後．

フィールドに新しい境界条件を組み入れるたびにコードを再コンパイルすることなく，OpenFOAM ライブラリでは，実行中に境界条件の型を決めることが可能となっている．また，動的ライブラリのロードというメカニズムによって，独立したライブラリ（たとえば，finiteVolume ライブラリ）の中にコンパイルされた新しい境界条件の実装が可能となる．これは同様にして，数値的ライブラリの再コンパイルなしに，新しい境界条件を追加するための直接的な方法となっている．これらの利点により，プログラマは自立したライブラリの開発（および共有）を通して，境界条件や OpenFOAM のほかの部分の拡張が可能である．

　新しい境界条件を開発することは，クラス階層におけるスタート地点を見つけることを伴い，そこから階層は拡張されていく．境界条件に対するさらなる開発のためのスタート地点としてのクラスの選択は，求められている境界条件が実装する機能や，類似の境界条件がすでに存在するかどうかに依存する．境界条件の計算部分は，updateCoeffs メンバ関数に置かれる．とはいえ，ソースファイルの適切な改名や継承のための新たなクラスの適応とは別に，この関数の中身を実装することが，プログラマの大半の作業となるだろう．

▌参考文献

[1] Gamma, Erich et al. (1995). *Design patterns: elements of reusable object-oriented software*. Addison-Wesley Longman Publishing Co., Inc. ISBN: 0-201-63361-2.

[2] *OpenFOAM User Guide* (2013). OpenCFD limited.

第11章

輸送モデル

OpenFOAM の輸送モデルライブラリは，二つの主要なクラスの型，輸送モデルと粘性モデルに分けることができる．物理特性の輸送は全体の CFD アルゴリズムによって計算されるので，実際には，それらのモデルはいかなる特性も直接輸送することはない．粘性モデルは，流れの輸送特性よりもむしろ，動粘性係数 ν のモデル化に関係しており，動粘性係数はニュートン流体や非ニュートン流体のような流体の種類や局所的な流動条件に依存する．最上位のコードにおいて，輸送モデルは粘性モデルにアクセスする．流れの種類（単相もしくは混相）に応じて，異なる輸送モデルの選択が必要になる．

この章では，さまざまな観点で，粘性に関係する物理的な効果を簡潔に紹介する．まず，上で概説したクラスインターフェース設計について述べ，つぎに，OpenFOAM での新たな粘性モデルの実装の仕方について詳細に述べる．

11.1　数値的背景

さまざまな種類の流体に対するモデルが，すでに OpenFOAM の公式リリース内にある．本節では，粘性モデルの物理的および数値的な側面を簡潔に紹介する．実際の実装やクラスインターフェースに関するさらなる情報については，11.2 節で説明する．粘性についてのより詳細な物理的な記述については，Schlichting & Gersten (2001) や Wilcox (2007) などのほかの流体力学の本を参照していただきたい．

流体の粘性の記述によく使用される流れとして，**クエット流れ**とよばれる流れがある．この流れは，空間的に広く，距離 d だけ離れた二つの平行な面の間の流れとして記述され，粘性の効果を直線的に表している．下側の面は空間に固定して動かないのに対して，上側の面は一定の速度 u で移動している．

両面間の速度勾配は徐々に発達し，図 11.1 に示すように，やがて定常状態となる．ここでは，上側の面にはせん断応力 τ がはたらいており，それは Schlichting & Gersten (2001) ではつぎのように定義されている．

$$\tau = \mu \frac{du}{dy} \tag{11.1}$$

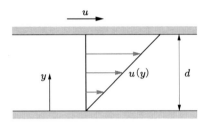

図 11.1　クエット流れの速度分布

ここで，μ は粘性係数で，**動粘性係数** ν とつぎの関係がある．

$$\nu = \frac{\mu}{\rho} \tag{11.2}$$

動粘性係数 ν は，OpenFOAM において常に指定されるべき物性値である．たいていの流体はニュートン流体として記述することができるが，ある種の流体は非線形の応力 – ひずみ関係を示す．これらの特別な流体では，動粘性係数自身に対しての特定のモデルが必要となる．幸運にも，OpenFOAM には，標準的なニュートン流体モデルに加えて，以下のようなさまざまな粘性モデルが含まれている．

Newtonian　$\nu =$ 一定の非圧縮性ニュートン流体用
BirdCarreau　非圧縮性 Bird-Carreau の非ニュートン流体用
CrossPowerLaw　非圧縮性の Cross-Power 則に基づく非ニュートン流体用
HerschelBulkley　Herschel-Bulkley の非ニュートン流体用
PowerLaw　べき乗則に基づく非ニュートン流体用

　しかしながら，粘性モデルは粘性係数に影響を与える唯一のモデルではない．選択された乱流モデルは，ソルバで用いられる**有効粘性係数**を変化させる（第 7 章）．もし乱流モデルを無効にするならば，層流用の乱流モデルが選択され，ν は変化しない．

11.2　ソフトウェアのデザイン

　この章の最初で述べたように，OpenFOAM の輸送モデルを含むライブラリは，二つの主要な要素，輸送モデルと粘性モデルに分けられる．OpenFOAM リリース内のほかの多くのクラスと比較すると，輸送モデルライブラリの大半のクラスは，複雑な操作を実行しないが，目的にあった処理が行われるようになっている．代わりに，それらは，粘性係数に関連するデータへの簡単かつオブジェクト指向的なアクセスを可能にする．以下の記述ではさまざまなクラスが出てくるが，それらは互いに強く関連し合っており，その主要な目的は論理的にデータを構築することである．この節の内

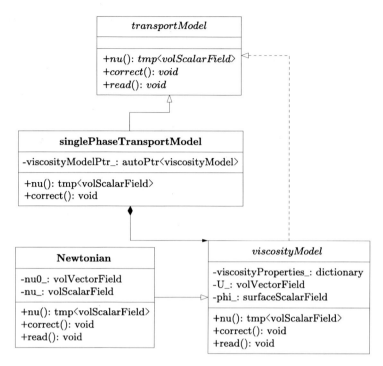

図 11.2 輸送モデルに対するクラスコラボレーション図

容を，主要クラスについての簡単な UML ダイアグラムとして，図 11.2 に視覚化する．

　ユーザの視点からは，輸送モデルに対する上述の両区分を一つの一般的な構成にまとめられる．他方，プログラマに対しては，ソースコードを学ぶことで，二つに分離する理由が明らかとなる．ここでは，二つの輸送モデルと一つの基底クラスを考えている．基底クラスは，transportModel とよばれ，IOobject を継承する．transportModel クラスは，各 OpenFOAM ケースの constant/transportProperties ディクショナリを読むためのコンストラクタによって初期化される．リスト 94 に，transportModel のコンストラクタと IOobject の初期化を示す．

　単相流モデルと二相流モデルとでは，それぞれ異なる輸送モデルの実装法を用いねばならない．それらは，transportModel クラスの二つの派生クラス，すなわち singlePhaseTransportModel と incompressibleTwoPhaseMixture である．このような使い分けは，単相流と二相流に現れる物理現象の自然な違いによるものである．たとえば，二相流の各相の物性値は大きく異なるかもしれない．

　二相流の輸送モデルを詳しく見ていく前に，単相流のモデルについて以下に述べる．OpenFOAM のすべての単相流ソルバでは，動粘性係数 nu にアクセスして読み込

リスト 94　transportModel のコンストラクタ

```
Foam::transportModel::transportModel
(
    const volVectorField& U,
    const surfaceScalarField& phi
)
:
    IOdictionary
    (
        IOobject
        (
          "transportProperties",
          U.time().constant(),
          U.db(),
          IOobject::MUST_READ_IF_MODIFIED,
          IOobject::NO_WRITE
        )
    )
{}
```

むために，singlePhaseTransportModel クラスが用いられる．このパラメータは，constant/transportProperties ディクショナリにおいて，ユーザによって与えられなければならない．これは，つぎの理由で非常に便利である．singlePhaseTransportModel やほかの輸送モデルは，ディクショナリの読込と更新のプロセスを委譲し，これによりコードが簡潔になる．単相流ソルバ内では，singlePhaseTransportModel は以下のようにインスタンス化される．

```
singlePhaseTransportModel laminarTransport(U, phi);
```

laminarTransport オブジェクトは，後で乱流モデルのコンストラクタへ渡されることに注意されたい．これは，singlePhaseTransportModel により算出された**層流粘性係数**へのアクセスが，乱流モデルで必要であるという事実によるものである．

　transportModel と singlePhaseTransportModel の両者は，パブリックメンバ関数 nu() を定義しており，これは volScalarField として粘性係数を返す．transportModel は抽象基底クラスであるので，このメンバ関数を実装していないが，singlePhaseTransportModel クラスは，このメンバ関数を実装していなければならない（図 11.2 を参照）．しかしながら，その実装は，以下のように viscosityModel に機能を委譲する．

```
Foam::tmp<Foam::volScalarField>
Foam::singlePhaseTransportModel::nu() const
```

```
    {
        return viscosityModelPtr_ ->nu();
    }
```

viscosityModelPtr_ は, singlePhaseTransportModel のプライベートメンバであり, viscosityModel への autoPtr として定義されている. このクラス属性は, 以下のようにヘッダファイル中に定義されている.

```
    autoPtr<viscosityModel> viscosityModelPtr_;
```

いまのところ, viscosityModel によって動粘性係数が算出されることのみが重要である. 実際の実装と viscosityModel をどのように選択するかについては, この節の後半で述べる.

二相流の輸送モデルは, 相変化を伴わない OpenFOAM の interFoam 型ソルバで使用される incompressibleTwoPhaseMixture クラスによりモデル化される. ほとんどの単相流ソルバと同様の方法で, interFoam 型ソルバは, このクラスのオブジェクトを以下のようにインスタンス化する.

```
    incompressibleTwoPhaseMixture twoPhaseProperties(U, phi);
```

非圧縮性二相混合流モデルに対するクラスコラボレーションを, 図 11.3 に示す. このインスタンス化は, singlePhaseTransportModel で使用されているアプローチと同様であるが, incompressibleTwoPhaseMixture クラスは追加のデータを保持する. 1 個の viscosityModel を有するのではなく, 各流体相を扱うために, 2 個がインスタンス化され, このクラス内に保持される.

incompressibleTwoPhaseMixture のクラス定義を, リスト 95 に示す. viscosityModel のいかなる派生クラスのオブジェクトをも保存するために, autoPtr の使用は必須である. なぜならば, 異なる流体の種類に対していくつかの異なるクラスがあり, それらは viscosityModel から派生するためである. これらは実行時に選択可能であり, 最終的に, 選択された流体の種類を決定するが, このことは, 動粘性係数, すなわちパブリックメンバ関数 nu の戻り値を定義することになる. 流体の各相を識別するために, alpha1_ という新たな volScalarField が導入されている. このフィールドは, VoF メンバ関数内で使用され, 粘性係数や密度のような物性値に対する両相間での事実上の混合値となる. 選択された viscosityModel に対してパブリックメンバ関数 nu の呼び出しを直接委譲する singlePhaseTranportModel とは異なり, このパブリックメンバ関数の戻り値は別の方法で構成される. プライベートメンバ nu_ のコピーが返され, これは, 各相の viscosityModel と現在の alpha1_ フィールド

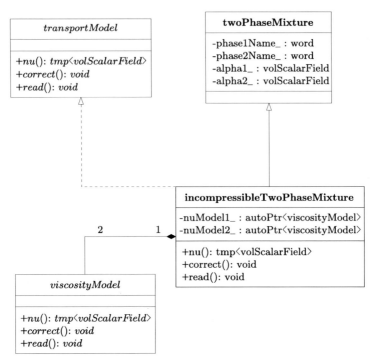

図 11.3　非圧縮性二相混合流モデルのクラスコラボレーション図

リスト 95　incompressibleTwoPhaseMixture のクラス定義

```
class incompressibleTwoPhaseMixture
:
    public transportModel,
    public twoPhaseMixture
{
protected:

    // Protected data
    autoPtr<viscosityModel> nuModel1_;
    autoPtr<viscosityModel> nuModel2_;

    dimensionedScalar rho1_;
    dimensionedScalar rho2_;

    const volVectorField& U_;
    const surfaceScalarField& phi_;

    volScalarField nu_;
```

リスト 96　二相混合流に対するセル中心の動粘性係数の計算

```
void Foam::incompressibleTwoPhaseMixture::calcNu()
{
    nuModel1_->correct();
    nuModel2_->correct();

    const volScalarField limitedAlpha1
    (
        "limitedAlpha1",
        min(max(alpha1_, scalar(0)), scalar(1))
    );

    // Average kinematic viscosity calculated from dynamic viscosity
    nu_ = mu()/(limitedAlpha1*rho1_ + (scalar(1) - limitedAlpha1)*rho2_);
}
```

に基づき計算される．この計算は，プライベートメンバ calcNu により実行され，リスト 96 に示されるように，パブリックメンバ関数 correct の呼び出しによって引き起こされる．

ソースコード内で見られるように，両相の viscosityModel は更新され，体積分率 alpha1_ は，0 と 1 の範囲に制限される．最終的に，動粘性係数は，粘性係数 mu や密度分布を用いて計算され，密度分布は，各相の密度と体積分率 alpha1_ から混合則を用いて計算される．なお，粘性係数 mu は，alpha1_ や各 viscosityModel の動粘性係数 nu を用いて，同様に計算される．

これまで transportModel とその派生クラスに着目してきたが，viscosityModel 自身については簡潔に述べたのみであった．viscosityModel は，OOD 様式の単一責任の原則 (SRP) に従って，粘性係数のモデル化や計算を行うクラスである．粘性モデルのリストやそれらの記述は，11.1 節で確認できる．transportModel の構造と同様に，viscosityModel クラスは実際の粘性モデルに対する抽象基底クラスである．

図 11.2 にまとめているように，viscosityModel は最終的に動粘性係数を返すパブリックメンバ関数 nu を実装する．このメンバ関数は，粘性係数にアクセスするために，あらゆる transportModel からアクセスされる関数である．基底クラスである viscosityModel において，これは仮想メンバ関数であり，各派生クラスによって実装される必要がある．

```
virtual tmp<volScalarField> nu() const = 0;
```

singlePhaseTransportModel と incompressibleTwoPhaseMixture を特定のソルバ中にプログラミングするのは困難であるが，viscosityModel はユーザが選択で

きる最終的な型である．したがって，それらは実行時に選択可能である必要があり，
`constant/transportProperties` ディクショナリ内の特定の項目により選択されな
ければならない．このため，基底クラスは OpenFOAM の RTS メカニズムを実装し
ている必要がある．

　viscosityModel に対する一例として，Newtonian クラスを選ぶことにする．これ
は非圧縮性ニュートン流体に対する粘性係数を記述し，viscosityModel から単に継
承するだけである．追加のデータは以下のプライベートメンバ変数に保存される．

```
dimensionedScalar nu0_;
```

```
volScalarField nu_;
```

nu メンバ関数は，基底クラスでの定義が仮想であるので，このクラスによって実装さ
れなければならない．この実装は短く，単に nu_ の値を返すだけである．このクラス
の生成について明らかにするために，コンストラクタをリスト 97 に示す．

　当然のことながら，基底クラスのコンストラクタは初期化リストの最初に呼び出さ
れ，続いて nu0_ と nu が初期化される．

リスト 97　Newtonian クラスのコンストラクタ

```
Foam::ViscosityModels::Newtonian::Newtonian
(
    const word& name,
    const dictionary& viscosityProperties,
    const volVectorField& U,
    const surfaceScalarField& phi
)
:
    viscosityModel(name, viscosityProperties, U, phi),
    nu0_(viscosityProperties_.lookup("nu")),
    nu_
    (
        IOobject
        (
            name,
            U_.time().timeName(),
            U_.db(),
            IOobject::NO_READ,
            IOobject::NO_WRITE
        ),
        U_.mesh(),
        nu0_
    )
{}
```

> **ヒント** たとえ `transportModel` がすべての輸送モデルの抽象基底クラスであるとしても，特殊なソルバでは，階層中のほかのモデルクラスが選択されることがある．一例として，`incompressibleTwoPhaseMixture` がある．これは，`transportModel` であるが，`twoPhaseMixture` でもあり，二相流ソルバによって使用されることを明確に意味している．

11.3 新しい粘性モデルの実装

カスタム化された `viscosityModel` の実装を説明するために，レオメータで測定した生の流動データに基づく粘性モデルを例として用いる．この流動測定データは，第1列にひずみ速度，第2列に対応する有効粘性係数 μ を入れた表形式のテキストファイルに保存されている．以下では，データ表と局所ひずみ速度を入力として与え，局所有効粘性係数を返す，新しい粘性モデルクラスを作成していく．データ表に基づくこの方法は，ひずみ速度と粘性係数との関係を表す解析式に基づくほかの一般的な粘性モデルとは大きく異なる．

せん断レオメータの測定例（有効粘性係数とひずみ速度の関係）を図 11.4 に示す．流動測定データの表中には離散データ点があるだけなので，そのデータ点間で補間し，与えられたひずみ速度に対する粘性係数を決めるためには，補間スキームを使用しなければならない．OpenFOAM には，この目的のために使用可能な2次元スプラインに基づく補間法として `interpolateSplineXY` がある．このライブラリのソースコードは，例題リポジトリに含まれている．

以下のように，`constant/taranportProperties` において新しい粘性モデルを選択し，それにサブディクショナリを追加することによって，レオロジーデータを新しい粘性モデルに渡すことができる．

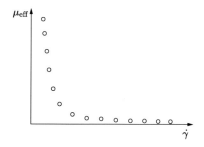

図 11.4 非ニュートン流体に対して測定された有効粘性係数の例

```
transportModel interpolatedSplineViscosityModel;

interpolatedSplineViscosityModelCoeffs
{
  dataFileName "rheologyTable.dat" ;
}
```

このサブディクショナリには，（constant ディレクトリに保存されていると仮定される）表形式データを含むファイルがある．スプライン補間法はプライベートメンバ関数 calcNu 内で呼び出され，クラスの大部分の機能はそこで動作する（リスト 98 を参照）．

リスト 98　calcNu による粘性係数の補間

```
Foam::volScalarField
Foam::viscosityModels::interpolatedSplineViscosityModel::calcNu()
{
    // Open and parse the rheometry data file
    loadDataTable();

    // Initialize a viscosity field to return later
    volScalarField viscosityField
    (
        IOobject
        (
            "viscosityField",
            U_.time().timeName(),
            U_.db(),
            IOobject::NO_READ,
            IOobject::NO_WRITE
        ),
        U_.mesh(),
        dimensionedScalar("viscosityField", dimensionSet(0,2,-1,0,0,0,0), 0.0),
        zeroGradientFvPatchScalarField::typeName
    );

    // Access the local strain rate using the private function
    const volScalarField& localStrainRate = strainRate();

    // Loop through all cells and calculate the effective viscosity
    // using the spline interpolation class
    forAll(localStrainRate.internalField(),cellI)
    {
        scalar& localMu = viscosityField.internalField()[cellI];

        localMu = interpolateSplineXY
        (
            localStrainRate.internalField()[cellI],
```

```
        rheologyTableX_,
        rheologyTableY_
    );
  }

  return viscosityField;
}
```

loadDataTable() メンバ関数を最初に実行することにより，コードが機能する．この関数はテキストデータ表を開いて，解析し，rheologyTableX_ と rheologyTableY_ メンバ内に保存する．viscosityField を初期化し，ひずみ速度フィールドへのポインタを作成した後，すべてのセルに対し，近似スプラインを用いて局所有効粘性係数を計算する．interpolateSplineXY クラスは，補間値を計算するために三つの入力を必要とする．すなわち，入力としての局所せん断速度の大きさと 2 次元データプロット図を再現する x と y の一覧表が必要である．領域内の各セルに対して計算された有効粘性係数とともに，それは運動量方程式の拡散項で使用するために返される．

11.3.1 具体例

スプライン補間に基づく粘性モデルの使用について説明するために，簡単な例題ケースを考える．ケースそれ自体は，例題ケースリポジトリに含まれており，nonNewtonianDroplet* と名付けられている．

二相流 VoF ソルバ interFoam は，空気中を落下し，固体表面下に衝突する非ニュートン流体の液滴を模擬するために使用される．シミュレーションは 2 次元であり，空間的に低解像度であることに注意がいるが，例題シミュレーションケースとしては大変役立つ．図 11.5 に示すように，正方形領域があり，その境界は三つの固体壁と一つ

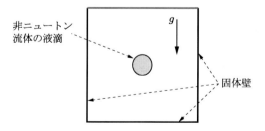

図 11.5 非ニュートン液滴の例題ケースの初期領域

---

* （訳者注）2017 年 10 月の時点では，nonNewtonianDroplet は sourceflux.de から入手できるリポジトリには含まれていない．

の大気開放境界条件からなる．ケースは，あらかじめ用意された Allrun スクリプト
を実行させることで完了する．

　シミュレーションは，領域中央に液滴が置かれた静止状態から始まる．重力によっ
て液滴は下方に加速し，滑りなしの壁である固体に衝突する．ひとたび液滴が壁への
衝突を開始すると，大きな局所ひずみ速度によって，液体の有効粘性係数は急激に変
化する．非ニュートン効果は，図 11.6 で示されるように，衝突中に nu1 フィールドの
変化を観察することにより可視化できる．

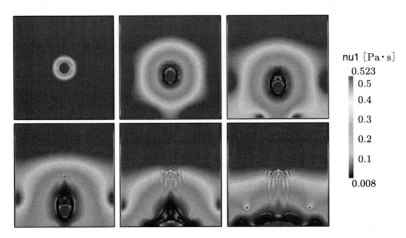

図 11.6　非ニュートン液滴の降下と衝突の時間経過

　時間経過のイメージ図を見ることで，非ニュートン粘性係数が相に関係なく領域内
のすべてのセルに対して計算されていることがわかる．すなわち，シミュレーション
の気相はニュートン流体である空気を再現している．このケースでは，物性値の重み
付けに VoF アプローチを使用しているので，非ニュートン粘性係数はシミュレーショ
ンの液相にのみ適用されている．液滴は領域の底壁にぶつかってせん断変形するので，
液滴内部の粘性係数の急激な変化をはっきりと目視できる．その後，液滴は静止して
いくので，有効粘性係数は増加し，局所ひずみ速度はゼロに近づいていく．

参考文献

[1] Schlichting, Hermann and Klaus Gersten (2001). *Boundary-Layer Theory*. 8th
    rev. ed. Berlin: Springer.
[2] Wilcox, D. C. (2007). *Basic Fluid Mechanics*. 3rd rev. ed. DCW Industries Inc.

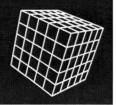

第12章
関数オブジェクト

　関数オブジェクトは，ソルバとは独立したコードであり，動的ライブラリとしてコンパイルされ，ソルバやツールの時間ループ内で実行されることで，さまざまな処理や計算を行うものである．通常，計算実行途中でのフィールドに対する後処理を行うことを目的として提供されているが，計算途中でフィールドや計算パラメータを操作するためにも使用される．ほかのC++ライブラリとまったく同様に，単一の関数オブジェクトライブラリには任意の個数の関数オブジェクトを含めることができ，それらは実行中にアプリケーションとリンクされる．関数オブジェクト内にカプセル化された機能は，あらかじめ定義された方法によってソルバから呼び出されるので，関数オブジェクトは決められたクラスインターフェースをすべて備えていなければならない．

　これらの側面から，関数オブジェクトは輸送モデルや境界条件と非常によく似ているといえる．すなわち，輸送モデルと境界条件は，それぞれの基底クラスによって定義されたさまざまなクラスインターフェースに従っている．これらは別々のライブラリにコンパイルされ，動的に読み込まれ，ソルバとリンクされる．いいかえると，これらはソルバと静的にリンクされることはなく，したがって，ソルバと一緒に再コンパイルされることもない．このことによって，ユーザは，計算実行中においてでさえ，コンフィギュレーションファイルを通して関数オブジェクトを選択することが可能となっている．別の利点として，ライブラリやソースコードを他者と簡単に共有することができるようになっている．

　輸送モデルと境界条件はともに，シミュレーションの解法アルゴリズムの一部として，シミュレーションのフィールド値を操作している．それに対して，関数オブジェクトはまったく異なる方法で動作している．すなわち，解法アルゴリズムから完全に独立した演算機能を実装しており，アプリケーションコードの変更を一切必要としない．ソルバやツールに対していかなる変更も加えることはなく，新しい関数オブジェクトにアクセスするために，ソルバやツールを再コンパイルする必要もない．これによって，"Open-Closed"のOODパターンに従ったコードの再利用性を向上させている．すなわち，機能の実行に関してオープンであり，すでに存在している実装の変更に関してはクローズドである．

　ユーザの観点から見ると，関数オブジェクトは，通常，計算結果に影響を与えない

機能をもっている．それらは，おもに実行途中に後処理を行っており，選択されたソルバに対して一般的に独立である．それらは，ソルバコードから得られたさまざまなフィールド値の平均を計算するといった，一般的な後処理手法を分離させることが目的となっている．この機能は，計算処理がシミュレーション中に実施されるということを想定している．

仮の例として，流入流出間の圧力降下を目的関数とするパラメトリックな CFD 最適化問題を考える．関数オブジェクトを使用することで，シミュレーション中の各時間ステップにおいてこの圧力降下を評価し，圧力降下が必要な条件を満たしたときにシミュレーションを終了させることができる．その後，最適化パラメータが修正され，最適化サイクルは先に進められる．後処理アプリケーションで処理するときには，最適化パラメータ空間内におけるすべてのシミュレーションケースの実行が終了しており（これは結果的に大きな計算コストを要することになる），シミュレーション全体が完了していることが期待される．

12.1　ソフトウェアデザイン

この節では，関数オブジェクトデザインにおける二つの側面，すなわち，C++で直接実装される関数オブジェクトと，OpenFOAM とともに配布された関数オブジェクトについて述べる．両方ともある程度同じ処理をするが，これらの実装はいくつかの観点で異なっている．

ケースリポジトリ内の rising-bubble-2d ケースは，この節の例題ケースである．その目的は，OpenFOAM において関数オブジェクトを実装することであり，スカラーのフィールド値に基づきセルを選択することである．二つの関数オブジェクトタイプの動作原理とそれらの差異を示すために，この機能を以下の関数オブジェクトの両方のタイプを使って実装する．一つは C++標準テンプレートライブラリ (STL) によるものであり，もう一つは OpenFOAM 関数オブジェクトによるものである．

12.1.1　C++における関数オブジェクト

C++における関数オブジェクトの実装や使用方法についての説明は，本書の範囲外であり，Josuttis (1999)，Vandevoorde & Josuttis (2002)，Alexandrescu (2001) などで幅広く述べられている．これに加えて，インターネット上には関数オブジェクトについての利用可能な情報が豊富に存在する．そのため，この項では，関数オブジェクトについて簡単な概要を述べるにとどめる．OpenFOAM における関数オブジェク

トの実装の基本，および OpenFOAM 特有の実装と C++言語における関数オブジェクトの一般的な実装との違いを理解するためには，それで十分である．

　名前が示すように，関数オブジェクトは関数のように振る舞うオブジェクトである．C++プログラミング言語においては，演算子 operator() がそのクラス中でオーバーロードされると，オブジェクトは関数のように振る舞うことができる．そのようなクラスを実装する際の非常に簡単な形をリスト 99 に示す．実装するものは算術演算子に限らないが，算術演算子 (+, -, *, /) のオーバーロードによって，オブジェクトに対する算術演算子がクラスに実装される．この C++言語の特徴は，OpenFOAM そのものにおいてもフィールドに対する代数演算として広く用いられている．同様に，クラスにおける operator() のオーバーロードは，通常，そのオブジェクトを関数のように振る舞わせるために使用される．

リスト 99　C++ における関数オブジェクト実装の簡略形

```cpp
class CallableClass
{
    public:

        void operator()() {}
};

int main(int argc, const char *argv[])
{
    CallableClass c;

    c();

    return 0;
}
```

　関数オブジェクトがオブジェクトであるという事実のおかげで，以下のような利点がある．

- 関数オブジェクトは，クラス属性として追加の情報を保持することができる．
- 関数オブジェクトは，変数型として実装され，これはジェネリックプログラミングデザインにおいてよく用いられる．
- 関数オブジェクトを用いることで，関数ポインタを用いたコードよりも実行速度が速くなる（関数オブジェクトはしばしばインライン化される）．

関数オブジェクトは，operator() において引数を処理する際に情報を蓄積でき，蓄積された情報は後で使うためにクラス属性内に保持することができる．呼び出し側に対

して保持データはスコープ外にすることができる．これは，クラス関数 operator()
内に機能を実装することで，オーバーロードされた operator() 関数のスコープが関
数オブジェクトのスコープとリンクされるためである．

　以下の C++ における関数オブジェクトの例では，メッシュのセルを選択する Open-
FOAM クラスを，既存の OpenFOAM データ構造に大きく依存することなく，C++ の
STL の関数オブジェクトを用いてどのように実装するのかを示している．このクラス
の名前は fieldCellSet であり，サンプルコードリポジトリ内の primerFunction-
Objects ディレクトリ内にある．

　OpenFOAM におけるセルの選択は，たとえば，ある球の内部にセル中心が置かれて
いるセルを選択というように，通常，トポロジー的な選択が使われる．ここで実装され
る fieldCellSet クラスでは，メッシュからセルを抽出するために volScalarField
内のフィールド値を使用する．もしフィールド値が指定の条件を満たしていると，セ
ルセレクタはラベルリストに該当のセルラベルを追加する．

　fieldCellSet クラスは，SRP に従って，セルの選択基準とは分離されており，セ
ル選択関数は，セルの選択基準をパラメータ化するために関数テンプレートとして定義
されている．以下の二つのコード抜粋において，テンプレートパラメータはジェネリッ
ク型 Collector であり，パラメータ col はこの型のオブジェクトを保持する．した
がって，fieldCellSet は，実際の選択基準を表すテンプレート引数を collectCells
内で使用する．

```
//- Edit
template<typename Collector>
void collectCells(const volScalarField& field, Collector col);
```

実装された operator() をもつ Collector 関数オブジェクトを用いて動作する field-
CellSet の機能としては，スカラー値を受け取り，その実行結果を論理値で返す．
Collector テンプレートパラメータの概念については，以下のような，fieldCell-
SetTemplates.C ファイル内で定義された collectCells メンバ関数テンプレートの
実装を見ることでわかる．

```
template<typename Collector>
void fieldCellSet::collectCells
(
    const volScalarField& field,
    Collector col
)
{
    forAll(field, I)
    {
```

```
            if (col(field[I]))
            {
                insert(I);
            }
        }
    }
```

上記のコード抜粋で示されているように，collectCells メンバ関数はすべてのフィールド値にわたって単純に繰り返され，Collector はフィールド値 field[I] に対する処理の結果として論理型の値を返す必要がある．このことは，以下のコレクターテンプレートパラメータの概念につながっている．

呼び出し可能：関数オブジェクトは当然の選択である

1 変数性：関数オブジェクトは少なくとも一つの関数引数をもつ

叙述的：関数オブジェクトは論理型の値を返す

まとめると，小さなセルコレクタークラス fieldCellSet は，引数として volScalar-Field と関数オブジェクト col を取るメンバ関数テンプレートをもつ．セルをセルセットに加えるべきかを，フィールド値を基に判断するために，関数オブジェクトが使われる．しかしながら，col に operator() が実装され，論理値を返しさえすれば，その判断がどのように実装されているかについては関与しない．

　この簡単な実装により，**どのような関数オブジェクトでも** collectCells メンバ関数テンプレートに渡すことができるようになっている．以下の例では，STL の関数オブジェクトを使う．単一の fieldCellSet クラスのためのテストアプリケーションの実装が，サンプルコードリポジトリの applications/test ディレクトリ内の testFieldCellSet にある．testFieldCellSet で C++ における関数オブジェクトに関連する部分は，以下のコード 1 行だけである．

```
    fcs.collectCells(field, std::bind1st(std::equal_to<scalar>(), 1));
```

ここでは，fieldCellSet クラスである fcs オブジェクトの collectCells メソッドが呼び出されている．

　この例で使われている関数オブジェクトは，equal_to STL 関数オブジェクトテンプレートである．このジェネリック関数オブジェクトは，単純に二つの型 T の値が一致しているかどうかを確認する．これは，ジェネリックプログラミングにおける**型の昇格**の特徴を使っており，定義された等値演算子 operator== をもつ型のインスタンスに対してのみ適用される．しかしながら，equal_to 関数オブジェクトには比較する二つの引数が必要である．また，collectCells メンバ関数テンプレートの中でフィー

ルド値に対してどのように呼び出されるかという疑問もある．ここで示した簡単な例において，答えはかなり単純である．すなわち，equal_to 関数オブジェクトの最初の引数は，値が 1 に固定されている．testFieldCellSet アプリケーションは，1 に等しいフィールド値をもつすべてのメッシュセルからなるセルセットを生成することを意味している．

　オブジェクト指向デザインにより，fieldCellSet クラスは，それぞれの新しい時間ステップにおいて実行される出力操作を委譲するのと同様に，セルラベルの保管場所を委譲することができるようになっている．これには，以下のように多重継承が用いられている．

```
class fieldCellSet
:
    public labelHashSet,
    public regIOobject
{
```

上記のコード抜粋において，labelHashSet は，キー値として Foam::label を用いた OpenFOAM クラステンプレート HashSet のインスタンスである．regIOobject を継承することで，クラスは，オブジェクトレジストリへの登録と，時間増分演算子 (Time::operator++()) が呼び出された際のディスクへの自動的な書き出しが可能となる．この書き出しでは，出力ファイルに，後で再読込するために必要な OpenFOAM のファイルヘッダ情報が付加される．

　この例のアプリケーションの機能についてのテストは，前に述べたテストケースを使って，極めて簡単に行うことができる．rising-bubble-2D サンプルケースの alpha1 のフィールドに関してアプリケーションを呼び出したとすると，初期ステップにおいて気泡に対応するセルが抽出される．もしそうでないならば，実装にはエラーが含まれていることになる．気泡に対応するセルを抽出するためには，rising-bubble-2D サンプルケースディレクトリにおいて testFieldCellSet アプリケーションを，以下のように実行すればよい．

```
?> testFieldCellSet -field alpha1
```

結果として得られるセルセットは 0 ディレクトリ内に保存される．ParaView ソフトを使ってこれを可視化するためには，foamToVTK を用いて VTK フォーマットに変換しなければならない．これに先だって，まず，以下のように，セルセットを 0 ディレクトリから constant/polyMesh/sets にコピーする．

```
?> mkdir -p constant/polyMesh/sets
?> cp 0/fieldCellSet !$
```

これを実行すると，セルセットを変換することができる．

```
?> foamToVTK -cellSet fieldCellSet
```

これにより，`rising-bubble-2D` サンプルケースディレクトリ内に VTK ディレクトリが作成される．このディレクトリには，`fieldCellSet` クラスによって抽出されたセルに関連するフィールドのデータが保存されており，これを使って抽出されたセルを可視化することができる．図 12.1 に初期時間ステップにおける上昇する気泡のセルセットの `alpha1` フィールドを示す．セルセットを基にしたフィールドの計算や可視化は ParaView ソフトで簡単に行うことができる．しかし，ここでは，C++における関数オブジェクトを理解し，OpenFOAM コードのプログラミングにおいてそれらをどのように簡単に使えるかを理解することがポイントである．OpenFOAM における関数オブジェクトは，この例のものとよく似た機能をもつとはいえ，デザインや能力が大きく異なるのに対し，C++における関数オブジェクトは，言語表現の観点から拡張された関数と非常によく似ている．

図 12.1　初期時間ステップにおいて上昇する気泡を構成する
セルセットの alpha1 フィールド

12.1.2　OpenFOAM における関数オブジェクト

　OpenFOAM における関数オブジェクトは，C++で見られる標準的な関数オブジェクトとは異なるクラスインターフェースをもつ．`operator()` のオーバーロードを用いる代わりに，リスト 100 に示すような `functionObject` 抽象クラスによって定義されたクラスインターフェースに従う．これは振り返ると，境界条件（第 10 章）と輸送モデル（第 11 章）に対して使われる階層と構造的に似たクラス階層となる．

リスト 100　functionObject 抽象基底クラスのクラスインターフェース

```cpp
// Member Functions

    //- Name
    virtual const word& name() const;

    //- Called at the start of the time-loop
    virtual bool start() = 0;

    //- Called at each ++ or += of the time-loop.
    // forceWrite overrides the outputControl behaviour.
    virtual bool execute(const bool forceWrite) = 0;

    //- Called when Time::run() determines that
    // the time-loop exits.
    // By default it simply calls execute().
    virtual bool end();

    //- Called when time was set at the end of
    // the Time::operator++
    virtual bool timeSet();

    //- Read and set the function object if
    // its data have changed.
    virtual bool read(const dictionary&) = 0;

    //- Update for changes of mesh
    virtual void updateMesh(const mapPolyMesh& mpm) = 0;

    //- Update for changes of mesh
    virtual void movePoints(const polyMesh& mesh) = 0;
```

OpenFOAM におけるすべての関数オブジェクトのインターフェースを定めた抽象基底クラス (`functionObject`) が OpenFOAM には存在する．標準的な C++における関数オブジェクトと比べて，OpenFOAM における関数オブジェクトは，この拡張されたクラスインターフェースによって，シミュレーションにおけるさまざまなイベントに対して実行することができるようになっている．

　`functionObject` メンバ関数の実行は，リスト 100 に示すように，シミュレーション時間の増加やメッシュの変化に関係付けられている．OpenFOAM におけるシミュレーションは，`Time` クラスと，シミュレーション時間の増加に伴って実行される多数の `functionObject` メンバ関数とによってコントロールされている．したがって，`Time` クラスは，イベントに対応した `functionObject` メンバ関数を呼び出す責任を負っている．メッシュ移動 (`movePoints`) とフィールドのマッピング (`updateMesh`)

に関連する二つのメンバ関数は，シミュレーション時間への常時アクセスを通して，メッシュクラス polyMesh の中から呼び出される．

　これらの要求の結果として，Time クラスは，それぞれ特定のシミュレーションのために読み込まれたすべての関数オブジェクトを合成しており，これらは図 12.2 に示すような関数オブジェクトのリスト（functionObjectList）に含まれている．functionObjectList は，functionObject のインターフェースを実装し，合成された関数オブジェクト群に対してメンバ関数の呼び出しを委譲する．シミュレーションが開始され，Time クラスの runTime オブジェクトが初期化されるときに，シミュレーションコントロールディクショナリファイル controlDict が読み込まれる．functionObjectList のコンストラクタは，controlDict を読み，functions のサブディクショナリ内の項目を解読する．functions のサブディクショナリ内のそれぞれの項目は，単一の関数オブジェクトのパラメータを定義し，それは関数オブジェクトセレクタに渡される．セレクタ（functionObject::New）は，OOP で知られる "ファクトリパターン" で実装されており，実行時に functionObject 抽象クラスの具象モデル

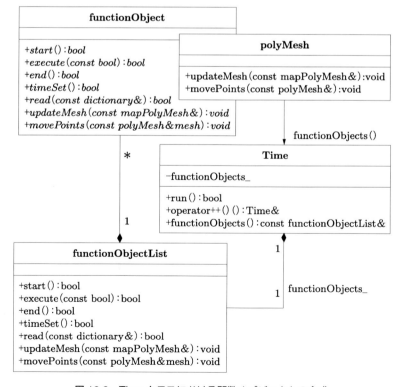

図 12.2　Time クラスにおける関数オブジェクトの合成

を初期化するために，ディクショナリパラメータ型が使用される．最終的に，選択された関数オブジェクトは関数オブジェクトのリストに加えられる．このメカニズムによって，ユーザは，各シミュレーションケースのためにそれぞれ異なる関数オブジェクトの選択とインスタンス化が可能となり，このメカニズムは OpenFOAM における RTS 機構でも用いられている．

関数オブジェクトは実行時に初期化され，動的多態性（仮想関数）をもつので，主要機能を実装したメンバ関数は，仮想メンバ関数の呼び出しを解決（動的ディスパッチ）する際にオーバーヘッドをもつことになる．しかしながら，関数オブジェクトの処理には動的ディスパッチよりも桁違いに長い計算時間がかかるので，関数オブジェクトの利点に比べると，この性質は無視できる．

OpenFOAM における関数オブジェクトは，シミュレーション中に関数のような処理を行うオブジェクトでもあり，この性質のためにその名前は妥当である．以下の functionObject のクラス宣言は，さらなる違いを述べるための例である．

```
// Private Member Functions

    //- Disallow default bitwise copy construct
    functionObject(const functionObject&);

    //- Disallow default bitwise assignment
    void operator=(const functionObject&);
```

割り当てとコピーコンストラクションの両方が，OpenFOAM における関数オブジェクトでは禁止されている．そのため，これらを引数として渡すことはできない．一方，C++における関数オブジェクトではそのように扱うことができる．とはいえ，このような使い方には意味がないので，使用上の影響はない．すなわち，OpenFOAM において関数オブジェクトを使用する主要目的は，Time クラスにおけるプライベート属性 functionObjectList にある．よって，これらを手動でインスタンス化する必要はない．

functionObject のデザイン，および Time クラスとの相互作用を述べるうえで，残された問題は，新しい関数オブジェクトをプログラミングするために，どのようなコンポーネントが必要かである．基本的に，functionObject を継承したすべてのクラスは，インターフェースを実装しており，必要なパラメータだけでなく，その type 項目が controlDict シミュレーションコントロールディクショナリファイル内にリスト化され，OpenFOAM における関数オブジェクトとして解釈される．この全体のプロセスは Time クラスがトリガーとなり，したがって自動的に実行される．しかしながら，新しい関数オブジェクトを開発する前に，要求された機能が OpenFOAM 公式

リリースもしくは OpenFOAM コミュニティからの投稿としてすでに配布されている
かを確認することが望ましい．両者について，つぎの節で簡単に述べる．

12.2　OpenFOAM 関数オブジェクトの使用

　新しい関数オブジェクトの開発を始める前に，要求された機能がすでに存在してい
るかを確認することをお薦めする．公式リリースの関数オブジェクトのほかに，開発
を主導する多数のコミュニティがあり，さまざまな機能をもつ多種多様なものが提供
されている．コミュニティによる関数オブジェクトについての最も重要な成果として，
swak4Foam プロジェクトの関数オブジェクトライブラリがあり，これは Bernhard
Gschaider によって最初に開発された．

　OpenFOAM の公式リリース内の関数オブジェクトと swak4Foam プロジェクトの
関数オブジェクトの説明のために，液滴落下の例を再び取り上げる．

12.2.1　公式リリースされた関数オブジェクト

　OpenFOAM の公式リリース内の関数オブジェクトの分類については，オンライン上
のモジュールカテゴリー下にある Doxygen 文書内で詳細に述べられているので，ここ
では触れないこととする．公式リリース内の関数オブジェクトの大多数のソースコー
ドは，`$FOAM_SRC/postProcessing/functionObjects` に置かれている．

　公式リリース内の関数オブジェクトは，シミュレーションケースの `system/control-`
`Dict` ファイル内に適切な項目を設定することで使用することができる．関数オブジェク
トや関数オブジェクトを実装したライブラリで必要となるパラメータは，`controlDict`
ファイル内に明記する必要がある．

　非常に単純な関数オブジェクトの使用法として，`CourantNo` 関数オブジェクトを取り
上げる．これは，メッシュのすべてのセルについてクーラン数を計算し，後のさらなる
解析のために `volScalarField` として保存する．`CourantNo` 関数オブジェクトを使う
ためには，`falling-droplet-2D` シミュレーションケースの `system/controlDict`
ファイル内で，動的読込ライブラリおよび `functions` 項目をリスト 101 に示すように
定義しておく必要がある．OpenFOAM の公式リリース内のほかの関数オブジェクト
と同様に，`CourantNo` 関数オブジェクトについての出力制御は，`controlDict` ファイ
ル内のシミュレーション出力制御とは別に実装されている．このため，関数オブジェク
トの出力制御を指定するために，追加項目として `outputControl` が必要である．こ
の例では，このケースについて `outputTime` が設定される．この設定の結果として，

ほかのフィールドが書き出されるときに，クーラン数フィールドもケースに書き出される．図12.3は，interFoamソルバを用いた計算実行開始からシミュレーション時間で1.5秒後の結果としてのクーラン数分布を示している．このシミュレーションケースでは，メッシュ密度が一様であるので，液滴から周辺空気への非常に強いエネルギー輸送があることが明らかであり，周囲空気は次々に加速して，分離した二つの渦となっている．

リスト 101　CourantNo 関数オブジェクトの定義

```
libs ("libutilityFunctionObjects.so");

functions
{
    courantNo
    {
        type CourantNo;
        phiName phi;
        rhoName rho;
        outputControl outputTime;
    }
}
```

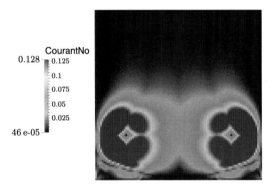

図 12.3　液滴落下シミュレーションケースにおけるクーラン数分布

12.2.2　swak4Foam の関数オブジェクト

　swak4Foam プロジェクトは本書全体にわたって触れているが，OpenFOAM のユーザはここから多くの興味深い機能を得られる．ここには，swakFunctionObjects，simpleFunctionObjects，および simpleSwakFunctionObjects の各ライブラリに関数オブジェクトが実装されている．三つのライブラリを合わせると，50 以上にの

ぼる関数オブジェクトがあり，これは OpenFOAM に対する最も大きな関数オブジェクトコミュニティの貢献によるものである．したがって，調査したり使用したりする価値が十分にある．このライブラリには便利な関数オブジェクトがたくさん実装されているので，この項では，興味深い関数オブジェクトの一例を示すことで，OpenFOAM ユーザにこの強力なライブラリを知ってもらいたい．

swak4Foam のインストール方法については，OpenFOAM wiki ページ[†] で詳細が述べられているので，ここでは省略する．多くの便利な関数オブジェクトの中でも，swakExpressionFunctionObject をその多様性ゆえに，ここの例として挙げる．これは，文字列で定義されたフィールドの数式によるフィールド計算をサポートしている．もっと簡単に説明すると，これは文字列をベースとしたフィールド計算機であり，シミュレーションにおけるフィールドを用いたさまざまな演算処理を行うこと，結果をまとめること，以降の解析のために結果を保存することが可能である．

フィールドを伴う数式は，つぎのように書ける．

```
(U & U) * 0.5 + 9.81 * pos().z + p / rho
```

この式はベルヌーイの式を表している．ベルヌーイの式のような数式は，**数式構文解析ツール**を用いて解読される．これは OpenFOAM におけるフィールド演算子 (&, +, /, ^, -, …) とフィールド名（U, p, rho など）とを分離する．演算子とフィールド名が分離されると，この関数オブジェクトは，演算子やフィールド名を定義する文字列と，OpenFOAM における実際の演算子やフィールドとの間で，マッピングを行う．これにより，値を求めるために数式を使用できる．

■ 液滴の運動エネルギーと位置エネルギーの計算

落下する液滴の運動エネルギーと位置エネルギーを評価するために，swakExpressionFunctionObject を使用する．

液滴相の運動エネルギーと位置エネルギーを計算するために，以下のコードをシミュレーションケースの system/controlDict ファイルに付け加える．

```
libs ("libsimpleSwakFunctionObjects.so")

functions
{
  dropletKineticEnergy
  {
    type swakExpression;
```

[†]　http://openfoamwiki.net/index.php/Contrib/swak4Foam

```
        expression "alpha1*rho*vol()*(U & U)*0.5";
        accumulations (sum);
        valueType internalField;
        outputControlMode outputTime;
    }

    dropletPotentialEnergy
    {
        type swakExpression;
        expression "alpha1*rho*vol()*9.81*pos().y";
        accumulations (sum);
        valueType internalField;
        outputControlMode outputTime;
    }
}
```

これは，swakExpressionFunctionObject が計算時に読み込まれる simpleSwak-
FunctionObjects ライブラリにコンパイルされていることを示している．このシミュ
レーションケースでは，液相，すなわち液滴の運動エネルギーと位置エネルギーを計
算するために，二つの数式が使われている．計算の結果は，関数オブジェクトのサブ
ディクショナリ内で accumulations 項目を設定することにより，単一の値として処
理される．ここでは，第 1 相の全体のエネルギーを計算するために，集計方法として
sum 演算子を指定する．代わりに，以下のような演算子も選択できる．

- average
- max
- min
- weightedAverage

演算対象のフィールド internalField に対して，どのような計算処理も実行でき
る．メッシュのサブセットは，以下のトポロジー演算子によって選択できる．

- cellSet
- cellZone
- faceSet
- faceZone
- patch
- set
- surface

関数オブジェクトの出力間隔は，outputControlMode outputTime キーワードで
制御されており，シミュレーションケースの制御および出力間隔からは切り離されて

いる．関数オブジェクトについての別の出力モードとして，timestep と deltaT がある．swakExpressionFunctionObject の出力間隔に timestep が設定されている場合，つぎの追加パラメータが必要になる．

```
outputInterval N;
```

ここで，N は出力されるまでの時間ステップ数である．deltaT 出力制御モードを選択する場合，outputDeltaT エントリが必要となり，出力時間ステップの値を秒で設定する．0.5 に設定すると，シミュレーション時間で 0.5 秒ごとにデータを書き出すように関数オブジェクトに伝えられる．

```
outputDeltaT x;
```

swakExpressionFunctionObject を実行し，落下する液滴の運動エネルギーと位置エネルギーを計算するためには，falling-droplet-2D シミュレーションケースのためのメッシュを生成し，体積分率のフィールドを初期化しなければならない．

```
?> blockMesh
```

つぎに，液滴のための体積分率のフィールドを初期化する．

```
?> setFields
```

そして，interFoam ソルバを実行する．

```
?> interFoam
```

計算が完了すると，postProcessing と名付けられたディレクトリがケースディレクトリ内に現れ，その中に以下の二つのサブディレクトリができる．

- swakExpression_dropletKineticEnergy
- swakExpression_dropletPotentialEnergy

これらには，データファイル dropletKineticEnergy と dropletPotentialEnergy がそれぞれ含まれている．

図 12.4 は，液滴の落下運動によって生じる空気の加速を示している．最初に上方に置かれた液滴の位置エネルギーは，液滴および周囲空気の運動エネルギーに変換される．位置エネルギーの一部は，気相液相間の粘性効果によって散逸する．falling-droplet-2D シミュレーションケースにおける運動エネルギーと位置エネルギーの時間発展を，図 12.5 に示す．

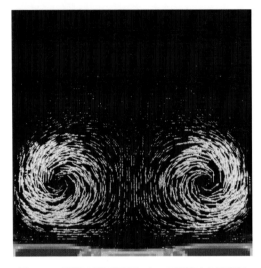

図 12.4　液滴の落下運動によって加速される空気

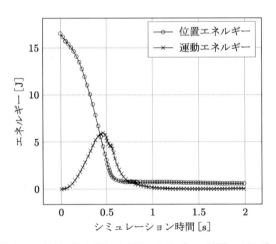

図 12.5　液滴（第 1 相）の運動エネルギーと位置エネルギー

12.3　カスタマイズされた関数オブジェクトの実装

　新しい関数オブジェクトを最初から実装するためには，`functionObject` 抽象クラスのインターフェースを実装することから始めることになるが，このためにコードリポジトリ内にあるシェルスクリプトを利用できる．これは，新しい関数オブジェクトライブラリのために必要なファイル構成を生成する．このスクリプトは，`newFunctionObject` と名付けられ，サンプルコードリポジトリ内の `src/scripts` サブディレクトリ内に

コード例と一緒に含まれている．このスクリプトが生成するものには，ディレクトリ構成や空のテンプレートファイル，基本的な make 命令が含まれる．

12.3.1 関数オブジェクト生成ツール

シェル上で関数オブジェクト生成スクリプトを使う前に，OpenFOAM 環境変数が設定されているかを確認する．その後，`newFunctionObject` スクリプトを使って新しい関数オブジェクトライブラリをつくるためには，以下のように，ライブラリファイルを保存するディレクトリを手動で作成する必要がある．

```
?> mkdir exampleFunctionObjectLibrary
?> cd !$
```

ディレクトリを作成したら，以下のように，スクリプトを使って新しい関数オブジェクトを追加する．

```
?> newFunctionObject -d myFunctionObject myFunctionObject
```

`newFunctionObject` 生成スクリプトの `-d` オプションは，サブディレクトリを作成し，よりよいコード編成のために関数オブジェクトの `.H` と `.C` ファイルをそこに置く．ディレクトリの中身を表示することで，`newFunctionObject` スクリプトによって生成された新しいファイル構成を見ることができる．

```
?> ls *
Make:
files options

myFunctionObject:
myFunctionObject.C  myFunctionObject.H
```

デフォルトでは，新しい関数オブジェクト `myFunctionObject` は，`functionObject` を継承しているが，テキストエディタで簡単に変更できる．これによって，関数オブジェクトのクラス階層内の別のどこかにこれを置くことができる．`Make/files` ファイルの中身を

```
?> cat Make/files
myFunctionObject/myFunctionObject.C
LIB = $(FOAM_USER_LIBBIN)/libexampleFunctionObjectLibrary
```

と見ることで，コンパイルされたライブラリファイルは，OpenFOAM 実行環境によって定義されたユーザライブラリ用ディレクトリ内に置かれることがわかり，その結果として，このライブラリは自動的に利用可能となる．ライブラリ (`libexampleFunc-`

tionObjectLibrary) は，OpenFOAM における標準的な慣例に従い，ライブラリファ
イルが置かれたディレクトリにちなんで名付けられる．ライブラリをコンパイルする
ためには，`wmake libso` を実行する．ライブラリのコンパイルが成功すると，関数オ
ブジェクト myFunctionObject は，controlDict ファイル内の動的読込ライブラリ
のリストにライブラリを加えることで，どのソルバ，どのシミュレーションケースで
も使用できる．

　新しい関数オブジェクトの実際の処理を見るためには，どのケースやソルバを用い
てテストしてもよい．この目的のために，cavity チュートリアルケースと icoFoam
ソルバを用いる．いつものように，チュートリアルケースをユーザのシミュレーショ
ン実行ディレクトリにコピーし，blockMesh ツールを使ってメッシュを生成する．

```
?> run
?> cp -r $FOAM_TUTORIALS/incompressible/icoFoam/cavity .
?> cd cavity
?> blockMesh
```

新しい関数オブジェクトを使うために，以下の項目を system/controlDict ファイ
ルに追加する．

```
libs ("libexampleFunctionObjectLibrary.so");

functions
{
  myFunctions
  {
    type myFunctionObject;
  }
}
```

icoFoam ソルバを実行すると，以下のような**致命的な実行時エラー**が発生するはずで
ある．

```
--> FOAM FATAL ERROR:
Not implemented

    From function myFunctionObject::start()
    in file myFunctionObject/myFunctionObject.C at line 85.
```

これは，リスト 102 に示すように，生成された関数オブジェクトクラス myFunction-
Object の実装には，まだ実装されていないメンバ関数についてのスタブ（実際は何も
しない関数，myFunctionObject.C を見よ）が含まれているというエラーがあるため
である．

リスト 102　myFunctionObject の最小限の実装

```cpp
bool myFunctionObject::read(const dictionary& dict)
{
   notImplemented("myFunctionObject::read(const dictionary&)");
   return execute(false);
}

bool myFunctionObject::execute(const bool forceWrite)
{
   notImplemented("myFunctionObject::execute(const bool)");
   return true;
}

bool myFunctionObject::start()
{
   notImplemented("myFunctionObject::start()");
   return true;
}

bool myFunctionObject::end()
{
   notImplemented("myFunctionObject::end()");
   return execute(false);
}
```

　メンバ関数は，要求された機能に応じてプログラマにより実装される．上で意図的に引き起こされた致命的な実行時エラーによって，ライブラリが正しく読み込まれたこと，myFunctionObject クラスのコンストラクタが functionObject 抽象クラスの RTS コンストラクタテーブルに正しく加えられたことが確認できる．

12.3.2　関数オブジェクトの実装

　ここで示している例の目的は，OpenFOAM を用いた CFD 計算にとって便利な関数オブジェクトを実装することではない．OpenFOAM と swak4Foam プロジェクトには，すでに数多くの便利な関数オブジェクトがある．そうではなく，この例の目的は，カスタム関数オブジェクトを実装する際に，functionObject クラスインターフェースが重要であることを述べることにある．

　関数オブジェクトの実行時操作は，関数オブジェクトが実施する計算から分離されている．関数オブジェクトの計算が関数オブジェクトそのものに実装されている場合，その計算はその関数オブジェクトによってのみ使用される．あるクラスの計算をカプセル化し，それを関数オブジェクト外で書き直すことで，後処理アプリケーションな

どのほかのクライアントは，それを使用することが可能となる．また，関数オブジェクトの実行時プロセス処理機能から計算を分離することで，懸念要素が分離されるので，クリーンな実装につながっている．すなわち，何かを計算するクラスは，実行時実行処理を扱う関数オブジェクトクラスから分離されている．新しい関数オブジェクトをプログラミングするとき，OpenFOAM に存在するクラスを再使用することや，合成もしくはパブリックな継承のどちらかを通して functionObject と組み合わせることを考慮することは，状況にもよるが，開発時間を節約することになるだろう．この項で示す例では，関数オブジェクトクラスに計算を実装し，functionObject から実行時操作を継承させる．

　新しい関数オブジェクトをプログラミングする際に実装する必要のある function-Object 抽象クラスのメンバ関数を，以下に示す.

- start：時間ループの開始時に実行される
- execute：時間が増加するときに実行される
- end：時間ループの終了（時間が endTime の値に達した）時に実行される

　時間ループの最初と最後で同じ計算処理を実行させる場合には，メンバ関数 start と end それぞれにおいてメンバ関数 execute を呼び出す．この項で述べる関数オブジェクトでは，混相流のシミュレーションにおいて，特定の相で満たされたメッシュのセルを追跡する．シミュレーションのそれぞれの時間ステップにおいて，各セルの体積分率フィールドの値を確認し，0 よりも大きい数値をもつセルに対しては，目印用のフィールドに 1 を入れることで目印を付ける．このフィールドを可視化することで，シミュレーションの一連の処理の間で，特定の相で満たされているすべてのメッシュセルを示すことになる．

　関数オブジェクトのコードの例は，サンプルコードリポジトリ内にあり，利用することができる．このコードをテキストエディタで見ることは，この例について理解するうえで役立つだろう．この例において，ディレクトリ名は，サンプルコードリポジトリのディレクトリと同様の方法で名付けられている．シェルコンソール画面で newFunctionObject 生成ツールを使う前に，OpenFOAM 環境変数が正しく設定されていることを確認する．サンプルコードリポジトリでも，primer-code/etc/bashrc 設定スクリプトを実行することで設定する必要がある．ライブラリのプログラミングを始めるために，新しい関数オブジェクトライブラリ用に primerFunctionObjects と名付けられたディレクトリを作成する．新しい関数オブジェクトライブラリのコードは，この時点で newFunctionObject 生成ツールを使うことで作成される．

```
?> newFunctionObject -d \
```

```
primerFunctionObjects/wettedCellsFunctionObject \
wettedCellsFunctionObject
```

生成されたコードのコンパイルをテストするためには，wmake を実行すればよい．

```
?> wmake
```

コンパイルの結果としてエラーがなければ，生成されたダミーコードは，実際の実装に向けて拡張する準備ができている．

　特定の相で満たされたセルに目印を付けるために，wettedCellsFunctionObject は，volScalarField と，ユーザによって指定された許容値，現時点での特定の相で満たされた領域の割合が必要である．リスト 103 に示すように，これらのプライベート属性を，wettedCellsFunctionObject.H 内のクラス宣言に記す必要がある．なお，追加された属性を使用できるように，volFields.H をインクルードする必要もある．プライベート属性が宣言されると，リスト 104 内のクラスコンストラクタによってそれらを初期化する必要がある．そして，実行中に wettedCellsFunctionObject を選択できるようにするために，TypeName マクロを以下のように変更する必要がある．

```
//- Runtime type information
TypeName("wettedCells");
```

リスト 103　wettedCellsFunctionObject のプライベート属性

```
// Private data

    //-- Time
    const Time& time_;

    //-- Mesh reference;
    const fvMesh& mesh_;

    //-- Volume fraction field.
    const volScalarField& alpha1_;

    //-- Wetted cells field.
    autoPtr<volScalarField> wettedCellsPtr_;

    //-- Wetted cell tolerance.
    scalar wettedTolerance_;

    //-- Wetted domain percent.
    scalar wettedDomainPercent_;
```

リスト 104　wettedCellsFunctionObject のデータメンバの初期化

```
functionObject(name),
time_(time),
mesh_(time.lookupObject<fvMesh>(polyMesh::defaultRegion)),
alpha1_
(
    mesh_.lookupObject<volScalarField>
    (
        dict.lookup("volFractionField")
    )
),
wettedCellsPtr_
(
    new volScalarField
    (
        IOobject
        (
            "wettedCells",
            time.timeName(),
            time,
            IOobject::NO_READ,
            IOobject::AUTO_WRITE
        ),
        mesh_,
        dimensionedScalar
        (
            "zero",
            dimless,
            0.0
        )
    )
),
wettedTolerance_(readScalar(dict.lookup("wettedTolerance"))),
wettedDomainPercent_(0)
```

　ランタイム型情報が正しく宣言されると，system/controlDict ディクショナリ
内のエントリを設定することで，関数オブジェクトが選択可能となる．OpenFOAM
における関数オブジェクトの統合をテストするために，サンプルコードリポジトリの
falling-droplet-2D テストケースを使用する．このテストケースで，関数オブジェ
クトをテストするために，以下のサブディクショナリを controlDict 内の functions
ディクショナリに加える．

```
wettedCellsTest
{
    type wettedCells;
    volFractionField alpha1;
```

```
    wettedTolerance 0.01;
}
```

さらに，ライブラリを実行時に読み込む必要があり，これは同様に，controlDict ファイル内の読込ライブラリリストに以下を追加することでなされる．

```
libs (
    "libsimpleSwakFunctionObjects.so"
    "libutilityFunctionObjects.so"
    "libprimerFunctionObjects.so"
};
```

実際には，wettedCellsFunctionObject をテストするためには，"libprimerFunctionObjects.so"だけが必要であり，ほかのライブラリは本章で述べた上述の例から来ている．テストを実行するために，interFoam ソルバを起動させるが，これは以下のような致命的なエラーで終了するはずである．

```
--> FOAM FATAL ERROR:
Not implemented

    From function wettedCellsFunctionObject::start()
```

このエラーは，wettedFunctionObject のメンバ関数がまだ実装されていないために，シミュレーション中に最初に呼び出された start() で起きている．

```
bool wettedCellsFunctionObject::start()
{
    notImplemented("wettedCellsFunctionObject::start()");
    return true;
}
```

timeSet メンバ関数は不要であるので，実装を続ける前に，関数オブジェクトから取り除いておく．この関数オブジェクトの例において，シミュレーションの開始時と終了時に行われる計算処理は同じであり，そのため，start と end メンバ関数はともに，以下のように execute メンバ関数を再使用する．

```
bool wettedCellsFunctionObject::start()
{
    execute(false);
    return true;
}

bool wettedCellsFunctionObject::end()
{
    return execute(false);
```

```
    }
```

　移動やトポロジー的な変更を含めたメッシュに対する修正処理は，計算処理の動作
に影響しないので，updateMesh と movePoints でも，以下のように execute メンバ
関数が再使用される．

```
    void wettedCellsFunctionObject::updateMesh(const mapPolyMesh& map)
    {
        execute(false);
    }

    void wettedCellsFunctionObject::movePoints(const polyMesh& mesh)
    {
        execute(false);
    }
```

execute メンバ関数は，計算処理の実施と関数オブジェクトの現在の状態をレポート
する場所であり，以下のように実装される．

```
    bool wettedCellsFunctionObject::execute(const bool forceWrite)
    {
        calcWettedCells();
        calcWettedDomainPercent();
        report();
        return true;
    }
```

計算処理とレポートの処理は，それぞれのメンバ関数に分割され，書き分けられてお
り，wettedCellsFunctionObject からの継承によって，実行される動作の修正がよ
り簡単になっている．これらの名前が示すように，calcWettedCells，calcWetted-
DomainPercent，report の各メンバ関数は，特定の相で満たされたセルの計算，流れ
領域内の特定の相で満たされたセルの割合の計算，関数オブジェクトの状態のレポー
トを行う．これらは，すべて仮想メンバ関数として宣言されており，wettedCells-
FunctionObject の修正なしに継承を使っての拡張が可能となっている．ここで留意
すべきは，wettedCells 関数オブジェクトは簡単で自明であるが，既存のクラスの
修正なしに将来の拡張が可能なオブジェクト指向デザインとその原理を適用すること
を，ここでの目的としていることである．特定の相で満たされたセルに対して目印を
付ける実際の計算処理は簡単であり，これをリスト 105 に示す．リスト 105 において，
isWetted は，ユーザが指定した許容値に対して，体積分率値を確認するメンバ関数
を表している．

リスト105　特定の相で満たされたセルに目印を付けるアルゴリズム

```
void wettedCellsFunctionObject::calcWettedCells()
{
    volScalarField& wettedCells_ = wettedCellsPtr_();

    forAll (alpha1_, I)
    {
        if (isWetted(alpha1_[I]))
        {
            wettedCells_[I] = 1;
        }
    }
}
```

```
bool isWetted(scalar s)
{
    return (s > wettedTolerance_);
}
```

シミュレーションの一連の処理の間に行う，特定の相で満たされた領域の割合の計算は，リスト106のように実装される．"wettedCells" と名付けられた volScalarField の値は，特定の相で満たされたセルに対して1が設定される．この関数は単に，セルが特定の相で満たされているかどうかを調べ，領域内の特定の相で満たされたセル数と総セル数との比を計算する．そして，この値は wettedDomainPercent_ プライベート属性として保存され，以下のように report メンバ関数によってレポートされる．

リスト106　特定の相で満たされた領域割合の計算

```
void wettedCellsFunctionObject::calcWettedDomainPercent()
{
    scalar wettedCellsSum = 0;

    const volScalarField& wettedCells = wettedCellsPtr_();

    forAll (wettedCells, I)
    {
        if (wettedCells[I] == 1)
        {
            wettedCellsSum += 1;
        }
    }

    wettedDomainPercent_ = wettedCellsSum / alpha1_.size() * 100;
}
```

```
void wettedCellsFunctionObject::report()
{
    Info << "Wetted " << wettedDomainPercent_
        << " % of the domain." << endl;
}
```

ここでは，テスト目的のために，液滴落下テストケースのメッシュ解像度を落として
いる．元の高いメッシュ解像度でケースを実行した場合にも，結果は定性的には同様
に振る舞うことが期待される．

　液滴落下シミュレーションケースに対して，関数オブジェクトの結果により保存さ
れた "wettedCells" フィールドを，同じ時間ステップにおける体積分率 α_1 のフィー
ルドとともに，図 12.6 に示す．また，図 12.7 には，シミュレーション時間に対する

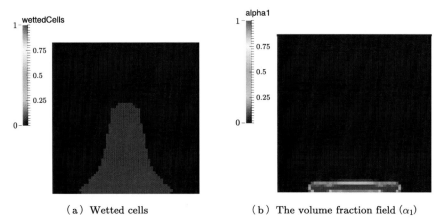

（ａ）Wetted cells   （ｂ）The volume fraction field (α_1)

図 12.6　液滴落下テストケースにおける特定の相で満たされたセルと体積分率フィールド

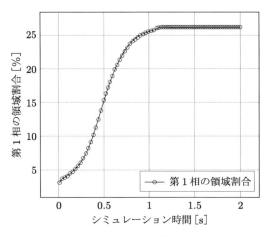

図 12.7　特定の相（第 1 相）で満たされた領域の割合

特定の相で満たされた領域の割合を示す.

| 練 習 |
興味深い課題として,特定の相で満たされた領域の割合の計算を並列計算で実装することを考えよ. 関数オブジェクトを並列計算ケースで実行させたときに何が起こるか.
[ヒント] Pstream クラスを見よ.

参考文献

[1] Alexandrescu, Andrei (2001). *Modern C++ design: generic programming and design patterns applied.* Boston, MA, USA: Addison-Wesley Longman Publishing Co., Inc.

[2] Josuttis, Nicolai M. (1999). *The C++ standard library: a tutorial and reference.* Boston, MA, USA: Addison-Wesley Longman Publishing Co., Inc.

[3] Vandevoorde, David and Nicolai M. Josuttis (2002). *C++ Templates: The Complete Guide.* 1st ed. Addison-Wesley Professional.

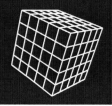

第13章

OpenFOAM におけるダイナミックメッシュ操作

一般的に，OpenFOAM には，二つの主要なダイナミックメッシュの操作機能，すなわち**メッシュ移動**と**トポロジー的なメッシュ変更**がある (H. Jasak & Rusche (2009), H. Jasak & Tukovic (2006))．メッシュ移動は，メッシュのトポロジー情報の変更なしに，単にメッシュ点の変位を伴うダイナミックメッシュ操作である．トポロジー情報には，メッシュの点やエッジ，フェイス，セルが互いにどのように関連し合い，どのようにメッシュを構成しているかが記述されている．一見して，メッシュ点を変位させることはかなり平凡な作業のように見えるが，移動の仕方によっては，その操作は思ったよりも複雑になり得る．メッシュのフェイスやセルの幾何形状はメッシュ点を基にしているので，点の移動の結果としてそれらは変形されることになる．メッシュの変形後，元のメッシュに関連している値をまだもっているフィールドは，新しいメッシュにマッピングし直す必要がある．FVM におけるフィールド値は，セル体積もしくはフェイス面積に対する平均値を表しているので，これは必要な作業である．セル体積とフェイス面積はともにメッシュ移動の結果として変化しているかもしれない．

メッシュのトポロジー的な変更にはしばしば，点の数の変更が含まれ，その結果として，メッシュ要素（セル，フェイス，エッジ）だけでなく，メッシュ要素間のつながり方の変更も含まれる．これを考慮すると，トポロジー的なメッシュ変更を含む操作は，メッシュ移動に比べるとより複雑なアルゴリズムとデータ構造を伴うので，かなり複雑である．

トポロジー的な変更は正確な解を高速で得るために必要であるが，これについて，移動メッシュの境界とメッシュ内の急勾配の存在という，二つの大きな問題がある．

物体が領域内で大きく動いたり，メッシュ点間で相対的な移動が存在したりする場合，セルは大きく曲げられたり，つぶされたりし得る．この例として，シリンダー内を動くピストンが挙げられ，セルの層が追加されたり，取り除かれたり，メッシュが部分的に切り離されたり，後で再び結合されたりする．

二つ目の問題に対しては，事前に予測できない領域，たとえばメッシュが新たに生成される領域において，より高精度なシミュレーションが必要となる．領域内に衝撃波を含むシミュレーションで，衝撃波の位置そのものが解の一部であるような場合，衝撃波の現れる領域で局所的な細分化を達成するために，たとえば圧力勾配に基づい

たトポロジー的な変更が適用される．別の例としては，二相シミュレーションにおける非混合性二液相の界面が挙げられる．この例では，シミュレーション開始時での界面位置はわかっているが，界面を境にして物性値は急激に変化する．そのため，より高精度な解を得るために，液相界面付近で局所的かつ動的にメッシュを細分化し，界面が計算領域内を移動するのに合わせて細分化も追随させる．

ダイナミックメッシュ操作は，より高い抽象化レベルとなるように，クラス階層内のクラスにカプセル化されており，OpenFOAM のユーザは，これによって流れソルバからダイナミックメッシュ操作を切り離すことができる．数値シミュレーションの精度と柔軟性を向上させるために，複数のダイナミックメッシュ操作を用いて流れソルバを拡張させる目的で，ダイナミックメッシュクラスもまた，オブジェクト指向デザイン原理を使って結合される．

この章では，既存のダイナミックメッシュの概要を示し，OpenFOAM において選択可能なダイナミックメッシュのエンジンについての詳細を述べる．基底クラスの設計や選択されたダイナミックメッシュの設計に関する詳細を 13.1 節で述べる．ダイナミックメッシュ操作の使用に興味のある読者のために，より興味深いいくつかの使用例を 13.2 節で挙げる．OpenFOAM において利用可能な既存のダイナミックメッシュ操作を物体の剛体的な移動と六面体メッシュの細分化を用いて拡張することについては，13.3 節で述べる．

13.1　ソフトウェアデザイン

ダイナミックメッシュクラスの設計は，それぞれ特定のダイナミックメッシュの機能に応じて変わる．この節では，メッシュ移動とトポロジー的なメッシュ変更を含め，OpenFOAM におけるダイナミックメッシュの機能とその設計について簡単な概説をする．

13.1.1　メッシュ移動

OpenFOAM におけるメッシュ移動操作には二つの主要なタイプ，すなわち**剛体メッシュ移動**と**メッシュ変形**がある．

名前が示すように，剛体メッシュ移動は，メッシュ点の変位を伴い，剛体のように各点が互いの相対位置を保つように行われる．剛体メッシュ移動は，メッシュの並進移動や回転移動およびこれらの組み合わせを含んでいる．この移動は，物体の運動をモデル化した常微分方程式の解として指定もしくは計算することで行われる．

　一方，メッシュ変形は，メッシュ境界から流れ領域の内部へ変位を分布させることで行われる．変位の分布は，代数的な補間法や，点の変位や速度に関する輸送方程式の解法などのさまざまな方法を用いて行われる．どちらの方法も，メッシュ点において特定の移動をどのように評価するのかを単に決めているだけで，点の変位や速度を用いて，移動そのものをどのように定義するかについては決めていない．

■ 剛体メッシュ移動

　剛体メッシュ移動は，メッシュ点で構成された物体とそれに付随する周囲のメッシュ点の移動として定義され，そこではどの2点間においても相対変位は生じない．そのような移動の概略を図13.1に示す．ここで，灰色で示した塊は物体を表す．個々の移動についてどのように定義するのかの詳細を述べる前に，移動そのものの定義とその実装について述べる．

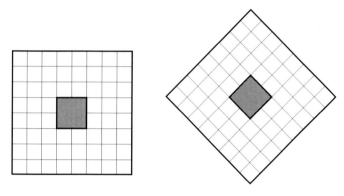

図 13.1　灰色で示した物体は剛体移動の支配下にあるので，
メッシュ点は互いに相対的な移動はしない．

　OpenFOAMにおいて，物体の移動は，共通の基底クラス solidBodyMotionFuction からすべて派生されるさまざまなクラスによって定義されている．この移動関数は物体の移動を記述した septernion を返す．この移動は並進移動のベクトルと回転移動の quaternion の組み合わせである．septernion を用いることで，乗算の組み合わせであるベクトル変換操作により，各点を容易に移動させることができる．quaternion のより詳しい情報については，Goldman (2010) の書籍を参照されたい．

　抽象基底クラス solidBodyMotionFuction から派生されたクラスは，どのような移動のタイプが存在するのかを定義する．linearMotion や rotatingMotion のような単純な関数や，tabulatedMotion のようなより洗練された関数から，複雑でかなり特殊な移動（たとえば船舶の凌波性研究のための SDA）まで多岐にわたる．図13.2のUML

線図に示すように，solidBodyMotionFunction には仮想関数 transformation が
定義されており，これは派生したそれぞれのクラスにおいて実装される．この関数は，
元の位置と移動後の位置との間でメッシュ点を変換するために使われる septernion
を計算し，並進移動と回転移動の両方を表現する．

　この変換関数そのものは，実行時に選択可能で容易に再利用できるように，クラス内
にカプセル化されている．solidBodyMotionFuction から派生されたクラスは，メッ
シュ点の位置を変えることはせず，単に変換のための septernion を返すだけである．

　一方，剛体メッシュ移動を実際に行うダイナミックメッシュクラスは，solidBody-
MotionFvMesh と名付けられ，dynamicFvMesh を継承している．solidBodyMotion-
FvMesh と solidBodyMotionFunction との関係を，図 13.2 のクラス線図に示す．

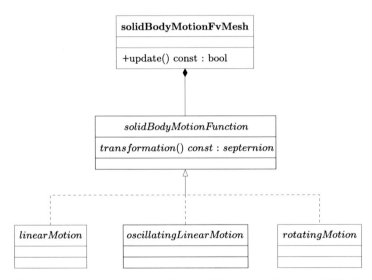

図 13.2　solidBodyMotionFvMesh と solidBodyMotionFunction に関する
　　　　クラス線図

　変換関数は，solidBodyMotionFvMesh クラスに関するストラテジパターン (Gamma,
Helm, Johnson & Vlissides (1995)) を用いて実装されている．結果として，剛体移
動の関数は，独立した実体としてライブラリの別の部分で問題なく再利用できる．剛
体移動を計算するために，クラスと剛体メッシュ移動との関係を知っておく必要はな
い．加えて，solidBodyMotionFunction はストラテジパターンを用いて設計されて
おり，ほかの関数を容易に追加可能となっている．solidBodyMotionFunction を継
承するだけで，新しい関数は実行時に選択可能となる．

ところで，solidBodyMotionFunction が solidBodyMotionFvMesh クラスにおいてテンプレートメソッドパターンで実装されているとすると，別のメッシュ移動関数の追加はもう一つのダイナミックメッシュクラスをもつことになるだろう．テンプレートメソッドパターンを使ったアプリケーションの例としては，update アルゴリズムを実装している dynamicFvMesh クラスとそれから派生したダイナミックメッシュクラスがある．

solidBodyMotionFunction クラス階層の設計は，SRP デザイン原理のよい例である．すなわち，移動関数は単純であるが，これらは単一の単純な機能をもつ個別のクラスとしてカプセル化されている．移動関数は変換の計算にのみ関係しており，それ以外にはない．さらに，たとえば，一定速の回転運動を伴い規則的に振動する直線運動というように，一般的に移動関数は組み合わせて使われる．この場合，ダイナミックメッシュクラスを用いた多重継承が使用されるので，テンプレートメソッドパターンから逸脱する．多重継承と複数のダイナミックメッシュクラスに伴う問題については 13.3.2 項で述べる．

solidBodyMotion ダイナミックメッシュは，すべてのメッシュ点，もしくは特定の部分（たとえば cellZone）のどちらかに対し，ユーザが選択する solidBodyMotion-Function によって定義された同一の septernion を使って変換を行う．cellZone を指定しない場合，すべてのメッシュ点が同一の septernion を使って移動されるので，一様な移動が実現できる．cellZone をディクショナリ内で指定する場合，cellZone 内のセルの点のみが適切に移動される．これは，動静翼の回転体構造において物体が回転しているとき，スライディングインターフェース (AMI/GGI) を用いて容易に実現される．solidBodyMotionFvMesh に加えて，さらに multiSolidBodyMotionFv-Mesh がある．これは，基本的には solidBodyMotionFvMesh と同様に動作するが，複数の移動を重ね合わせたり，異なる cellZone に作用させたりすることが可能となっ

ている．後者は，二つの動翼が回転するアプリケーションにとって重要であり，異なる複数の cellZone と AMI/GGI インターフェースが使用される．移動そのものは，fvMesh::movePoints による直接的な方法で関連するすべてのメッシュ点に適用され，余分な方程式は解かれないので，これは極めて高速な仕組みとなっている．

> **ヒント**　スライディングインターフェースを含む動静翼メッシュの移動の設定については，メッシュ点の選択に基づく cellZone が使用される．

■ メッシュ変形

メッシュ変形は，それぞれのメッシュ点に対し，異なる変位を適用することで実行される．メッシュ変形はメッシュ点間の相対移動によって生じる．これは，メッシュセルを次々に曲げて，不均一にメッシュを修正する．これによって，とくにより大きな移動の場合には，大きなゆがみが生じ，このことがしばしばメッシュの品質を低下させることになる．

> **ヒント**　メッシュの品質の決め方は数値計算法に依存する．FVM において，メッシュに関連する二つの最も重要な離散化誤差は，非直交性とゆがみの誤差である (Jasak (1996)，Juretić(2004))．

メッシュの品質を保つために，メッシュ変形は注意深く使用する必要がある．すなわち，小領域のメッシュだけを大きく変形させる一方で，残りのメッシュは可能な限り変形を少なくすることがよく行われる．このアプローチは，メッシュの境界付近もしくはその一部といった必要な領域に対するメッシュ移動を可能にする．加えて，メッシュ変形を最適化問題とみなすと，メッシュの品質は領域全体で最適化すべきスカラー関数を表している．

メッシュの境界は移動を定義する場所であり，したがって，最も大きな移動を伴う位置である．最も大きな変位がメッシュ境界の特定の部分に適用されるが，メッシュ移動に関係しない領域において歪みを最小に保ちつつ，変位をメッシュの残りの部分にどのように伝播させるのかという問題が残る．

その目的のために，最も有名な二つのアプローチ，すなわち代数的な変位補間法と，変位に関する拡散（ラプラス）輸送方程式の解法がある．OpenFOAM においては，代数的な変位補間法とメッシュ移動ソルバアプローチの両方が利用可能である．

放射基底関数 (RBF) を基にしたメッシュ点の変位補間法の解説については，Bos, Matijasevic, Terze, van Oudheusden & Bijl (2008) や，Bos (2009), Bos Oudheusden

& Bijl (2013) を参照せよ．補間法の選択によっては解の精度をかなり改善できる．RBF
補間法の場合，メッシュ変形によって，境界層メッシュの品質の向上だけでなく，メッ
シュ全体の品質の向上が実現される．

領域の内部への境界メッシュの変位の拡散を用いるメッシュ移動は，次式でモデル
化される．

$$\sum_{i=1}^{3} \partial_i (\gamma \partial_i \boldsymbol{d}) = 0 \tag{13.1}$$

ここで，γ は変位の拡散係数，$\boldsymbol{d}$ は点変位フィールドである．境界からメッシュ領域内
部へどのように変位を拡散させるかは，γ によって決まる．γ は空間的に変化し，たと
えばメッシュ点 $\boldsymbol{x}$ とメッシュ境界との距離 r の関数として，次式のように与えられる．

$$\gamma = \gamma(r) \tag{13.2}$$

γ は r が増加する（境界から離れる）に従い減少するように定められ，これによって
変位も減少するようになる．

> **注意** RBF 補間法とメッシュ移動を伴うメッシュの品質については，さらなる注
> 意を必要とするトピックであるので，本書では扱わない．

式 (13.1) を解くために，OpenFOAM では FVM を用いてこの式が近似される．こ
の場合，計算されるフィールドは当然セル中心に関するものであるが，フェイス中心
に関する境界フィールドも用いられる．メッシュ点（セルコーナー点）に関する変位
を FVM を用いて計算するためには，セル中心値からメッシュ点への補間が必要であ
る．別の方法として，foam-extend では，式 (13.1) は有限要素法 (FEM) を用いて近
似される．

ここで，OpenFOAM における FVM の枠組み内での，メッシュ変形の実装につい
て簡単な設計方針を示す．

ラプラス方程式の解法を用いたメッシュ変形は，図 13.3 に示すように，`dynamic-MotionSolverFvMesh` で実装される．物体の移動は，その境界の移動で記述され，こ
れは物体境界メッシュの関連部分に対して移動の境界条件を設定することで行われる．
移動の境界条件は，速度や変位についての陽な関数として与えられるか，もしくは外部
データを基に計算される．たとえば，外部データを基にメッシュを移動する境界条件
では，物体境界上で積分された流体力によって動かされる剛体移動の解として計算され
たデータを使用するかもしれない．ゆっくりと移動する物体の場合，この物体は広大
な領域内に置かれ，外側境界のパッチに対しては変位を 0 に固定する境界条件が通常

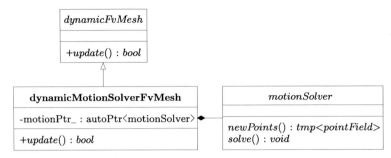

図 13.3　dynamicMotionSolverFvMesh クラスによって実装されるメッシュ移動

設定される．この境界条件では，基本的に境界上のすべての点は空間中に固定される．
　変位 (速度) フィールドに対する境界条件によって境界の移動が指定されると，移動ソルバは移動フィールドを解く作業を行うことになる．motionSolver は，移動フィールドを解くためのさまざまなアプローチ (たとえば，有限体積方程式の解法，変位の代数的補間) が可能となるように，抽象基底クラスとして実装され，dynamicMotionSolverFvMesh と合成される．移動ソルバは新しいメッシュ点を生成するためにのみ必要であり，メッシュ点の移動の処理は親クラス fvMesh に委譲されている．

```
bool Foam::dynamicMotionSolverFvMesh::update()
{
    fvMesh::movePoints(motionPtr_->newPoints());

    if (foundObject<volVectorField>("U"))
    {
      volVectorField& U =
      const_cast<volVectorField&>(lookupObject<volVectorField>("U"));
      U.correctBoundaryConditions();
    }

    return true;
}
```

移動ソルバ (motionPtr_) は，メンバ関数 newPoints によって新しいメッシュ点を生成する．

```
Foam::tmp<Foam::pointField> Foam::motionSolver::newPoints()
{
    solve();
    return curPoints();
}
```

newPoints を呼び出すことでメッシュ変形のための解法が実行され，これはメッシュ

点の修正を行う．solve に実装される解法プロセスは，変位に関するラプラス方程式の解法を利用するのか，選択された補間手法を利用するのか，その数値計算法に応じて異なる．さまざまな移動ソルバのインターフェースが利用できるが，ライブラリのこの部分のクラス構造全体や関連するクラスの相互作用について述べることは，本書の範囲外である．

　ここで，有限体積法を基にしたラプラス方程式のメッシュ移動ソルバについて簡単に説明する．これは，displacementLaplacianFvMotionSolver と名付けられ，その使用法については，以降の節で述べる．有限体積法を基にしたラプラス方程式のメッシュ移動ソルバと相互作用する二つの最も重要なクラスを，図 13.4 に示す．displacementMotionSolver の役割は，トポロジー的な変更に由来するメッシュの修正をカプセル化することである．トポロジー的な変更が新しいメッシュと元のメッシュとを結び付ける関係マップを使った結果であるならば，変位の移動ソルバをメッシュのトポロジー的な変更と組み合わせることは可能である．メッシュのトポロジー的な変更に関するさらなる情報は，次項以降で述べる．displacementMotionSolver は，メッシュ変形に必要となる変位フィールドをカプセル化し，変位ソルバなどのすべてのクライアントがそれらへアクセスできるようにしている．motionDiffusivity にはストラテジパターン（すなわち，OpenFOAM モデル）が使われており，式 (13.2) で与えられる拡散係数を計算するために使用される．この空間的な変数フィールドは，補間によってメッシュの内部へと伝播される変位をスケーリングする，もしくは式 (13.1) の拡散方程式における係数として使用される．移動の拡散性に関する新しい関数は簡

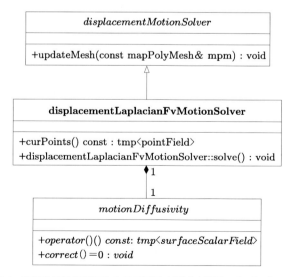

図 13.4　有限体積法を基にしたラプラス方程式の移動ソルバのクラス線図

単に開発できる．`motionDiffusivity` を継承し，それ自身を RTS テーブルに登録したクラスは，メッシュ移動の枠組みによって自動的に使用できるようになる．

> **注 意**　利用可能なメッシュ移動アルゴリズムをすべて含めた全クラスにわたる説明は省略するが，この項の図と説明は，メッシュ移動の拡張に関係する最も重要な実装の特徴を示している．

図 13.4 に示すように，`displacementLaplacianFvMotionSolver` で実装されている有限体積法を基にしたラプラス方程式のメッシュ移動ソルバでは，メンバ関数 `solve` 内でセル中心の変位に関する拡散方程式が解かれる．

```
diffusivityPtr_->correct();
pointDisplacement_.boundaryField().updateCoeffs();

Foam::solve
(
    fvm::laplacian
    (
        diffusivityPtr_->operator()(),
        cellDisplacement_,
        "laplacian(diffusivity,cellDisplacement)"
    )
);
```

そして，各点の変位は，メンバ関数 `curPoints` 内でセル中心からセルコーナー点（メッシュ点）へ逆距離加重 (IDW) 補間法を使って補間される．

```
volPointInterpolation::New(fvMesh_).interpolate
(
    cellDisplacement_,
    pointDisplacement_
);
```

> **ヒント**　FVM を基にした移動ソルバを使ってメッシュが変形される場合，新しい IDW 補間オブジェクトは，`curPoints` が実行されたそれぞれのタイミングで割り当てられる．

相対変位がメッシュ点間で存在する場合，IDW 補間における重みが変化するので，新しい IDW 補間オブジェクトをそれぞれの時間ステップで生成する必要がある．メッシュ移動にはすべてのメッシュ点間で相対変位を伴うメッシュ変形が含まれるので，計算効率を向上させるために IDW 補間における重みをキャッシュできない．

13.1.2　トポロジー的な変更

　メッシュのトポロジーを変えることには，そのトポロジー情報を修正することが含まれる．これには，メッシュ要素（セル，フェイス，エッジ，点）の追加や削除と，メッシュ要素間の相互接続性が記述されているデータ構造（たとえば，エッジとセルの接続リスト）のすべての更新が含まれる．メッシュに対してトポロジー変更を適用することは，通常，領域内の急勾配が存在する場所で精度を向上させるために，もしくは物体の形状や個数に関して大きな変化を受けるシミュレーション領域のダイナミックシステムをモデル化するために動機付けられる．メッシュ変形は，セルフェイス間の角度や隣接するセルのサイズ比を著しく変化させるので，メッシュ品質の極端な悪化を引き起こすかもしれない．激しいメッシュ変形の結果として生成されたメッシュでは，精度が重要となる領域においても，基本的な FVM では精度が低下してしまう可能性がある．隣接するセルのサイズ比の増大や，フェイス角度のゆがみによるメッシュの非直交性の増大によって補間誤差が生じ，これがセルをゆがめ，結果として精度が失われる．

　そのような問題を排除するために，メッシュ変形はメッシュのトポロジー変更と組み合わされる．この組み合わせは，高精度と高効率を両立したダイナミックメッシュエンジンによって実現される．そのような先進的な実装の例として，dynamicTopoFvMesh[†] ライブラリがある (S. Menon, Rothstein, Schmidt & Tukovic (2008), Sandeep Menon (2011), S. Menon & Schmidt (2011))．

　メッシュに対する複雑なトポロジー変更の構築をサポートするために，OpenFOAMにおけるトポロジー変更は単純な操作として設計されており，それらを組み合わせることで，より複雑な操作が可能となっている．その結果，組み合わされた操作は，特別なダイナミックメッシュクラスを構築するために使用できる．

　実行中にメッシュトポロジーを変更することはとても困難であるので，メッシュトポロジーの変更を扱うダイナミックメッシュは，通常メッシュ移動クラスよりも特殊である．困難さは，トポロジー変更の基準となるフィールド値の修正だけでなく，メッシュトポロジーに関する操作にもある．トポロジー変更を実施する大多数のクラスは，それぞれ単一の特定タスクを扱う．$FOAM_SRC/dynamicFvMesh に置かれている dynamicFvMesh ライブラリには，たとえば dynamicRefineFvMesh のような，より一般的な目的のトポロジー変更のツールがある．このダイナミックメッシュ操作は，細分化条件（たとえば，圧力勾配）に関する区間値を基にした六面体メッシュのダイ

---

† https://github.com/smenon/dynamicTopoFvMesh を参照．

ナミックで局所的な細分化を実装している．ユーザが細分化条件の区間値を指定すると，ユーザが定めた区間内のフィールド値をもつセルは動的に細分化されるが，区間外の値をもつセルは細分化されない．ダイナミックメッシュの局所細分化は，たとえば，移動する 2 流体界面付近の領域については高精度で解く必要があるが，2 流体の各相の大部分においてはそうでない問題に対して，便利である．細分化条件としてさまざまなフィールドを用いることが可能である．たとえば，ユーザによって開発された関数オブジェクトの形でシミュレーション中に実行される，より複雑なモデルを使って細分化条件を計算することもできる．

　特殊なトポロジー変更は，$FOAM_SRC/topoChangerFvMesh にあり，とくに movingConeTopoFvMesh を例として挙げる．このダイナミックメッシュはかなり特殊な問題に対するものであり，シリンダー内を移動するピストンのダイナミックなシミュレーションのモデルが使われる．これは，x 軸方向にパッチ（メッシュ境界の一部）を移動させ，高精度な数値シミュレーションのために十分に高いメッシュ品質を保つ目的で，大きく変形されたセルが存在する領域に対し，必要に応じてセル層の追加と削除を行う．このダイナミックメッシュはメッシュ移動とメッシュのトポロジー変更の組み合わせで実装されているが，パッチを一定速度で直線移動させる部分について，プログラミングに関する大きな労力はいらない．そのような特殊なダイナミックメッシュを開発するための機能は，抽象化レベルの分離の結果である．より低い抽象化レベルにおいては単一のトポロジー操作機能があり，より高い抽象化レベルにおいてそれらは組み合わされ，メッシュに対するセル層全体の追加操作を可能としている．OpenFOAM には利用可能なさまざまなトポロジー変更のツールがあるが，それらやそれらの設計背景のすべてを述べることは本書の範囲外である．ここでは，dynamicRefineFvMesh クラスの設計上の概要を簡単に述べる．

　図 13.5 は，dynamicRefineFvMesh クラスの重要なクラスの関係性を示している．このクラスは，ダイナミックメッシュクラスとして，dynamicFvMesh インターフェースに従うメンバ関数 update を実装している．メッシュの細分化操作は，上述の細分化条件に応じて，セルの細分化と結合を含んでいる．両操作は，それぞれ二つのプライベートメンバ関数 refine と unrefine で実装されている．各時間ステップで二つの操作のどちらかが実行され，トポロジー操作のフィールドを更新するために，fvMesh 親クラスと dynamicRefineFvMesh クラスは協調している．

ヒント
メンバ関数 fvMesh::updateMesh を呼び出すことによって，dynamicRe-
fineFvMesh と fvMesh との協調が実現されている．フィールドのマッピングは，実
装するのが複雑なアルゴリズムであるかもしれない．トポロジー変更のための新しい
クラスを実装する場合，図 13.5 に示されるクラス関係が順守されているこのアルゴ
リズムを再利用するほうがより簡単かもしれない．

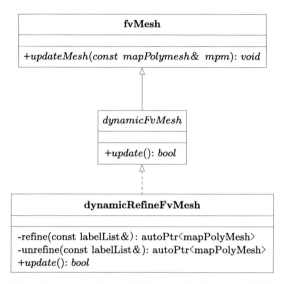

図 13.5　dynamicRefineFvMesh クラスによって実装さ
れたメッシュの細分化

　メッシュの細分化と結合のためのアルゴリズムをアルゴリズム 2 に簡略に示す．細
分化と結合の操作は，トポロジー的に変更された新しいメッシュを元のメッシュとつ
なげる**トポロジーマップ**を生成する．細分化アルゴリズムのより詳細な説明は本書の
範囲外であるが，自分でメッシュの細分化アルゴリズムを拡張もしくは実装するつも
りの読者にとっては重要かもしれない．

　メッシュ面の分割によって多面体セルが生じる．このセルは，仮に直方体状である
としても，六つ以上の面をもつ．隣接する二つのセルが分割によって同数のサブフェ
イスで区切られたとすると，メッシュの主セル－隣接セル間の間接的なアクセス（第
1 章）は修正なしには機能しないだろう．しかしながら，そのような分割が非直交性，
縦横比や小さなゆがみ誤差を引き起こすということに注意することは重要である．そ
のため，細分化されたセル層を追加することは一般的である．このとき，細分化され
たセル層の境界は勾配が小さな領域であるべきであり，そこはセル層内部ほどには高
精度である必要はない．

アルゴリズム 2 メッシュの細分化と結合のアルゴリズム

read the control dictionary **for** the dynamicRefineFvMesh
if not first time step **then**
    look up the refinement criterion field
    if number of mesh cells < maxCells **then**
        select cells to be refined using the refinement criterion (refineCells)
        modify refine cells by adding cells from the refinement layer and protected cells
        if cells to be refined > 0 **then**
            refinementMap = refine (cellsToBeRefined)
            update refineCell (refinementMap)
            updateMesh (refinementMap)
            mark the mesh as changed
        end if
    end if
    select unrefinement points
    if number of unrefinement points > 0 **then**
        refinementMap = unrefined (unrefinement points)
        updateMesh (refinementMap)
        mark the mesh as changed
    end if
end if

> **ヒント** OpenFOAM における六面体非構造メッシュの適応的細分化は，八分木デー
> タ構造を基にしていない．メッシュのトポロジーは直接変更され，新しいメッシュと
> して保存される．そして，同じ離散化操作は，モデル方程式を離散化するために新し
> いメッシュトポロジーを使用する．

13.2 使用法

　名前の中に DyMFoam を含むソルバでは，メッシュ移動でもトポロジー的なメッ
シュ変更でも，どんなダイナミックメッシュ操作でも利用できる．唯一共通なのは，
dynamicMeshDict が必要なことであり，これは constant ディレクトリ内で適切に
設定されていなければならない．

　この節では二つの例を挙げており，それぞれは前節で述べたメッシュ移動のタイ
プに関連している．すなわち，solidBodyMotionFvMesh を使った全域的メッシュ移
動と dynamicMotionSolverFvMesh を基にしたメッシュ変形である．この節では，
トポロジー的なメッシュ変更の使用については示さず，次節でその目的のための別
の例を示す．両ケースでは，大きな立方体領域内に埋め込まれた単位立方体からな
る，同じ基本メッシュを使用する．両ケースにおいて内部の立方体は同様に移動す

るが，それぞれ異なるメッシュ移動を計算する．ともに直線並進移動をさせること
とし，ダイナミックメッシュクラスとしてはそれぞれ solidBodyMotionFvMesh と
dynamicMotionSolverFvMesh を使用する．この例の基本ケースは，サンプルケース
リポジトリの chapter13/unitCubeBase 内にある．

　ダイナミックメッシュの機能を使用する OpenFOAM ケースをセットアップするこ
とは，とくに，各時間ステップにおいて流れソルバの計算にかなりの時間を要するなら
ば，退屈な作業である．長時間待つことを避けるために，ケースが正しくセットアップ
されているかをチェックするだけのツール moveDynamicMesh を使用できる．これは
ダイナミックメッシュを使うときにソルバが行うすべてのステップを実施するが，時
間のかかる流れの計算は行わない．したがって，実行時選択されたダイナミックメッ
シュクラスによって実施されるメッシュの変更を伴う mesh.update() のみが，時間
ループ内で実行される．このツールは，流れのシミュレーションのどんなデータにも
依存しない移動であれば，うまく動作する．

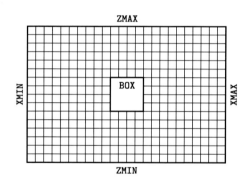

図 13.6　unitCubeBase ケースで使われる x-z 面
における幾何学的スケッチ

> **ヒント**　シミュレーションケースがダイナミックメッシュ操作を含んで拡張されてい
> る場合，実行時間が流れソルバに比べて短いので，moveDynamicMesh アプリケーショ
> ンの使用が推奨される．

13.2.1　全域的メッシュ移動

　上で述べたように，全域的メッシュ移動は，solidBodyMotionFvMesh と選択する
移動に応じた solidBodyMotionFunction とを併せて使用することで，実現される．
直線並進移動を実現するために，この例では linearMotion を使用する．本書で述

べられるほかのチュートリアルケースと同様に，最初に，安全に編集ができる場所に
チュートリアルをコピーする．そのために，まず，サンプルケースリポジトリに移動
し，chapter13 ディレクトリを見つけ，以下のように行う．

```
?> cp -r chapter13/unitCubeBase $WM_PROJECT_USER_DIR/run
?> cd $WM_PROJECT_USER_DIR/run/unitCubeBase
```

dynamicMeshDict は，メッシュ移動について変更する場合に，調整が必要な唯一の
コンフィギュレーションファイルである．以下の抜粋からわかるように，メッシュ移
動クラスを定義するために solidBodyMotionFvMesh が用いられ，linearMotion は
移動関数を定義している．

```
dynamicFvMesh solidBodyMotionFvMesh;

solidBodyMotionFvMeshCoeffs
{
    solidBodyMotionFunction linearMotion;
    linearMotionCoeffs
    {
        velocity (1 0 0);
    }
}
```

上記のディクショナリでは，solidBodyMotionFvMesh に対し，linearMotion によっ
て並進移動が指定され，それを特定のゾーンではなく，すべてのメッシュ点に適用す
ることを指示している．移動をテストする前に，メッシュを生成する必要がある．し
たがって，以下の二つのステップを実行するが，2 番目のステップではケースフォル
ダ内に各時間ステップのディレクトリが生成されることに注意されたい．

```
?> blockMesh
?> moveDynamicMesh
```

2 番目のステップでは，メッシュ移動を次々に処理する moveDynamicMesh が実行さ
れ，時間ステップごとにいくつかの文字列が画面に出力される．controlDict の設
定に応じて，時間ステップのディレクトリはさまざまな周期で生成される．サンプル
ケースリポジトリにおけるこのケースの設定を用いると，0.05 秒ごとにデータが出力
され，ParaView を用いて調べることができる．OpenFOAM の結果を可視化するた
めに ParaView をどのように使うかについては，第 4 章で説明した．

13.2.2 メッシュ変形

前項で述べた全域的メッシュ移動と比べて，メッシュ変形は，必要な設定の作業が少し煩雑である．メッシュ移動に対する `constant/dynamicMeshDict` の調整だけでなく，0 ディレクトリ内の新しいフィールドと `system/fvSolution` 内の追加ソルバを追加する必要もある．後の二つの項目はメッシュの移動ソルバのタイプに依存するが，これらは 13.1 節で簡単に述べている．この例では，変位を基にしたメッシュの移動ソルバを選択する．したがって，新しく加わるフィールドは `pointVectorField` である `pointDisplacement` であり，このフィールドについて各境界条件を設定する必要がある．

```
dimensions [0 1 0 0 0 0 0];

internalField uniform(0 0 0);

boundaryField
{
    "(XMIN|XMAX|YMIN|YMAX|ZMIN|ZMAX)"
    {
        type    fixedValue;
        value   uniform (0.75 0 0);
    }
    BOX
    {
        type    fixedValue;
        value   uniform (1 0 0);
    }
}
```

`dynamicMotionSolverFvMesh` の機能を示すために，箱（box）そのものに対する移動を定義するだけでなく，外部境界に対しても速度を割り当てている．箱は前のチュートリアルと同じ速度をもっているが，残りのパッチの速度は 0.75 に減らされている．もちろん，このセットアップでは，箱がその移動によりセルを過剰に押しつぶすので，実質的に実行時間は限られたものとなる．それでも，このセットアップは，さまざまな移動を異なる境界に対してどのように割り当てるかを示す例として役に立つ．

`dynamicMeshDict` は，前の例と同様に変更する必要があり，以下のように設定する．

```
dynamicFvMesh    dynamicMotionSolverFvMesh;

motionSolverLibs ("libfvMotionSolvers.so");

solver    displacementLaplacian;
```

```
displacementLaplacianCoeffs
{
    diffusivity    inverseDistance (BOX);
}
```

上述のように，`system/fvSolution` 内の新しいソルバ項目が必要である．この目的のために，`GaussSeidel` 平滑化法を用いた GAMG タイプのソルバを選択する．したがって，以下の項目を `fvSolution` の `solvers` サブディクショナリに加える．

```
cellDisplacement
{
    solver    GAMG;
    tolerance    1e-5;
    relTol    0;
    smoother    GaussSeidel;
    cacheAgglomeration    true;
    nCellsInCoarsestLevel 10;
    agglomerator    faceAreaPair;
    mergeLevels    1;
}
```

`0/pointDisplacement` 境界ファイル，`fvSolution` への上記項目，および上述の dynamicMeshDict への変更をそれぞれ追加することによって，以下のように，unitCubeBase サンプルを再び実行できる．

```
?> rm -rf 0.* [1-9]*
?> moveDynamicMesh
```

13.3　開　発

　この節では，新しいダイナミックメッシュクラスの開発と，どのように標準ソルバが OpenFOAM のダイナミックメッシュ機能を使用するよう拡張できるかを明らかにする．新しいダイナミックメッシュのクラスがどのように開発されるかの詳細に行く前に，ダイナミックメッシュ機能をもつように標準ソルバを拡張させる．

▌13.3.1　ソルバへのダイナミックメッシュの追加

OpenFOAM のダイナミックメッシュの特徴を用いて，既存のソルバを拡張することは，かなり直接的な方法である．たとえば，ダイナミックメッシュ操作をサポートするための拡張を必要とするソルバとして，scalarTransportFoam ソルバを選択する．最初のステップとして，通常，コンピュータの任意のディレクトリにもともとの scalarTransportFoam アプリケーションフォルダのコピーを作成し，そのディレクトリに移動して，既存の関連ファイルを削除する．

```
?> cp -r $FOAM_SOLVERS/basic/scalarTransportFoam \
   $WM_PROJECT_USER_DIR/applications/scalarTransportDyMSolver
?> cd $WM_PROJECT_USER_DIR/applications/scalarTransportDyMSolver
?> rmdepall && wclean
```

この例では，OpenFOAM のインストールディレクトリの階層内にある，標準の applications ユーザディレクトリを使う．組織構造を保つために，いくつかのファイルを改名し変更するべきである．最初に，scalarTransportFoam.C を scalarTransportDyMSolver.C に改名し，つぎに，Make/files 内の scalarTransportFoam のすべてのファイル名を scalarTransportDyMSolver に置き換える．標準的な $FOAM_APPBIN よりもむしろ，$FOAM_USER_APPBIN へ実行可能なソルバをコンパイルすることが重要である．これには Make/files 内での適切な変更が必要である．これらすべての変更が適用された後に，既存のコードをコンパイルして，テストすべきである．その結果は，標準の scalarTransportFoam を用いたのと同じでなければならず，サンプルケースリポジトリの chapter13/scalarTransportAutoRefine シミュレーションケースにおいてテストできる．図 13.7 は，初期状態を示しており，この例で用いるテストケースのための幾何領域である．このテストケースは，領域のコーナーにおいてあらかじめ設定された球状の初期フィールドをもつ立方体状の領域と，空間的に斜め方向にフィールドを輸送するために使用される一定の速度フィールドとで構成される．

scalarTransportDyMSolver が期待どおりに動作することを検証するために，ダイナミックメッシュ機能を実装しなければならない．そのために，scalarTransportDyMSolver.C をテキストエディタで開き，dynamicFvMesh.H を simpleControl.H の後にインクルードしなければならない．

```
#include "fvCFD.H"
#include "fvIOoptionList.H"
#include "simpleControl.H"
#include "dynamicFvMesh.H"
```

図 13.7 メッシュの細分化を伴うスカラー輸送のためのテストケース.
グレーのセルは数値 100, 黒いセルは数値 0 で初期化され, ワ
イヤーフレームで示した球は数値 50 による等値面である.

main 関数内でダイナミックメッシュを適切に扱うためには, createMesh.H ではな
く, createDynamicFvMesh.H をインクルードする必要がある.

```
int main(int argc, char *argv[])
{
#include "setRootCase.H"
#include "createTime.H"
#include "createDynamicFvMesh.H"
#include "createFields.H"
#include "createFvOptions.H"
```

scalarTransportFoam のソースコードをよく見ると, ダイナミックメッシュの関
数を実行する mesh.update() の呼び出しがないことがわかる. したがって, 時間ルー
プの終わりにこれを加えなければならない.

```
    mesh.update();
    runTime.write();
}

Info<< "End\n" << endl;

return 0;
```

ダイナミックメッシュを使うためには, インクルードされたヘッダファイルをコンパ
イラが見つける必要があり, ダイナミックライブラリコードをダイナミックリンカー
が見つける必要がある. この両方を実現するには, Make/options ファイルを修正す
る必要があり, まず, dynamicFvMesh.H ファイルをインクルードするために, 以下

のように行を追加する.

```
-I $ (LIB_SRC)/sampling/lnInclude \
-I $ (LIB_SRC)/dynamicFvMesh/lnInclude
```

それから,以下のようにライブラリリストに適切な行を加えることで,アプリケーションは libdynamicFvMesh のダイナミックライブラリとリンクされる.

```
EXE_LIBS = \
    -lfiniteVolume \
    -ldynamicFvMesh \
```

　メンバ関数 dynamicRefineFvMesh::update は,メッシュの細分化手続きによって生成された新しいフェイスに対する体積流束[†1] の数値を補正する.このプロセスは,**流束マッピング**とよばれ,constant/dynamicMeshDict に置かれた**流束マッピングテーブル**[†2] を修正することによってユーザが管理できる.マッピングされた体積流束は,体積流束の数値に対して体積保存性を保とうとする,流れの解法アルゴリズムにおいて,十分に良好な初期推定として使用される.この例におけるスカラ量の輸送方程式では,与えられた一定速度でフィールドが受動的に運ばれるので,流れの解法アルゴリズムは実行されない.メッシュの細分化手続きによって,新しいメッシュ内のフェイスを考慮するように流束の数値が補正されることで,間接的に速度は一定でなくなる.

　もしこの時点で,このシミュレーションケースのデフォルト設定を用いて,ソルバをコンパイルし実行すると,数値的に有界でない結果になってしまう.この問題を解決するために,体積流束の数値について体積保存性を満たす目的で,流れの解法アルゴリズムが存在するかのように振る舞わせる行を,ソルバアプリケーションのコードの最後に挿入する.この行はメンバ関数 update の呼び出しの直後に単に挿入される.

```
mesh.update();
phi = fvc::interpolate(U) & mesh.Sf();
```

これでコードをコンパイルする準備が整い,ソースディレクトリで wmake を実行することでコンパイルされる.新しくコンパイルされたソルバは,サンプルケースリポジトリの scalarTransportAutoRefine において容易にテストできる.図 13.8 は,有効となったダイナミックメッシュ細分化の機能によって,図 13.7 に示した球状スカラーフィールド T が輸送されている様子を示している.T の拡散輸送によって不鮮明

[†1]　有限体積法を用いた物理量の輸送における体積流束の重要性については,第 1 章で詳しく述べた.

[†2]　メッシュの細分化アルゴリズムに関する情報は,13.1 節に述べられている.

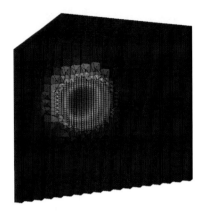

図 13.8 局所的なダイナミックメッシュ細分化を
用いて輸送されたスカラーフィールド

なジャンプが生じるが，それでもメッシュ細分化はフィールドの輸送にダイナミック
に追従している．

> **注 意** メッシュの細分化によって，新しいフェイスが生成され，体積流束のフィー
> ルドの補正が必要となる．解の安定性だけでなく，体積保存性と数値的な有界性は，
> 体積流束の数値に強く依存する．

> **練 習** ここでのテストケースに使われている細分化条件では，輸送される球の内部
> を一様に細分化している．興味深い課題として，T の数値に関するジャンプに追従す
> るように細分化条件を変更し適用せよ．これにより計算コストは低下し，拡散輸送の
> 精度は向上するだろう．

13.3.2 ダイナミックメッシュクラスの結合

　この項では，新しいダイナミックメッシュクラスの開発について述べる．その目的
は，二つの異なるタイプのダイナミックメッシュを一つのダイナミックメッシュに統
合することである．新しいダイナミックメッシュクラスは，剛体メッシュ移動と六面
体適合メッシュの細分化を組み合わせており，両者は 13.1 節で解説されている．

　非構造 FVM におけるメッシュの役割に関係する操作は，ダイナミックメッシュの
操作機能を拡張すると，かなり複雑になってしまう．ソフトウェアの設計側から見る
と，OpenFOAM におけるメッシュクラスは，複数の作業を引き継いで，ほかのクラ
スと協調作業する複雑な構造をもっている．たとえば，ダイナミックメッシュクラス

は，シミュレーション時間とシミュレーションに含まれるフィールドの両方に強く関係している．これは，メッシュそのものが変化するときに，フィールドを更新することを含んでいる．ダイナミックメッシュの操作を拡張すると，両方の問題によって複雑さが増す．

　図 13.9 は，メッシュ移動と細分化のために使用されるクラス階層の一部を示している．ここでは，メッシュ移動もしくはトポロジー的な変更を用いてメッシュを更新するメンバ関数 update が強調されている．さらに，fvMesh 具象クラス，dynamicFvMesh インターフェースおよびこのインターフェースを実装したほかのダイナミックメッシュクラスとの間の関係性が，この図には描かれている．簡単のために，ほかのすべての属性は省略されている．

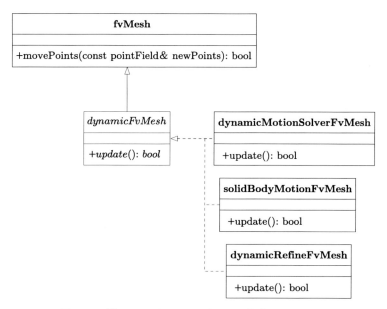

図 13.9　ダイナミックメッシュクラスの簡単なクラス線図

　fvMesh は，非構造 FVM にとって不可欠なメッシュについての幾何学的な情報を実装している具象クラスである．OpenFOAM におけるすべてのダイナミックな操作は，dynamicFvMesh インターフェースに集約され，そのインターフェースを用いて実装されている．ここで，dynamicFvMesh は fvMesh を継承しており，fvMesh はそれ自身が具象クラスであるということに留意せよ．結果として，dynamicFvMesh インターフェースを実装したクラスのオブジェクトは，メッシュが更新される各時間ステップにおいてインスタンス化され，完全な fvMesh も同時に生成される．これは，新しいダイナミックメッシュクラスの開発において留意すべき重要事項である．

クラスの機能は，通常，継承か合成か，もしくはこの二つの組み合わせのいずれか
で拡張される．メッシュ移動と細分化のような複数の機能を組み合わせるために多重
継承を使うことは，図 13.9 に示すように，できないようになっている．もし仮にこれ
を使ったとすると，単一の新しいダイナミックメッシュのオブジェクトは fvMesh の
インスタンスを二つもつことになってしまい，そのため無益で膨大な計算コストを被
ることになる．dynamicFvMesh のオブジェクトを合成することも，同じ状況を引き起
こすことになる．よって，ダイナミックメッシュクラスは継承や合成を用いて拡張で
きるようにはなっていないということがわかる．

> **注 意**
> dynamicFvMesh インターフェースクラスの各オブジェクトは，有限体積メッ
> シュのすべての機能をもつと同時に，fvMesh 具象クラスのオブジェクトでもある．
> したがって，dynamicFvMesh からの派生クラスを用いた多重継承を使用することは，
> 複数のメッシュをメモリ上に保持することになる．

同じクラスのインスタンスを二つインスタンス化することは，その設計上の制約の
おかげで，以下の要件のいずれか一つを満たしていれば，通常は可能である．

- 該当のクラスは小さいメモリ領域をもつ．
- 拡張された機能をもつ最終クラスのオブジェクトが多数生成されることがない．

> **注 意**
> この項で示す手法は，OpenFOAM におけるダイナミックメッシュクラス
> の結合に関する著者自身の結論を表している．

これは単なる助言ではなく，十分注意して取り扱わなければならないことである．
オブジェクトの複製は，計算効率を考えるうえで最もよく遭遇する問題の一つである
ものの，コードをプロファイリングすることでしか，この問題が計算上のボトルネッ
クになっているかどうかを判断できない．さらに，もう一つの問題はデータの複製に
関する一貫性である．CFD シミュレーションでは，点，セル，境界などの単一の集ま
りがメッシュに記録され，メモリに保存されると想定されている．データの複製を行
うと，データの補正後に同期しなければ，計算に非一貫性を生じることになる．計算
メッシュには，数百万の点，体積，面積法線ベクトルや，それらと同様のデータがあ
る．したがって，不明確な目的のためにすべてのメッシュを複製することには意義が
ない．にもかかわらず，もしダイナミックメッシュクラスの合成を使用する場合には，
この問題はどうすることもできない．

一方，solidBodyMotionFvMesh と dynamicRefineFvMesh から新しいダイナミッ

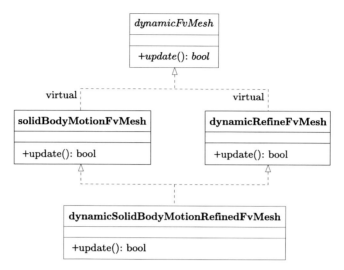

図 13.10 多重継承を用いたダイナミックメッシュクラスの結合は，
ダイヤモンド状の継承構造になる．

クメッシュクラスを作成するために多重継承を使う場合，図 13.10 に示すようなダイ
ヤモンド状の継承関係となる．この場合，ダイナミックメッシュクラスのための**仮想
の継承**を採用することによって，fvMesh のコンストラクタを 2 回呼び出すことを回
避できる．

```
class solidBodyMotionFvMesh
  :
    public virtual dynamicFvMesh
{
    ...

class dynamicRefineFvMesh
  :
    public virtual dynamicFvMesh
{
    ...
```

その後，継承したクラス内で陽に仮想の基底クラスのコンストラクタを呼び出すこ
とによって，dynamicFvMesh オブジェクトの繰り返し生成は回避される．

```
class dynamicSolidBodyMotionRefinedFvMesh
  :
    public solidBodyMotionFvMesh,
    public dynamicRefineFvMesh
{
    public:
```

```
dynamicSolidBodyMotionRefinedFvMesh(arguments)
    :
    dynamicFvMesh(arguments),
    solidBodyMotionFvMesh(arguments),
    dynamicRefineFvMesh(arguments)
```

このケースにおいて仮想の継承のアプローチが役立つとしても，この手法が実現するように，OpenFOAM ライブラリを修正しなければならない．

　この項の考察では，この問題にどのようにアプローチし，可能な限りコードを再利用することによってコードの重複をどのように回避するかを示しており，同時に既存のライブラリのコードについていかなる変更も課していない．そのような状況での最悪の手段は，二つのクラスから一つのクラスへ単純にコードをコピーすることである．一見すると，このアイデアはプログラミングの時間短縮にとってかなり好ましく見える．しかしながら，メッシュの変更のような複雑な操作を含んでいると，バグが発見され，ライブラリメンテナーによって修正されることになるであろう．その場合，ライブラリが上流で更新されるたびに，その修正を手動で取り込んでいく必要がある．これは無駄な繰り返し作業を招くことになる．

> **注 意**　検証されたソフトウェアデザインは，コードの重複や既存コードの修正を回避し，コードの再利用を最大化させることを常に考慮せよ．ソースコードのコピーと貼り付けは最悪の選択である．

　この例の目的は，剛体メッシュ移動と六面体メッシュの細分化を組み合わせることであり，dynamicRefineFvMesh と solidBodyMotionFvMesh のクラス構造を確認することがつぎのステップである．再利用のために，カプセル化された下位のアルゴリズムと，考えられうるデザインパターンを発見することに焦点を当てる．両クラスのソースコードを分析すると，solidBodyMotionFvMesh は dynamicRefineFvMesh よりも再構築が容易であるということがわかる．そのため，新しいクラスは dynamicRefineFvMesh を継承し，solidBodyMotionFvMesh の要素を再利用する．

　図 13.11 は，再利用されることになる solidBodyMotionFvMesh の属性を示している．メッシュが移動すると，元の点を移動させることによって新しい点の組が作成される．メッシュの修正は，以下のように solidBodyMotionFvMesh のメンバ関数 update の関連部分によって処理される．

```
fvMesh::movePoints
(
    transform
    (
```

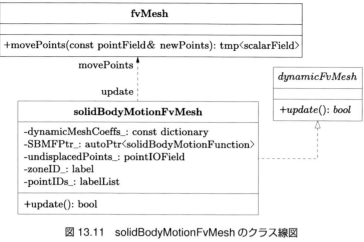

図 13.11 solidBodyMotionFvMesh のクラス線図

```
        SBMFPtr_().transformation(),
        undisplacedPoints_
    )
);
```

solidBodyMotionFvMesh クラスは，移動する点の生成を solidBodyMotionFunction
へ委譲し，メッシュ点を実際に移動させる操作を fvMesh クラスへ委譲する．この関
連性は図 13.11 に示される．図 13.11 に示された残りの属性とクラスの実装は，メッ
シュセルのサブセットに対する移動を実行することに関係している．この例ではすべ
てのメッシュを移動させるので，それらの部分のコードをすべて使うわけではない．

> **ヒント** solidBodyMotionFunction はストラテジデザインパターンのアプリケー
> ションであり，13.1.1 項で述べられている．これによって，その機能を再利用するこ
> とが非常に簡単になる．

新しい solidBodyMotionRefinedFvMesh クラスの設計に関する結論を，以下にま
とめる．

- fvMesh コンストラクタの複数の呼び出しを防ぐためにライブラリの修正が必要
  であるので，多重継承は使われない．
- fvMesh コンストラクタの複数の呼び出しを回避できないので，合成は使用でき
  ない．
- dynamicRefineFvMesh クラスはとても複雑である．そのため，これは単一の継
  承による拡張のための基底クラスとして選ばれる．

- メッシュ移動には，`solidBodyMotionFvMesh` クラスの `pointField` と `solid-BodyMotionFunction` の属性の組み合わせが加えられる.

この時点で，メッシュの細分化と剛体移動を組み合わせた新しいダイナミックメッシュクラスを実際に実装し始めるための情報は十分なはずである. 新しいライブラリはどのような方法でも命名できるが，この例では `dynamicSolidBodyMotionRefinedFvMesh` とする. まず，以下のように，この名前をもつディレクトリを作成する必要がある.

```
?> mkdir dynamicSolidBodyMotionRefinedFvMesh
?> cd dynamicSolidBodyMotionRefinedFvMesh
```

クラスファイルは `foamNew` スクリプトを使って生成できる.

```
?> foamNew source H dynamicSolidBodyMotionRefinedFvMesh
?> foamNew source C dynamicSolidBodyMotionRefinedFvMesh
```

これは，クラスの実装の控えを生成する. これらのファイルについて，この例では使用しない行を消去する必要がある. 以下のコードの抜粋では，チュートリアルの説明に有用な情報ではないので，ファイルの冒頭は示されていないが，コードは GNU 公開ライセンスのもとで一般に公開されており，ファイルの冒頭にはその旨が記載されているので，その記載を取り除くべきではない. 消去後の `dynamicSolidBodyMotionRefinedFvMesh.H` ファイルの関連部分は，以下のようになる.

```
namespace Foam
{

class dynamicSolidBodyMotionRefinedFvMesh
{
    // private data
public:
    // Static data members
    // Constructors
        //- Construct null
        dynamicSolidBodyMotionRefinedFvMesh();
    //- Destructor
    ~dynamicSolidBodyMotionRefinedFvMesh();
    // Member Functions
};

} // End namespace Foam
```

実装ファイル `dynamicSolidBodyMotionRefinedFvMesh.C` は，以下のようになる.

```
#include "dynamicSolidBodyMotionRefinedFvMesh.H"
```

```
//************* Static Data Members *************//

//************* Constructors *************//
Foam::dynamicSolidBodyMotionRefinedFvMesh::
dynamicSolidBodyMotionRefinedFvMesh()
{}

//************* Destructor *************//
Foam::dynamicSolidBodyMotionRefinedFvMesh::
~dynamicSolidBodyMotionRefinedFvMesh()
{}
```

ここまでで最小限のクラスが作成されており，ライブラリをコンパイルし，テストする必要がある．まず，Make ディレクトリを作成し，システムを構築するための wmake で必要となる files と options のファイルも作成する．

```
?> mkdir Make
?> cd Make
?> touch files
?> touch options
```

files ファイルには以下の項目を含めなければならない．

```
dynamicSolidBodyMotionRefinedFvMesh.C

LIB = $(FOAM_USER_LIBBIN)/libsolidBodyMotionRefined
```

また，options ファイルを以下のようにしなければならない．

```
EXE_INC = \
    -I$(LIB_SRC)/finiteVolume/lnInclude \
    -I$(LIB_SRC)/dynamicMesh/lnInclude \
    -I$(LIB_SRC)/dynamicFvMesh/lnInclude

EXE_LIBS = \
    -lfiniteVolume \
    -ldynamicMesh \
    -ldynamicFvMesh
```

この時点で，ライブラリは dynamicSolidBodyMotionRefinedFvMesh ディレクトリ内で wmake を実行することでコンパイルできる．コンパイルに成功すると，そのライブラリを用いて，テストができる．このチュートリアルの説明では，段階的に作業を進めていく．前述の設計に関する結論で触れたように，ライブラリは次々とテストされる．コンパイル時もしくは実行時のエラーは，それらが発生したときに対処される．

しかし，この例の**テストを最初に行う**アプローチを用いることは，これによってエラーの複雑さが低減されるので，有益である．

　剛体メッシュ移動と細分化の組み合わせのためのテストケースがサンプルリポジトリ内のサブディレクトリ chapter13/movingRefinedMesh に用意されている．テストそのものは単純であり，二つの液相で満たされた単純形状領域の直線並進移動で構成されている．新しいライブラリをテストするために，interDyMFoam ソルバを使用する．この項の後半で述べるが，二相の界面を表すセル層が最初に細分化される．この項の最後の図 13.12 は，テストケースの初期設定を示しており，alpha1 フィールドを前処理したものである．

　ライブラリをテストするためには，剛体メッシュ移動と細分化を組み合せるためのライブラリを実行時に停止する必要がある．そのために，system/controlDict を以下のように編集する必要がある．すなわち，ほかのライブラリのインクルードと関数オブジェクトの呼び出しを行うすべての行は，コメントアウトする必要がある．

```
//libs (
//    "libofBookDynamicFvMesh.so"
//    "libutilityFunctionObjects.so"
//);
//
//functions
//{
//    courantNo
//    {
//        type CourantNo;
//        phiName phi;
//        rhoName rho;
//        outputControl outputTime;
//    }
//}
```

　つぎのステップでは，"libsolidBodyMotionRefined" ライブラリを実行時にソルバとリンクしなければならない．

```
libs ("libsolidBodyMotionRefined.so");
```

ライブラリを最終的にテストするために，movingRefinedMesh シミュレーションケースのディレクトリ内で interDyMFoam ソルバを実行する．すると，以下のエラーが表示されるはずである．

```
--> FOAM FATAL ERROR:
Unknown dynamicFvMesh type dynamicSolidBodyMotionRefinedFvMesh
```

```
Valid dynamicFvMesh types are :

8
(
dynamicInkJetFvMesh
dynamicMotionSolverFvMesh
dynamicRefineFvMesh
movingConeTopoFvMesh
multiSolidBodyMotionFvMesh
rawTopoChangerFvMesh
solidBodyMotionFvMesh
staticFvMesh
)
```

場合によっては，以下のようなエラーが表示される．

```
--> FOAM Warning :
    From function dlOpen(const fileName&, const bool)
    in file POSIX.C at line 1179
    dlopen error : libsomething.so :
    cannot open shared object file : No such file or directory
--> FOAM Warning :
    From function dlLibraryTable::open(const fileName&, const bool)
    in file db/dynamicLibrary/dlLibraryTable/dlLibraryTable.C at line 99
    could not load "libsomething.so"
Create mesh for time = 0
```

これは，ライブラリ検索でエラーが発生したことを示している．ライブラリ名 "libsomething" は，dynamicFvMesh の RTS テーブルに登録されていないライブラリの例として使われている．このようなエラーが発生した場合は，読み込まれるライブラリの名前にスペルミスがあるか，もしくはライブラリが正しくコンパイルされていないかのどちらかである．

dynamicFvMesh が不明な型であるというエラーを訂正するために，上で考察した実装に関する結論に従い，新しいライブラリコードを修正する必要がある．最初にコードに反映すべきことは，dynamicRefineFvMesh を継承させることである．これは，以下のように，ヘッダファイルで適用される．

```
#include "dynamicRefineFvMesh.H"

//*********************************//

namespace Foam
{
class dynamicSolidBodyMotionRefinedFvMesh
  :
```

```
        public dynamicRefineFvMesh
{
    // private data
```

仮想関数をもつ新しいクラスとしてクラス階層に加えられるので，この場合，以下の
ように，仮想デストラクタの宣言が必要である．

```
    //- Destructor
    virtual ~dynamicSolidBodyMotionRefinedFvMesh();
```

一つ目のエラーを解決するためには，追加のステップが必要である．すなわち，新しい
クラスを dynamicFvMesh クラスの RTS テーブルに加える必要がある．OpenFOAM
における RTS は，文字列 (Foam::word) を基礎とした型システムを用いている．そ
れぞれのクラスには，グローバルで静的な文字列変数，すなわち型の名前が定義され
ている．通常，階層の基底クラスは，文字列（型名）をクラスコンストラクタへのポイ
ンタと関連付ける（ハッシュ）テーブルの形でパブリックな静的属性をもっている．
ハッシュテーブルはパブリックにアクセス可能な静的オブジェクトとして定義されて
いるので，派生クラスはその状態を修正することができ，自身の型の名前とコンスト
ラクタへのポインタをテーブルに追加できる．結果として，基底クラスはテーブルを
通して簡単に参照でき，すべての派生クラスのコンストラクタへのハンドル（ポイン
タ）を取得できる．RTS そのものは単独でも注目する価値があるが，その説明は本書
の範囲外である†．ただし，OpenFOAM における RTS システムの適切な使用法は，
この本のさまざまな例で示されている．

　新しいダイナミックメッシュクラスの構築を続けるためには，型の名前をヘッダ内
で宣言しなければならない．

```
    // static data members
    TypeName ("dynamicSolidBodyMotionRefinedFvMesh");
```

TypeName マクロを使用するために，その定義を含んでいるヘッダファイルを，ライ
ブラリのヘッダ内でインクルードしなければならない．

```
#include "dynamicRefineFvMesh.H"
#include "typeInfo.H"      // This line is newly added.
```

いったん型名の静的変数とデバッグスイッチが宣言されると，その定義を追加する必
要がある．この定義は，**dynamicSolidBodyMotionRefinedFvMesh.C** ファイル内で

---

†　RTS の機構については，OpenFOAM の Wiki ページで述べられている．

マクロを使って行われる.

```
namespace Foam {
    defineTypeNameAndDebug(dynamicSolidBodyMotionRefinedFvMesh, 0);
}
```

この時点で,親クラス dynamicRefineFvMesh によって定められたインターフェース
に従うように,新しいクラスのインターフェースを調整しなければならない.この例
では,派生した新しいダイナミックメッシュクラスに対して,コンストラクタは一つ
だけである.以前に定義した空のコンストラクタは取り除き,以下のコンストラクタ
で置き換える.

```
// Constructors

    //- Construct from objectRegistry, and read/write options
    explicit dynamicSolidBodyMotionRefinedFvMesh(const IOobject& io);
```

そして,これを .C ファイル内で適切に定義する必要がある.

```
Foam::dynamicSolidBodyMotionRefinedFvMesh:: \
    dynamicSolidBodyMotionRefinedFvMesh(const IOobject& io)
:
    dynamicRefineFvMesh(io)
{}
```

現在の状態では,クラスはプライベート属性をまだもっていない.後ほど,コンスト
ラクタの定義にプライベート属性を追加し修正することで,それが適切に初期化され,
有効なオブジェクトが生成されるようにする.この時点で,新しいダイナミックメッ
シュクラスは dynamicRefineFvMesh を継承しており,それと同様の機能をもってい
る.クラスを使用するためには,以下のように,update メンバ関数を宣言することで,
そのインターフェイスを dynamicFvMesh インターフェースに合わせる必要がある.

```
// Member Functions

    //- Update the mesh for both mesh motion and topology change
    virtual bool update();
```

これに対応する定義は,.C ファイル内で以下のようにする.

```
bool Foam::dynamicSolidBodyMotionRefinedFvMesh::update()
{
    dynamicRefineFvMesh::update();

    return true;
}
```

dynamicRefineFvMesh クラスの update メンバ関数は陽に呼び出されている．これは，C++言語では継承を使うと，親クラスの名前が隠されるからである．新しいクラスで update メンバ関数が宣言されると，親クラスにおいて同名の関数は隠されてしまう．このメンバ関数を呼び出すと，新しいクラスは完全に親クラスと同様に振る舞う．新しいダイナミックメッシュクラスの使用を許可するために，このコンストラクタを，dynamicFvMesh の RTS テーブルに加える必要がある．さもなければ，ソルバは，constant/dynamicMeshDict ファイル内で指定された型名に応じた新しいダイナミックメッシュクラスを選択できず，そのオブジェクトを生成することができない．そのために，.C ファイルのネームスペース内で以下のマクロを呼び出さなければならない．

```
addToRunTimeSelectionTable
(
    dynamicFvMesh,
    dynamicSolidBodyMotionRefinedFvMesh,
    IOobject
);
```

また，適切なファイルをインクルードすることで，関連するマクロを有効にする必要がある．

```
#include "addToRunTimeSelectionTable.H"
```

この時点で，ライブラリを再びコンパイルし，新しいダイナミックメッシュクラスに適用された変更が正しいかどうかを確認するべきである．新しいクラスは，movingRefinedMesh シミュレーションケースの constant/dynamicMeshDict ファイル内で型名の項目に加えることで，選択可能である．

```
dynamicFvMesh dynamicSolidBodyMotionRefinedFvMesh;
```

ここで，interDyMFoam を実行させると，何の問題も生じず，新しいクラスは dynamicRefineFvMesh クラスと同様に振る舞うだろう．dynamicRefineFvMesh から継承されているので，メッシュの細分化は実行されており，後は単にメッシュ点の移動の操作機能を加えればよい．これは，設計に関する結論に従い，solidBodyMotionFvMesh クラスのプライベート属性と関連する機能を追加することによって行われる．剛体メッシュ移動の機能をクラスに加え，特定の剛体移動の関数を別に選択しなければならない．新しいメッシュ点は，移動関数のパラメータを用いて，元のメッシュ点を移動させることで生成される．最初に，新しいプライベート属性をクラス宣言に追加する．

```
//- Dictionary of solid body motion control parameters
```

```
const dictionary motionCoeffs_;

//- The motion control function
autoPtr<solidBodyMotionFunction> SBMFPtr_;

//- The reference points which are transformed
pointIOField undisplacedPoints_;
```

solidBodyMotionFvMesh クラスと比較すると，これらの属性はいくぶん単純化され
ている．すなわち，これはセルのサブセットの移動を考慮していない．属性を宣言す
ると，それをクラスのコンストラクタで初期化する必要がある．

```
dynamicRefineFvMesh(io),
motionCoeffs_
(
    IOdictionary
    (
        IOobject
        (
            "dynamicMeshDict",
            io.time().constant(),
            *this,
            IOobject::MUST_READ_IF_MODIFIED,
            IOobject::NO_WRITE,
            false
        )
    ).subDict(typeName + "Coeffs")
),
SBMFPtr_(solidBodyMotionFunction::New(motionCoeffs_, io.time())),
undisplacedPoints_
(
    IOobject
    (
        "points",
        io.time().constant(),
        meshSubDir,
        *this,
        IOobject::MUST_READ,
        IOobject::NO_WRITE,
        false
    )
)
```

新しいダイナミックメッシュクラスに追加された属性を使用できるようにするために
は，それらの宣言をヘッダファイル内でインクルードする必要がある．

```
#include "dictionary.H"
```

```
#include "pointIOField.H"
#include "solidBodyMotionFunction.H"
```

solidBodyMotionFvMesh のように，新しいクラスでは，プライベート属性として移動後の新しいメッシュ点を記録し，点の移動は物体の移動関数によって計算される．物体の移動関数の RTS は，constant/dynamicMeshDict 内のエントリによって指定される．新しいクラスは dynamicRefineFvMesh を継承しているので，そのコンストラクタは constant/dynamicMeshDict ファイル内で適切なサブディクショナリを見つけることが期待される．すなわち，dynamicRefineFvMeshCoeffs サブディクショナリは，メッシュ細分化のパラメータを指定するために使用される．新しい剛体メッシュ移動の機能は移動関数を組み合わせることによってクラスへ追加されるので，関数のパラメータをどこかに定義する必要がある．関数の属性を設定するために，移動関数のコンストラクタによって使用されるサブディクショナリと，RTS プロセスで使用される関数名を定義する必要がある．ほかのダイナミックメッシュクラスが使用するのと同じ方法が新しいクラスについても使われる．すなわち，dynamicSolidBody-MotionRefineMeshCoeffs サブディクショナリ内で，物体の移動パラメータを指定する．

```
dynamicSolidBodyMotionRefinedFvMeshCoeffs
{
    solidBodyMotionFunction linearMotion;

    linearMotionCoeffs
    {
        velocity (0 0 -0.5);
    }
}
```

これを constant/dynamicMeshDict ファイルに記録し，ソルバに読み込ませることで，z 軸方向に速度 $-0.5\,\mathrm{m/s}$ の直線運動が指定される．いったん新しいダイナミックメッシュクラスのオブジェクトが生成されると，メッシュ点を移動させることができる．これは，以下のように，dynamicSolidBodyMotionFvMesh::update メンバ関数の関連部分を取り出し，それを新しいクラスの update メンバ関数に追加することで行われる．

```
dynamicRefineFvMesh::update();

undisplacedPoints_ = this->points();

static bool hasWarned = false;
```

```
fvMesh::movePoints
(
    transform
    (
        SBMFPtr_().transformation(),
        undisplacedPoints_
    )
);

if (foundObject<volVectorField>("U"))
{
    const_cast<volVectorField&>(lookupObject<volVectorField>("U"))
        .correctBoundaryConditions();
}
else if (!hasWarned)
{
    hasWarned = true;
    WarningIn("solidBodyPointMotionSolver::update()")
        << "Did not find volVectorField U."
        << " Not updating U boundary conditions." << endl;
}

return true;
```

dynamicSolidBodyMotionRefinedFvMesh::update メンバ関数の第 2 行目は，移動する点がメッシュ細分化後に生成される新しいメッシュ点と同期することを保証している．点の変位はそれと同じ長さの点リストに対してのみ意味をもつので，これは絶対に必要なことである．この関数の残りの部分は，点移動について fvMesh 親クラスに対するダイナミックメッシュクラスの依存性を示している．速度フィールドのすべての境界条件は，メッシュ点が移動した後にメッシュ移動に合わせて更新する必要がある．点を移動させるために使用される transform 関数の宣言と定義はまだ不足している．transform はジェネリックアルゴリズムであり，適切な .H ファイルをインクルードして使用する必要がある．また，コード内で任意のフィールドを使うためには，以下のように volFields.H ファイルをインクルードする必要がある．

```
#include "transformField.H"
#include "volFields.H"
```

この時点で，ライブラリをコンパイルして，テストできる．

まず，上述の変更を行ったライブラリをコンパイルし，テストケースのために定義されたパラメータを用いて実行すると，alpha1 フィールドに関してオーバーシュート（alpha1 の数値が 1 を超えること）が見られる．これは以下のように実行した場

合，log ファイル内で確認できる．

```
?> interDyMFoam 2>&1 | tee log
```

具体的には，以下のようになる．

```
Interface Courant Number mean: 0.0225 max: 0.6
Courant Number mean: 0.3375 max: 0.6
Time = 0.035

...

Execution time for mesh.update() = 0.14 s
MULES: Solving for alpha1
Phase-1 volume fraction = 0.183164  Min(alpha1) = 0  Max(alpha1) = 1.05625
MULES: Solving for alpha1
Phase-1 volume fraction = 0.185039  Min(alpha1) = 0  Max(alpha1) = 1.11145
MULES: Solving for alpha1
Phase-1 volume fraction = 0.186914  Min(alpha1) = 0  Max(alpha1) = 1.16561
MULES: Solving for alpha1
Phase-1 volume fraction = 0.188789  Min(alpha1) = 0  Max(alpha1) = 1.21875
```

なぜ interDyMFoam ソルバにおいて alpha1 フィールドにこのようなオーバーシュートが発生するのかを述べるためには，このフィールドに対する移流方程式の解法の基になっている数値計算手法について述べる必要がある．しかしながら，急勾配なフィールドに関する代数的な二相流アルゴリズムのすべてを詳細に述べることは，本書の範囲外である．そうはいっても，新しいダイナミックメッシュクラスを使用するユーザは，フィールドの方程式の解法が適切に動作することを期待してしまう．まだ読んでいないのであれば，OpenFOAM で使用されている数値計算手法の入門レベルの背景情報について述べている第 1 章を参照してほしい．ここでのトピックの導入にはよい機会となるだろう．

　フィールドは，空間座標系と時間の関数として定義され，以下のように，一般的な記号 ϕ で表される[†]．

$$\phi = \phi(\boldsymbol{x}, t) \tag{13.3}$$

　式 (13.3) は，慣性座標系における静止した空間の座標系の関数として定義されたフィールドを表している．OpenFOAM ソルバに実装される数学モデルは，このように定義された物理的フィールドを仮定している．もしソルバのユーザが相対運動する慣性座標系においてフィールドの変化を記述したいならば，OpenFOAM にはそれに対応できる豊富なオプション項目がある．movingMeshRefined ケース（たとえば，静

---

† これは厳密な数学上の定義からはほど遠いが，α_1 が有界となっていない原因の解説には十分であろう．

止流体中を上昇する気泡）と同様の移動を伴うシミュレーションケースでは，メッシュ
上部にセル層を追加し，下部層を取り除くというトポロジー的な変更が適用される．
また，シミュレーションは移動する座標系の中で行われていることを考慮するように，
数学モデルは修正される．大きなアルゴリズムの変更が必要とされる場合，もしくは
運動量方程式に陽的なソースを追加するための関数オブジェクトを使用する場合，こ
れはソルバ内で直接的に実現される．ただし，この例ではそのような手法は使用しな
い．第1章で述べたように，フィールドは体積流束フィールドを使って修正される．

　これまでに述べられた方法による新しいダイナミックメッシュクラスでは，体積流
束フィールドを陽に修正することはしない．この修正は interDyMFoam ソルバ内で実
施される．

```
{
    // Calculate the relative velocity used to map the relative flux phi
    volVectorField Urel("Urel", U);
    if (mesh.moving())
    {
        Urel -= fvc::reconstruct(fvc::meshPhi(U));
    }
    // Do any mesh changes
    mesh.update();
}
```

ここで，メッシュの移動フラグが true に設定されていると，メッシュ移動によって生
じる流束から相対速度フィールド Urel が**再構築**される．mesh.update() が呼び出さ
れると，メッシュの細分化関数は細分化情報（mapPolyMesh）を使用して，面フィール
ドをマッピングする．すなわち，元のセルフェイスの分割もしくは結合によって新しく
生成されたフェイスに対し，面フィールド値が更新される．マッピングを行うフィー
ルドは，constant/dynamicMeshDict 内でリスト形式で指定される．

```
    // Flux field and corresponding velocity field. Fluxes on changed
    // faces get recalculated by interpolating the velocity. Use 'none'
    // on surfaceScalarFields that do not need to be reinterpolated.
    correctFluxes
    (
        (phi none)
        (phiAbs none)
        (phiAbs_0 none)
        (nHatf none)
        (rho*phi none)
        (ghf none)
        (phi_0 none)
    );
```

体積流束フィールド phi について通常見られるものとしては，上で計算された速度
Urel を使ってのマッピングが行われるということである．この例では，メッシュは移
動すると同時に細分化されるので，フィールドのマッピング手続きを無効にしている．
速度フィールドとは異なり，流束フィールドはマッピングしないので，流束のオーバー
シュートは体積流束フィールドに関する内部のマッピング手続きによって発生する．
上のテーブルにおいて，"none" エントリの代わりにセル中心の速度フィールドの名
前を指定して，流束の補正を行ったとしても，オーバーシュートはまだ存在する．セ
ル中心の速度フィールドが流束を補正するために使用される場合，それはフェイスの
中心位置に対して補間されるので，細分化されたメッシュの外側領域（細分化されて
いないセルに隣接するセル層）において，この補間はより強い非直交性と縦横比のエ
ラーによる悪影響を受けてしまう．この問題を解決するためには，ソルバによって行
われる流束の補正を完全に無効にする必要がある．この例でこれまでに修正を加えて
きた新しいダイナミックメッシュクラス dynamicSolidBodyMotionRefinedFvMesh
の update メンバ関数をさらに修正し，流束の補正を手動で行うようにする．なお，こ
の修正に伴い，surface.H と fvsPatchField.H をインクルードする必要もある．

```
surfaceScalarField& fieldPhi = const_cast<surfaceScalarField&>
(
    lookupObject<surfaceScalarField>("phi")
);
fieldPhi -= phi();

moving(false);
changing(false);
```

ここで，体積流束フィールドが定数から非定数に型変換（const_cast）されることで，カ
プセル化が故意に破壊されていることを述べておく必要がある．しかしながら，フィー
ルドをマッピングする場合に，update メンバ関数は同様の動作を実施する．これは，
フィールドをメッシュに記録させるというデザインストラテジの直接的な影響である．
移動および変更のフラグを false に設定すると，ソルバによって実施される流束フィー
ルドへのいかなる補正も回避される．fieldPhi -= phi() の行は，剛体メッシュ移動
に由来する速度を流体の速度から差し引くことを，基本的には表している．これによっ
て体積保存則を満たしつつメッシュに対する流体の相対運動が可能となるが，これは
divergence-free な（発散が 0 の）物体の移動に対してのみ可能である．物体を構成す
る点の間で相対運動がなく，したがって物体の体積についていかなる増減もないので，
剛体移動は divergence-free である．流束の補正を新しく加えたコードを用いてライブ
ラリをコンパイルし，movingRefinedMesh テストケースに対してソルバを実行する

と，オーバーシュートは現れない．

　図 13.12 は，移動と細分化が同時に行われているメッシュ，およびそのときの alpha1 フィールドを示している．このフィールドは，0 と 1 の間で厳密に制限されており，シミュレーション例のケースにあるシミュレーションログファイルを調べることで確認できる．メッシュは一定速度で下方向へ並進移動する．図 13.12 は，視野に入ったのち，固定された黒い円の近くを通り過ぎるメッシュを示している．

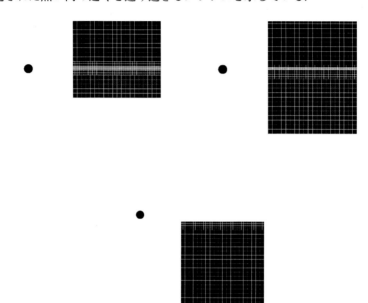

図 13.12　alpha1 フィールド，移動し細分化されたメッシュ，界面の初期位置に固定された円を示す三つの時間ステップのスクリーンショット．界面は固定されているが，メッシュは流体の界面に相対的に移動し，局所的かつ動的に細分化される．

　この事例は，OpenFOAM の機能を拡張する興味深い例として役に立つが，教育的な例でもある．新しいメッシュオブジェクトの開発に関する主要なガイドラインと同様に，これは修正されたメッシュとフィールドとの間の関係性を示している．ダイナミックメッシュの機能を開発し，実際の技術的なアプリケーションに適用する場合には，もっと多くのことを理解するべきであるが，それは本書の範囲外である．

13.4　まとめ

　この章では，OpenFOAM におけるダイナミックメッシュの一連の操作を導入する試みについて述べてきた．ダイナミックメッシュの操作に関するトピックは，おそらくその内容だけで新たに 1 冊本ができるほど，非常に広範かつ複雑である．ここでは，代表的なメッシュ操作のカテゴリーの中から，さまざまなダイナミックメッシュクラスの設計についての概要を示した．ダイナミックメッシュの使用についての説明は，選択されたダイナミックメッシュクラスごとに与えられる．メッシュ移動と六面体の細分化の組み合わせを含めて，新しいダイナミックメッシュクラスの開発についての説明，およびダイナミックメッシュ操作のためのソルバの拡張についての説明を行った．OpenFOAM におけるダイナミックメッシュ操作の使用や拡張に興味のある読者らのための確かな出発点となるように，この章が十分な情報を提供できていることを願う．

参考文献

[1] Bos, F. M. (2009). "Numerical simulations of flapping foil and wing aerodynamics". PhD thesis. Technische Universiteit Delft.

[2] Bos, F. M., B. W. van Oudheusden, and H. Bijl (2013). "Radial basis function based mesh deformation applied to simulation of flow around flapping wings". In: *Computers & Fluids*.

[3] Bos, F. M. et al. (2008). "OpenFOAM Mesh Motion using Radial Basis Function Interpolation". In: *ECCOMAS*.

[4] Gamma, Erich et al. (1995). *Design patterns: elements of reusable object-oriented software*. Addison-Wesley Longman Publishing Co., Inc. ISBN: 0-201-63361-2.

[5] Goldman, R. (2010). *Rethinking Quaternions: Theory and Computation*. Morgan & Claypool.

[6] Jasak (1996). "Error Analysis and Estimation for the Finite Volume Method with Applications to Fluid Flows". PhD thesis. Imperial College of Science.

[7] Jasak, H. and H. Rusche (2009). "Dynamic mesh handling in openfoam". In: *Proceeding of the 47th Aerospace Sciences Meeting Including The New Horizons Forum and Aerospace Exposition, Orlando, Florida*.

[8] Jasak, H. and Z. Tukovic (2006). "Automatic mesh motion for the unstructured finite volume method". In: *Transactions of FAMENA* 30.2, pp. 1–20.

[9] Juretić, F. (2004). "Error Analysis in Finite Volume CFD". PhD thesis. Imperial College of Science.

[10] Menon, S. and D. P. Schmidt (2011). "Conservative interpolation on unstructured polyhedral meshes: an extension of the supermesh approach to cell-centered finite-volume variables". In: *Computer Methods in Applied Mechanics and Engineering* 200.41, pp. 2797–2804.

[11] Menon, Sandeep (2011). "A numerical study of droplet formation and behavior using interface tracking methods". PhD thesis. Graduate School of the University of Massachusetts Amherst.

[12] Menon, S. et al. (2008). "Simulating Non-Newtonian Droplet Formation With A Moving-Mesh Method". In: *ILASS Americas, 21st Annual Conference on Liquid Atomization and Spray Systems.*

第14章

展 望

OpenFOAM プラットフォームは，CFD の先進的な手法を実装した多数のライブラリやアプリケーションの組み合わせである．OpenFOAM プラットフォームを Open-FOAM のほかの部分と相互に関連させる方法や，現代的なソフトウェアデザイン原理に従って拡張させる多くの方法などの，OpenFOAM プラットフォームのすべての面について説明することは，本書のような単一書籍では不可能である．

本書を執筆した目的は，このプラットフォームを用いた作業，およびその拡張のための確実な基礎知識を，単一の書籍で提供することである．この目的のために，我々が実際にかかわったプラットフォームのトピックス，またより深く知ることができればよいと思われるトピックスを選んだ．本章では，本書で述べることのできなかった，あるいは将来重要となるトピックスについての OpenFOAM の側面について簡単に述べる．

14.1 数値計算法論

第1章では，非構造メッシュをサポートする FVM (Weller, Tabor, Jasak & Fureby (1998)) について述べた．しかし，OpenFOAM における数値計算法を完全に理解するためには，より詳細な説明が必要である．たとえば，OpenFOAM を用いた博士論文の多くで述べられている離散化の実例を要約し，わずかな個数のセルで構成された計算領域における数値計算例にそれを適用すればよいであろう．さまざまな演算子による離散化の実例を完全に記述した，そのような規模の小さい数値計算例は，OpenFOAMにおける FVM に関する知識を補強してくれるであろう．

CFD に関するもう一つの重要なトピックスは，ナビエ・ストークス方程式の解法として使用されるアルゴリズム（圧力 - 速度連成アルゴリズム）である．多数の分離アルゴリズムが利用可能であり，OpenFOAM はアルゴリズムデザインのために使用できる適切なプラットフォームである．**方程式のモデル化**とよくよばれるこの目的のために，独自の DSL が用意されている．分離アルゴリズムの手法の代わりに，ブロック連成アルゴリズムの実装も可能である．分離アルゴリズムとブロック連成アルゴリズムの両方を使用し拡張すること，また圧縮性や非圧縮性流れのシミュレーションに適用した際の両者を客観的に比較することは，関心の高いトピックスであると考えられる．

　線形計算テクノロジーは，OpenFOAM フレームワークの中核であるが，このトピックスについてはまったく触れなかった．行列を保存するためのフォーマット，補間法の実装に関係する方法，代替フォーマット，線形計算アルゴリズムなどはすべて，CFD計算法の詳細を理解しようとする人にとって重要なトピックスである．線形計算テクノロジー，補間法，離散化を理解することは，ほかの数値計算法やほかの線形計算ライブラリがもつインターフェースをサポートするために，OpenFOAM のコアを拡張する際の基礎となる．

14.2　外部シミュレーションプラットフォームとの結合

　OpenFOAM プラットフォームのモジュールオブジェクト指向デザインとプロダクティブデザインのおかげで，温度一定の流体の計算の枠を超え，多種多様な物理シミュレーションの領域へ OpenFOAM は拡張されてきた．場合によっては，数値計算法のいくつかは，確立されたほかのライブラリとの結合によって補強されている．このことは OpenFOAM のオープンソース性やモジュール化の性質によって支えられてきた面もある．

　外部のプラットフォームとの結合の一例は，流体 - 構造連成系 (FSI) であり，これはしばしば，有限体積法と有限要素法の連成アルゴリズムとして数値的にモデル化されている．二つの手法を連成させるために，有限体積法の境界における流体応力の状態が，外部の有限要素応力解析ツールへと渡される．その後，外部プラットフォームでは固体の変形量が求められ，その結果は決められた方法でダイナミックメッシュ機能を用いた OpenFOAM ケースに返される．このような手法で多くの研究者による多数の研究が行われており，そのような結合された計算フレームワークを用いた一連の問題に対するワークフローを述べることは有益であろう．

14.3　ワークフローの改良

14.3.1　グラフィカルユーザインターフェース (GUI)

　多くの経験を積んだ OpenFOAM のユーザやプログラマにとっては，さまざまな理由により Linux 環境下での作業が好まれるが，残念ながら，これから OpenFOAM の採用を考えているエンジニアにとっては，Unix/Linux オペレーティングシステム環境下での作業に不慣れであるために，多くの場合，ターミナルインターフェイスは怖気や混乱を招くものに見えるだろう．

　近年，OpenFOAMについて多数のGUIが営利企業によって開発されており，その
いくつかは無償で利用可能である．その中で最も有名なGUIの一つはHelyxOSで，
engys.comから入手できる．GUIは，多くの場合，メッシュ生成（snappyHexMesh
メッシュ生成アプリケーション）で使用されるコンフィギュレーションファイルのセッ
トアップ，およびソルバディクショナリの設定の支援をしてくれる．一般に，GUIは，
Linuxにおける十分な経験がなくても，新しいユーザがソルバとケース構造の扱いに
慣れるように手助けをしてくれる．GUIを使用する明らかな利点として，複数のSTL
ジオメトリを使用するsnappyHexMeshの設定を行うときに，その作業が容易になる
ことである．一方，テキストインターフェースを用いて，複雑形状上の表面メッシュ
の分割を可視化したり，正しく配置したり，メッシュ生成について設定したりするに
は，大きな負担がかかりうる．

　OpenFOAMの最大の特徴の一つは，そのオープンソースライセンスが供与されて
いることであり，したがって自由にカスタマイズすることができる．しかしながら，こ
れは多くの場合，GUIデザインにおいて最大の制約となる．これらのインターフェー
スは，通常，ワークフローを簡単にするために，特定のソルバに対して特定のディク
ショナリを生成するように設計されている．GUIはほとんどの場合，ソースコードの
精査や構文解析をせず，代わりに既存のソルバアプリケーションを用いた処理に合わ
せてつくられている．開発者が境界条件や輸送モデルの新しいディクショナリエント
リを組み込んだ場合，GUIはそのような変化に対応できず，新しい機能をサポートす
るためには改良が必要となる．

　利用可能なオープンソースGUIフレームワークを用いたワークフローや，それをさ
らに拡張する方法について述べることは有益だが，将来のトピックスとして残してお
こう．

14.3.2　コンソールインターフェース

　Pythonプログラミング言語からOpenFOAMを操作する先進的なPyFoamプロ
ジェクト[†]は，ケースのパラメータ化，シミュレーションのモニター，コンソールワー
クフローの簡単化のためのアプリケーション，その他の多くの機能を含んだ，シミュ
レーションの先進的な実行制御を可能としている．より詳細なPyFoamに関する説明
は，OpenFOAM Wikiと関連するウェブページで見つけられる．より複雑なアプリ
ケーションの例を用いた，この重要なプロジェクトに関するさまざまな側面の詳しい

---

† 詳細は http://openfoamwiki.net/index.php/Contrib/PyFoam を参照.

解説も，興味深いトピックスであろう．

Python プログラミング言語と OpenFOAM を組み合わせるもう一つの興味深いプロジェクトは，pythonFlu プロジェクト† であり，これは OpenFOAM のインターフェースに双方向性を追加することに重点を置いている．

14.4　無拘束のメッシュ運動

本書では，OpenFOAM に実装されているいくつかのメッシュ移動法について述べた．しかし，急激に境界が移動すると，解の精度は著しく低下し，その結果シミュレーションが不安定となる．移動境界法以外のいくつかの数値解法では，ほぼ無拘束の境界移動や変形が可能である．そのような解法の例として，埋め込み境界法と重合格子法がある．

14.4.1　埋め込み境界法

埋め込み境界法は，無拘束の境界移動手段として使用されている卓越した方法である．ここで，境界表面メッシュは，背景の基本有限体積メッシュ中に埋め込まれているとする．そこでは，局所的な体積力を使い，埋め込み境界の表面を通る体積流束がゼロとなるように調整することによって，表面が境界とみなされるようにしている．有限体積メッシュには，この境界パッチから生じる小さなスケールの流れ構造やよどみ点に対して十分な解像度を確保するために，局所細分化法が組み込まれている．境界適合メッシュとは異なり，メッシュセルは変形されないので，メッシュ細分化は境界近傍領域にまで問題なく適用される．領域離散化に対して境界適合メッシュを用いると，境界付近の精度を向上させるために，しばしばプリズム境界セル層が導入される．6 面体メッシュをサポートする既存のダイナミック細分化エンジンでは，プリズム境界層を容易に細分化することはできない．

埋め込み境界法の簡単なイメージを図 14.1 に示す．ここで，埋め込まれた円柱の境界メッシュ近傍の条件は，流れが背景メッシュ中の円柱の存在によって影響を受けるように課される．

---

† 詳細は http://pythonflu.wikidot.com/new-aboutproject を参照.

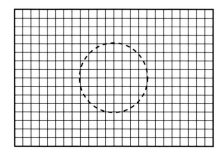

図 14.1 円柱まわりの流れに適用された埋め込み境界法の例.
太線は有限体積メッシュの境界, 太破線は円柱の境界
メッシュである.

14.4.2 重合格子法

重合格子法では, 二つの完全に独立した体積メッシュがシミュレーションに用いられ, 二つのメッシュが重なった領域におけるメッシュセルの部分集合に対してのみ互いに相互作用する. 物理量を適切に保存するために, 非常に高精度の体積フィールドのマッピングアルゴリズムが必要であり, 正確なメッシュの相対運動を実現するために, 効率的な追跡アルゴリズムが必要である. 重合格子法の概略を図 14.2 に示す. 埋め込み境界法に対するこの方法の利点は, 精度を向上させるために, 境界セル層を用いた境界適合メッシュを 2 次メッシュに利用できることである.

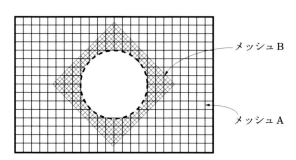

メッシュ B

メッシュ A

図 14.2 円柱まわりの流れに適用された重合格子法の例.
太線は有限体積メッシュ A の境界, 太破線は有
限体積メッシュ B の境界である. メッシュ A は
メッシュ B の背後で連続的につながっている.

▌14.5　まとめ

　多数の人が関与する OpenFOAM コミュニティでは，CFD に関する有益で興味深いたくさんのトピックスが活発に研究されている．ここで開発された手法には，ESI CFD がサポートする OpenFOAM の公式リリースでサポートされているものもあり，OpenFOAM-extend バージョンに組み込まれているものもある．時間とともにユーザ基盤が拡大することによって，大学と企業の両方で OpenFOAM テクノロジーを用いる熟練技術者がますます増加し，コード中のすべての機能に対して貢献している．たいていの場合，プラットフォームの公式および拡張バージョンに関する大学と企業両方のトピックスとして，実装された手法の使用法，設計法，可能な拡張法についての解説は，優先順位の低い課題として残されている．

　将来取り扱うべきトピックスはたくさんあり，本書では省略したトピックスも多数ある．省略したトピックスは，興味深いものでなかったからではなく，本書で注目した範囲に含まれなかったので，本書では取り扱わなかった．本書が，OpenFOAM の知識をより易しく伝えることができ，学習のための教科書としてだけではなく，初心者や上級ユーザ，OpenFOAM テクノロジーを用いる開発者に対しても参考書として役に立つことを願っている．

索　引

■ 英数字 ■

1/7 べき乗法則　193
2 次元翼 NACA0012　201
2 次精度　91, 94
8 分割細分化法　12
8 分木法　45

addLayers　44
addSubtract　108
applications　23
autoPtr　155
AVL　62

backward　91
bin　23
blockMesh　104, 314, 340
boundary　31
boundaryCellSize　57
boundaryField　79

C++ ネームスペース　136
CAD ジオメトリ　32
castellatedMesh　42
Cauchy 境界条件　33
cellLimited　92
CFD 計算　3
CoEuler　90
COG　272
complexity　179
components　108
constant　302
constant ディレクトリ　338
Contour フィルター　124
controlDict　305, 307, 309, 314, 318
copySurfaceParts　62
cyclic　33

damBreak ケース　83
ddtSchemes　89
Debug コンパイルオプション　178

defaultName　61
defaultType　61
Dirichlet 境界条件　33
div　108
divSchemes　95
DLList　179
DMP　52
doc　23
Doxygen ドキュメント　131
dynamicFvMesh　328
DynamicList　179
dynamicMeshDict　340, 341

empty　33
etc　23
expansionRatio　51
extrudeEdgesInto2Dsurface　62

faces　29
Facet subsets　55
falling-droplet-2D　307, 318
feature edges　56
files ファイル　353
finalLayerThickness　51
FLMAToSurface　62
Fluent メッシュ　64
foam-extend　331
foamToVTK　302
formCalc　107
FPMAToMesh　62
functionObject　303
functionObjectList　305
functionObject メンバ関数　304
FVM　7
fvMesh　347
fvSolution　341

GAMG　22
Gauss　92
GaussSeidel 平滑化法　342

geometry surfaces　47
gradSchemes　92

HashSet　302
HPC クラスタ　102

icoFoam　314
interDyMFoam　354
interFoam　308, 311, 319
internalField　79
interpolate　109
interpolationSchemes　96

k-ε モデル　190
k-ω-SST モデル　190

label　302
labelHashSet　302
laplacianSchemes　96
LES　190
Linear Solvers　98
List of points　55
List of triangles　55
localRefinement　58

mag　109
magGrad　109
magSqr　109
Make/files　313
maxCellSize　57
maxFirstLayerThickness　60
maxIter　99
meshToFPMA　62
minCellSize　58
minThickness　51
moveDynamicMesh　339
movingRefinedMesh　354
MPI　52
MPI プログラミング　184

NACA プロファイル　113
neighbour　30
Neumann 境界条件　33
newFunctionObject　313
newPatchNames　61
nLayers　60
nNonOrthogonalCorrectors　99

objectRefinement　58
Observer パターン　231
OpenFOAM 公式リリース　307
operator()　299
operator++()　302
options ファイル　353
outputControl　307
outputTime　307
owner　30

patch　32
patchAverage　110
patchBoundaryLayers　60
Patches　55
patchesToSubsets　62
patchIntegrate　111
PCG　22
PISO アルゴリズム　227
platforms　24
pointCellsLeastSquares　94
pointCellsLeastSquares 勾配法　95
points　28
pRefPoint / pRefCell　99
pRefValue　100
preparePar　62
probeLocations　112
purgeWrite　102
Python 言語　204
Python スクリプト　199

quaternion　327

randomise　109
RANS　189
RBF 補間法　331
regIOobject　302
relativeSizes　51
relTol　99
removeSurfaceFacets　62
rising-bubble-2D　302
rotate　71
RTS テーブル　355

scalarTransportFoam　343
scale　70
septernion　327

sharp feature　56
SIMPLE アルゴリズム　227
SIMPLE 法　103
SMP　52
snap　42
solidBodyMotionFuction　327
src　24
subsetToPatch　62
surfaceFeatureEdges　63
surfaceFile　57
surfaceGenerateBoundingBox　63
swak4Foam　308
symmetryPlane　33

thicknessRatio　60
Time　304
tolerance　98
translate　70
tutorials　24
under-relaxation　22
VCS　167
volScalarField　300, 317, 321
vorticity　111

wall　33
wclean　343
wedge　33
wmake　24, 317, 345, 353
wmake libso　314
word　356
writeControl　101
yPlusLES　110
yPlusRAS　110

■ あ 行 ■
圧力 - 速度の連成　227
圧力 - 速度連成　97, 99
後処理ツール　107
一時的な戻り値変数　154
一様分布　116
一対の連成方程式系　129
一般化幾何代数的マルチグリッド法　22
一般化非構造化メッシュ　12
移動パラメータ　281

陰解法　17
インスタンスディレクトリ　210
陰的項　87
陰的時間離散化　17
陰的な離散化演算子　137
後ろ向きステップ　269
渦度場　111
埋め込み境界法　372
液　滴　84, 310
オブザーバ　210
オブジェクト指向　130
オブジェクトレジストリ　210, 231

■ か 行 ■
ガウス線形勾配法　95
ガウスの発散定理　96
ガウス離散化法　96
拡散過程　8
拡散輸送方程式　330
拡張された境界条件　263
風上差分法　96
可視化アプリケーション　122
カスタム境界条件　256
仮想の継承　349
加熱密閉容器　257
カプセル化　130
壁関数　190
関数オブジェクト　138, 297, 298, 336
関数型　130
間接アドレス指定法　13
気液境界面　119
基準圧力　99
気　泡　239
キャビティ流　75
境　界　32
境界アドレス指定法　13, 14
境界条件　32, 192, 332
境界条件デコレータ　258
境界層　59
境界層設定　60
境界パッチ　31, 243, 244
境界パッチフィールド　243
境界フィールド　163

境界フィールド値　246, 247
境界メッシュパッチ　250
強連成方程式系　129
局所的なクーラン数　90
巨大行列　6
クエット流れ　285
くさび形状　33
クーラン数　90
計算グリッド　27
計算メッシュ　6
係数行列　136
減速緩和法　22
恒久的に環境変数を設定する場合　171
構造化メッシュ　9, 10
剛体移動境界条件　281
後退差分スキーム　91
剛体メッシュ移動　272, 326
抗力　201
固定値　253
コピーコンストラクタ　161
混合距離　192
コンテナサイズ　180
コンテナ容量　180

■ さ 行 ■
再循環　257
再循環コントロール境界条件　260
再循環率　265
細分化　10
算術演算子　299
サンプリング　116
ジオメトリ　27
ジオメトリサブディクショナリ　45
時間間隔　101
時間ステップ　76
時間離散化　90
軸対称メッシュ　65
自動的なメッシュ生成　12
シミュレーションケースの構築　75
重合格子法　373
自由乱流　192
主セル-隣接セルアドレス指定　13, 30, 93
衝撃波　325

初期推定値　83
水中翼　113
数学モデル　5, 7
数式構文解析ツール　309
スカラー量　233
ステンシル　92, 93
ストラテジパターン　329
スプライン補間　295
スマートポインタ　148, 211
静的メッシュ　27
絶対精度　94
節点　37
セル中心　28
セル中心フィールド　90
セルの頂点　28
セル分割法　12
セルレイヤー　51
セルレイヤー数　50
ゼロ勾配境界条件　253
全域的メッシュ移動　339
線セグメント　245
線フィールド　245
線メッシュ　245
疎行列　21
ソルバのカスタマイズ　228
ソルバの終了判定　98

■ た 行 ■
対称行列　98
代数的 VoF　83
体積細分化　47
体積セル　30
体積メッシュ　27
体積流束　76, 265
体積流束フィールド　263
ダイナミックメッシュ　77
ダイナミックメッシュクラス　346
多重継承　302
タービンブレード　33
断熱状態　240
致命的な実行時エラー　314
抽出直線　116
抽出平面　118

抽象化レベル　129
抽象基底クラス　257
抽象層　87
中心差分法　96
直接法　21
追跡　183
ディクショナリ　38
ディクショナリファイル　35
デコレータパターン　258
手続き型　130
デバッグモード　175, 180
テンプレートメソッドパターン　329
透過壁　257
等級付け　37
統合開発環境　131
動静翼　329
等値演算子 operator==　301
等値面　206
動的多態性　155, 283, 306
動的読込ライブラリ　307
動粘性係数　286
特徴稜線　56, 63
トポロジー的なメッシュ変更　325
トポロジーマップ　337
ドメイン分割　103
トラッキング　183

■ な 行 ■
内部パッチ　283
内部フィールド　248
内部フィールドの値　247, 250
内部流　81
流れの再循環　259
二相流　233
二相流体の流れ　223
入力ディクショナリ　112
ニュートン流体モデル　286
熱物理現象　3
粘性底層　190

■ は 行 ■
バックワード流路　269
発散演算子　108

パッチ　32, 58
パッチの重心位置　272
反復法　21
汎用的　130
非構造化 FVM　28
非構造化メッシュ　10, 12
比散逸率　192
非整合節点　36
非対称行列　98
非透過壁　257
非等方性メッシュ　95
非ニュートン粘性係数　296
非ニュートン流体　295
標準境界条件　192
標準テンプレートライブラリ　179
表面細分化　48
表面三角形分割　55
表面メッシュ　27, 35
ファセットサブセット　58
フィールドクラスインターフェース　161
複合的な境界フィールド　248
複雑性　179
浮動小数点例外　174
プリズムレイヤー　50
ブレークポイント　177
ブロック構造化メッシュ　13
ブロック定義　39
ブロック連立ソルバ　227
プロペラ翼　33
分散メモリ計算機システム　184
分離アルゴリズム　227
ポインタ　147
方程式の模倣　137, 148
補間スキーム　18, 136
補間法　96
ボリュームフィールド　160

■ ま 行 ■
前・後処理アプリケーション　197
前処理付共役勾配法　22
マルチコアアーキテクチャ　102
メッシュ　27
メッシュ移動　271, 304, 325

メッシュ移動境界条件　277
メッシュ移動ソルバ　272
メッシュ境界　78, 245
メッシュ細分化　68
メッシュジェネレータ　35
メッシュジオメトリ　19
メッシュ生成過程　42, 52
メッシュの鏡面変換　71
メッシュ変形　326
面主セル　14
面中心値の補間法　96
面隣接セル　14
戻り値の最適化　156

■　や　行　■
有限体積法　7
有限体積メッシュ　9
有効粘性係数　293
輸送特性　77
輸送モデル　286, 297
陽的項　87
陽的時間離散化　17
陽的な離散化演算子　137
陽　な　331
陽　に　349
揚　力　201

■　ら　行　■
ラプラス方程式　271

ラベル　29
ランタイム機能　259
ランタイム選択　134
ランダムな撹乱　109
乱流運動エネルギー　192
乱流強度　192
乱流特定境界条件　192
乱流モデル　77, 110, 189
離散化　16
離散化スキーム　86
離散化微分演算子　136
離散化法　87
リポジトリ　182
リミッタ　92
流　出　259
流束フィールド　265
流束マッピング　345
流　入　259
流入/流出境界条件　269
ルックアップ関数　229
ルック・アンド・フィール　168
レイノルズ応力　189
レイノルズ平均　189
レイヤー数　60
レオロジーデータ　293
連成方程式系　129
連続レイヤー　60
ローカルブロック座標系　39

訳 者 略 歴

柳瀬　眞一郎（やなせ・しんいちろう）
　　1980 年　京都大学大学院 理学研究科物理学第一専攻 博士後期課程 単位認定退学
　　1980 年　日本学術振興会奨励研究員
　　1980 年　岡山大学 工学部 助手
　　1982 年　岡山大学 工学部 講師
　　1989 年　岡山大学 工学部 助教授
　　1998 年　岡山大学 工学部 教授
　　2007 年　岡山大学大学院 自然科学研究科 教授（工学系）
　　　　　　現在に至る．理学博士

高見　敏弘（たかみ・としひろ）
　　1977 年　東京工業大学 工学部機械工学科 卒業
　　1979 年　東京工業大学大学院 理工学研究科機械工学専攻 修士課程 修了
　　1979 年　三菱重工業株式会社
　　1981 年　広島大学 工学部 助手
　　1995 年　岡山理科大学 工学部 助教授
　　1997 年　岡山理科大学 工学部 教授
　　　　　　現在に至る．博士（工学）

早水　庸隆（はやみず・やすたか）
　　2005 年　岡山大学大学院 自然科学研究科エネルギー転換科学専攻 博士後期課程 修了
　　2005 年　米子工業高等専門学校 機械工学科 講師
　　2011 年　米子工業高等専門学校 機械工学科 准教授
　　　　　　現在に至る．博士（工学）

早水　英美（はやみず・ひでみ）
　　2005 年　広島大学大学院 文学研究科 博士前期課程 言語表象文化学（英米文学）修了
　　2008 年　松江工業高等専門学校 人文科学科 助教
　　2010 年　広島大学大学院 総合科学研究科 博士後期課程 文明科学部門（英米研究分野）入学
　　2012 年　松江工業高等専門学校 人文科学科 講師
　　　　　　現在に至る．修士（文学）
　　この間，人事交流として
　　2014〜2016 年　米子工業高等専門学校 教養教育科 講師

権田　岳（ごんだ・たけし）
　　2002 年　豊橋技術科学大学大学院 機械・構造システム工学専攻 博士後期課程 修了
　　2003 年　株式会社栗村製作所
　　2004 年　株式会社鶴見製作所
　　2007 年　米子工業高等専門学校 機械工学科 助教
　　2013 年　米子工業高等専門学校 機械工学科 准教授
　　　　　　現在に至る．博士（工学）

武内　秀樹（たけうち・ひでき）
　　2005 年　日本学術振興会特別研究員
　　2006 年　岡山大学大学院 自然科学研究科エネルギー転換科学専攻 博士後期課程 修了
　　2006 年　高知工業高等専門学校 機械工学科 助手
　　2007 年　高知工業高等専門学校 機械工学科 助教
　　2012 年　高知工業高等専門学校 機械工学科 准教授
　　2016 年　高知工業高等専門学校 ソーシャルデザイン工学科 准教授
　　　　　　現在に至る．博士（工学）

永田　靖典（ながた・やすのり）
　　2006 年　静岡大学大学院 理工学研究科機械工学専攻 博士前期課程 修了
　　2006〜2009 年　株式会社菱友システムズ
　　2012 年　東京大学大学院 工学系研究科航空宇宙工学専攻 博士後期課程 修了
　　2012 年　独立行政法人 宇宙航空研究開発機構 宇宙科学研究所 宇宙航空プロジェクト研究員
　　2014 年　岡山大学大学院 自然科学研究科 助教（工学系）
　　　　　　現在に至る．博士（工学）

編集担当　藤原祐介・村瀬健太（森北出版）
編集責任　富井　晃（森北出版）
組　版　プレイン
印　刷　ワコー
製　本　同

OpenFOAM プログラミング　　　　　　版権取得　*2016*

2017 年 12 月 18 日　第 1 版第 1 刷発行　　【本書の無断転載を禁ず】
2023 年 10 月 10 日　第 1 版第 2 刷発行

訳　者　柳瀬眞一郎・高見敏弘・早水庸隆・早水英美
　　　　権田岳・武内秀樹・永田靖典
発行者　森北博巳
発行所　森北出版株式会社
　　　　東京都千代田区富士見 1-4-11（〒102-0071）
　　　　電話 03-3265-8341／FAX 03-3264-8709
　　　　https://www.morikita.co.jp/
　　　　日本書籍出版協会・自然科学書協会　会員
　　　　JCOPY <（一社）出版者著作権管理機構　委託出版物＞

Printed in Japan／ISBN978-4-627-67091-4